安全防范理论与实务

杨国胜　编著

中国人民公安大学出版社
·北　京·

图书在版编目（CIP）数据

安全防范理论与实务/杨国胜编著．—北京：中国人民公安大学出版社，2019.3
ISBN 978-7-5653-3559-4

Ⅰ.①安…　Ⅱ.①杨…　Ⅲ.①安全管理—研究　Ⅳ.①X92

中国版本图书馆 CIP 数据核字（2019）第 019787 号

安全防范理论与实务

杨国胜　编著

出版发行：中国人民公安大学出版社
地　　址：北京市西城区木樨地南里
邮政编码：100038
印　　刷：三河市荣展印务有限公司

版　　次：2019 年 3 月第 1 版
印　　次：2019 年 3 月第 1 次
印　　张：13.25
开　　本：787 毫米×1092 毫米　1/16
字　　数：310 千字

书　　号：ISBN 978-7-5653-3559-4
定　　价：50.00 元

网　　址：www.cppsup.com.cn　www.porclub.com.cn
电子邮箱：zbs@cppsup.com　zbs@cppsu.edu.cn

营销中心电话：010-83903254
读者服务部电话（门市）：010-83903257
警官读者俱乐部电话（网购、邮购）：010-83903253
公安综合分社电话：010-83901870

前　言

自2015年以来，在讨论修订GB50348-2004《安全防范工程技术规范》之际，大家都再一次强烈地感受到了一种需要：随着安防市场发展和安防技术进步，必须重新审视我们的安防理论，梳理我们的安防理论体系，使之更科学合理，符合实际，提升我们的学术水平，提升安防系统的应用效能，帮助安防行业健康有序发展，以便更好地服务民生、服务社会。

多年以来，国内外的许多机构和人员，对各类风险进行识别、评估和防控，从不同层次、不同角度、不同流程做了许多积极的探索，取得了许多成果，并且将风险的理念也嵌入最新的质量管理体系中，成为了人们的普遍共识。风险评估体现的更多是人们对风险的预知判断，风险防控体现的更多是对风险事件的应急控制和管理。我国的安全防范，在历史上侧重后者的时候居多，今天更加注重事前的预判和事中的处置，强调及时性和有效性，以避免互联网条件下的后果扩大化的问题。正如SAC/TC100前秘书长刘希清先生总结中国安防发展四十年历史时表述的那样，中国安防从为刑事侦查打击犯罪提供技术支持，向着服务公安、服务社会的所谓“大安防”、“综合安防”发展。

一方面，人们通过各类科学研究和事实累积，不断发现和总结物理和化学规律，发现人们心理和思想活动规律，从而提高对未来的掌控度，降低未来的一些不确定度，进而达到管控风险的目的，为建立更加美好的世界创造必要的条件。另一方面，人们也在不断研究防控方法，采用各种探测技术和控制方法，进一步强化发现风险事件和及时处置的能力。今天的安全防范从这两个方面不断丰富其内涵。

本书试着首先从当前和历史上出现的各类问题观点出发，在既有的理论框架基础上，提炼安全防范领域的基本概念、基本手段和基本策略；从安全防范源自风险控制的角度，整理对安防系统的建立和使用的各类评判方法：风险评估、效能评估、标准化，建立安全防范的顶层架构。并且将这些概念和方法贯穿于全书。

其次，本书从风险识别和评估、确立安防系统的建设目标、具体设计实现、工程实施和系统维修保养与使用，对安防系统做了较为全面的描述，希望使读者对安全防范有个全景式的了解和理解。

为此，书中按照安防系统建设和使用流程的顺序，在第三章首先说明现场勘察、风险评估和建设目标确定的方法。第四、五、六章介绍了设计的基本方法，其中，在第四章从新的安全防范系统理念出发，介绍了实体防护和建筑安防的设计方法；在第五章用大篇幅阐述了电子防护系统的设计要素、功能和性能等的设计要点，以及按照信息流的观点归纳描述了通用的电子防护系统的设计要点，并对各个环节中的安全效能做了分析梳理，还特别对探测效能做了一种新的理论化和实用化的探讨；在第六章，专门介绍了安防系统的人机交互场所——监控中心的设计要点。在第七章介绍了工程建设必须面对的流程程序、经济方法、规范性要求和基本运维。再接下来，在第八章从实战角度重点介绍了安防系统的使用方法。

第九章介绍了安防系统建设和使用过程的注意事项。有的事项在有的时候是致命的，需要引起高度重视。

第十章介绍笔者对行业发展生态的观察，安防行业已成为社会管理和社会生活中不可或缺的一部分，它是技术、管理、经济和文化等因素的综合体。

最后，补充了五个附录：附录一　传统电子防护各子系统及其设备介绍，附录二　视频音频监控系统的信源编码与互联协议介绍，附录三　视频结构化介绍，附录四　人工智能介绍，附录五　目前发布的风险等级和防护级别类标准介绍。笔者试图以此帮助读者更好地理解前文介绍的安防系统中的探测、传输、显示、控制等的实现方法和产品形态，以便举一反三。

到目前，已经不太可能存在没有技术的应用，尤其在安全领域中，一直存在着“道高一尺，魔高一丈”的技术对抗过程。而新的技术又带来新的风险。要想解开这个结，就要不忘初心，守住安全底线。

但我们强调守住安全底线，不代表因循守旧，我们是在不断变化的内外因素中追求平衡，避免风险的变现和危害的扩大，我们对潜在风险的发现和深入研究，就是要提高预见性。守住安全底线也不是故步自封，也不是视而不见，就如同我们去远方，不会因为飞机失事后果严重而放弃，也不会因为火车事故死伤人数多而放弃，也还不会因为驾车自由但事故出现自家损失大而放弃，但我们必须因为路上的暴风雨而放弃，因为能源的缺失而放弃，因为路上的食物不足而放弃。我们要不断探索更加高效的探测手段，探索更加有效的风险化解方法，还要继续建立更加美好的生活工作环境。

中国的传统医学——中医（也有人称作“国医”）告诉我们，人体的健康不是因为心脏强大而获得，而是阴平阳秘的平和状态而形成。对风险的识别、判断、防控本身就是一个学习、创新、发展的过程。安防系统也如一个生命体般需要强壮体魄，擦亮眼睛，聪明大脑，抵御疾病，劳作有方，才能为我们的安全效力。

本书是笔者从事安防行业二十七年来的工作经验教训的总结和观察思考的整理，是各种观点的碰撞结果的个人梳理，对一段时间以来出现的互联网安防、智能门锁、视频智能分析等技术，以及人工智能、大数据分析、物联网、区块链等技术与安防的关系给予了一定关注，对安防发展机制进行了一些思考，其中的观点未必合理，考虑未必周全，在这里只是抛砖引玉，希望对安防行业的从业者和后来者有所启发和帮助，少走弯路。

社会需要和技术进步永远在变化发展中，但人类追求安全的目标从未改变过，对于安防从业者来说，这既是机遇也是挑战。把握时代脉搏，不忘初心，守住安全底线，是当代安防人的使命！

杨国胜

2018.10 于北京

目　录

第一章 对一些问题的思考

很长一段时间以来，无论是在安防实践中，还是在标准编制中，大家都感到一种茫然、模糊的东西在蔓延：

1. 人们在一些安防系统的建设中，拿着高清视频、非接触式国密 CPU 卡识别等技术手段当成建设目标，不知系统的真正对手是谁？什么攻击方式？忽视防范目标，做出的系统效果“空对空”。

2. 一些建筑行业的弱电设计施工人员，将安全技术防范系统（电子防护系统）很轻松地看作是一项普通的弱电系统工程，“这个技术没什么难的，我懂!”“我们搞电子技术的，别的也搞不了，就搞个安防吧!”就技术论技术，完全无视安全的本质。

3. 有的施工人员在出入口系统的电锁控制线的隐蔽工程部分留一手，在受控区外设置隐藏的过线盒，理由是防止门万一打不开可以紧急开启。典型的留“安全”后门!

4. 有的安防设备制造商设计出安装极其便捷的读卡控制高度一体化、精巧的门禁控制器，安装号称“免改锥”，极其方便，由此也导致拆卸更方便，根本达不到“防技术开启”的水平。被人轻松地从墙上拆下，就已经被解除武装——门开了，将所谓的发明创新做成了一个精致的“安全废物”。

5. 长期以来，总有人认为“高大上”的设备技术指标高，就是安全有效的产品，漠视这些产品和技术在应用过程中的潜在和明显的安全风险，特别是信息安全的各类要求。早些年的“加密卡”“国密卡”“高清”，这些年的“智能、智慧”“云计算”“大数据”等都有类似问题。从前还有人认为进口设备更安全，因为它们的客户多，使用广泛，经验丰富，技术可靠。其实，进口设备反倒是为国外厂商在我们这里设置产品的后门提供了便利。

6. 一些厂家积极推广“一卡一库”的一卡通系统，即在一个单位，不管内部部门结构如何，只要建立一个数据库、一套软件，统一管理所有与身份授权卡有关的业务。岂不知，内部消费管理和门禁授权怎么可能归一个部门呢，特别是国家机关类的单位，数据库系统归哪个部门管呢？是信息管理部门，财务部门，还是保卫部门？无所适从。这也暴露出安全管理的层次不明、授权不清的问题，直接导致了安全漏洞——管理漏洞，而这不是技术问题!

7. 有人认为，具有指纹识别功能但保留紧急开启机械锁芯是 B 级的门禁入户门比 C 级锁芯的入户门更安全。从破门人的角度看，显然前者比后者更容易破解机械部分的锁芯，且前者还可以直接伪造主人指纹合法入户。

8. 有些区域空间，因为墙体很厚或者有了保险柜、防弹玻璃柜等，有人便认为“有了物防措施，可以不考虑技防手段”，简单地将技防和物防对立起来。

9. 在原有的视频监控系统中增加了智能视频分析的功能，有人认为可以不用人员值守监控中心，将技防和人防割裂开来。毕竟目前的智能视频分析的效能还不能全面替代人们的能力，更何况，值守人员的职责不仅仅是发现报警异常，还要判断、处置、指挥等。

10. 有些设计方案，用产品说明书（或宣传版内容）替代技术系统本身的设计，不结合项目本身的具体内容，采用教科书式的表述，防护目标和防范目标的描述没有针对性，整体没有协调性，对安防系统的功能、性能设计缺乏基本的认识，最终导致设计方案华而不实，白花钱，难以落实，使得安防系统无法满足使用要求。

11. 安防系统的某些环节采用一些所谓的“高端”设备，而在其他地方不管均衡设计草草对付，使得安全隐患严重，整体效能大打折扣，无法达到预期效果，浪费了宝贵的经费。

12. 对安防系统建成后的预期效果，仅仅是大而空的“常抓不懈，防范严密”的字样描述，缺乏应对防范风险事件的基本理念和针对客户应用痛点的真正化解。

13. 有人认为，过去的纵深防护体系过时了、不好用了，应采用“重点区域和重点部位”的观点。我们理解，纵深防护体系和重点区域的适用条件和防护要点是不同的，二者既有区别也有联系。工作总是有层次的，后者也是进行安防设计的必要思维。其实，在军事上，纵深防护是必需的，美国的 NMD 和 TMD 系统就是具有纵深防御体系的系统。

14. 随着安防系统数字化程度的提高，特别是数字视频监控系统的大规模建设，直接带来了信息安全的诸多问题，许多人员这方面的知识学习不足，也缺乏这方面的意识，如系统或设备的弱口令问题，又如放任安防系统中的软件安全漏洞百出，放任病毒在其中横行，放任系统无日志、无备份的“自由”运行。

15. 一些从事 IT、通信或物联网的专业人士经常一味地追求互联便捷，追求界面酷炫，忽视用户的安全感；在互联网环境下，追求数据交换、服务便捷，完全忽视系统和数据本身的安全属性，如进行直接的互联网远程维护，进行互联网的直接数据对接 APP 等。本来原有的方法尚有安全可言，结果上了这样的系统，图谋不轨者、黑客等一些人员，远程就轻松“踩点”搞定。因为 IT 技术上天然地存在诸多的漏洞隐患，有的发现了可以纠正，有的发现了因为某种原因一时还难以纠正，有的根本还没有发现，关键是没有被安全主体认知。

16. 在视频监控领域，“无盲区覆盖”在许多场合被提到，但不是照字面意思就能实现的，和有的人“看得见，看得清”的提法一样，都需要区别“看见什么”和“看清到什么程度”的问题。这存在一个空间尺度和层次的问题。在技术实现上还有个代价问题。

17. 有的人将“安防”狭义化，认为建筑物中的安防问题只有技防（电子防护），且应是建筑智能化的范畴。由于各种原因，拒绝安防的攻防对抗的含义。实际上，任何建筑都是为人服务的，建筑的安全、便捷、舒适功能都是人的感受，是我们追求的建筑使用目标，至于“智能”和“绿色”是为实现使用目标所采取的方法，是我们追求的建筑建设和运行目标，前、后两个目标不是一个层次。这里建筑的安全性是首要的、必需的，而且应是全面的安全，不仅包括建筑结构本身等不能坍塌伤人，还应包括针对外来的攻击破坏从结构功能上做出适当的对应（这可以归结到实体防护的范畴），否则一切都等于零。在军事上，碉堡是最典型的具有攻防含义的建筑。建筑智能化主要体现的是建筑及其各类设施服务人需求的能力水平，建筑智能化的核心是如何更加自动、高效和安全地满足人的需求。建筑智能化系统则是建筑智能化的重要组成部分，但建筑智能不仅是信息化的感知、分析、传输和处理控制，也包括了建筑材料和结构自身的“智能”。

18. 过去相当长的时期内，人们将安防中防范的含义从最初打击犯罪的“防入侵、防盗窃”的公安工作内容固化下来，从此不再考虑防范目标更具体的表达和更合理的表达。随着社会与经济形势的发展，更加复杂的人员和物资往来，国际反恐形势的严峻挑战，都迫切要求明确防范目标的具体化。

19. GB50348-2004《安全防范工程技术规范》在发布后的这些年里，有力地促进了安防行业的发展，功不可没。它向全社会普及了安防的基本概念和基本方法。有人据此还提出了“建筑安防”的概念。但随着“平安城市”等建设的发展，其中的方法和观念并不能很好地解释一些问题，这些现象不得不令人思考原有理论方法的发展问题：建筑物或构筑物不是安防的唯一载体；大型活动的安防问题也很突出；视频监控系统所监视的目标既不是防护目标，也不是防范目标，或者反过来说，有的是防护目标，有的则成为防范目标。出入口控制系统管理的“全员”应称呼为什么目标，是控制目标、受控目标，还是别的什么目标？

20. 在一些商家和一些用户眼里的智能门锁——电子化、智能化的门锁控制就是安全可靠的门锁。用户到底应该选用什么样的锁，是解决忘了钥匙的尴尬，还是要确保自己的寓所非授权不能进入？是需要可以远程开门让其他人进门，还是要从手机上可随时查看入户开门的人是谁？是B级机械锁芯好，还是C级机械锁芯安全？一些销售商积极游说，用户则在茫然中做了“不安全”的选择。

21. 2018年以来，中兴公司的芯片采购遭到美国政府的禁止，海康威视公司、浙江大华公司的某些视频监控产品被禁止在美国销售。这提醒人们，安全是有国界的，技术也是有底线的。

22. 深度学习等方法刷新了人工智能（AI）在对弈比赛、人脸识别等活动中超越人类能力的一些特性，给了人们不少的信心，于是，有的人开始预言着更加宏大的未来。也有人如霍金、马斯克等预言人工智能之于人类的威胁，特别是人工智能机器出现自主意识有可能会导致人类对其丧失有效管控而危害人类自身，等等。

我们向来认为，安全防范，安全是核心、是目的，其他一切皆是手段和过程，所谓可以为了安全目的而“不择手段”——不限手段，其实，应是能够抵御甚至反制入侵、进攻等的有效手段，这和技术含量有多高无关，而与对手和对抗效果有关。

第二章 安全防范总论

第一节 安全、安全主体和安全层次性

一、安全的概念

一般来讲，安全是“没有危险、不受威胁、不出事故”的状态（见图 2.1.1）。

没有危险：通常意味着不存在危险因素，或危险因素在已知的条件下不可能发生。

不受威胁：通常意味着没有什么人或物会计划、惦记来损害、阻止或破坏。至少在已知的前提下在未来的可预期时间内不会有什么人、物或事件会影响关注的各种活动的正常进行。

不出事故：通常是指流程、事件、活动的发生，设备或系统的功能运行是符合自然顺序的，符合正常预期的。

在安全的定义中，我们发现，威胁可以是危险和事故的延伸，威胁具有典型的人类趋势感知的特征。威胁转变成现实就可能是危险或者事故，也就是造成后果，形成物质状态的改变或者权益的损失。同时，我们也应注意到安全状态成立的时空条件“有限性”。

图 2.1.1 安全与安全主体的基本概念

也有人对安全进行字面的原意分解，一个是“安”，一个是“全”。“安”是安定、安心、安稳的意思，“全”则是保持完全、完整的意思。

大家知道，安全是人类的基本需求。安全是可以被人们体验感知的，这就是人们所说的安全感。世界上没有绝对的安全，只有相对的安全。没有安全感的世界，人们充满恐惧；当然人们也可以漠视和麻木，甚至是自欺欺人。安全是人们所感知的或者预期的状态，是主观感知和客观状态的统一体。

在日常用语中，安全往往与其主体或特定主题词联合使用，如人身安全、建筑结构安全、生产（施工）安全、交通安全、生态安全、消防安全、防爆安全、防雷安全、信息安全、设备安全、食品/药品安全等。这些词组中主要体现的是某个领域中相关参与方的自身免受伤害、能够保持正常合理状态的要求。但在有些表达中，如设备安全往往还隐含了设备的不受干扰、可靠稳定工作的含义。当我们讲系统或设备的安全性时，通常是强调系统或设备不对系统或设备之外的非控制的人、事、物造成不良影响或伤害。

在广袤的宇宙中，任何天文事件如黑洞爆发、脉冲星出现、引力波传播、火星表面的沙尘暴、木星和土星上的特异磁场和风暴、月球受到陨石的撞击等，似乎都与人类没有直接的关系，没有什么安全可言，对于天文学家和物理学家来说，它们只是天然的巨大的实验室中我们了解到的事实而已。但小行星和彗星掠过地球附近时，则需要我们认真对待，因为它们可能会撞向地球，引发地球表面的爆炸、地震、海啸等，直接危及人类生存。从这里也可以看出，安全是生命体间特有的一种现象和概念。尊重生命，是安全的起点。

也就是说，我们的上述安全概念都是基于人类或部分人员、组织等的观察原点，都是具有生老病死变化、自我认知、自我协调的类生命体的体验。因此离开了“生命”谈论安全就缺乏依据，没有基础。

人类的安全从来就是人在与自然界间交互作用，在人类的个体与个体，个体与群体，群体与群体间的交互影响中产生的。安全本身也就具有了两类属性：一类是与大自然对抗中的自然属性，或者叫作自身生命的维持问题；一类是人与人之间交往中的社会化属性，或者影响其他生命体的正常活动的问题，在英文中可以分别对应“Safety”和“Security”。例如，核设施的安全，就有两类安全：一类是设备自身正常运行安全的Safety问题，一类是核辐射核污染的环保Security问题。我们主要研究在社会活动中人为故意对抗场景中的安全问题，即主要是“Security”的问题，但我们也要关注“Safety”问题，避免对抗中的受保护生命被伤害问题。当然，这里的对抗又进一步弱化为非军事、非经济类的对抗。这是目前公安机关治安管理部门和刑侦部门管理的对象，也是反恐部门关注的内容。后者在特定阶段又具有军事对抗色彩。

“安全”的反义词是“风险”，对于将要发生和已经发生的不安全事件通常叫作风险事件。有时把已经发生的风险事件，又叫作“安全事故”。这是人们从不同观察角度的描述，不影响大家讨论问题的实质。

但风险的内涵和外延并不完全等同于安全的反义词的简单意义。从风险与受影响人的关系上来看，还可以区别为不以人的意志为转移的自然界的风险，如暴风雨（基于现在的人力条件下），受影响人本身也是风险的参与人的自我影响风险，如交通拥堵的风险，再有就是只要自己努力，就可能避免或消除的风险，如力量对比的军事对抗；还有就是无论怎样努力，都不会消除的风险，如社会发展的技术和产业变革中的颠覆风险，人们对于这种风险有时又从转化的角度视为机遇，等等。

风险对于人类来说，就是一种不确定，或者叫作不确定性。一些专业人员认为，安全往往描述为已知的、可控的，风险常被描述为发生时间、空间或后果的未知的，不确定的。前者对应于过去和现在，而后者往往更多地体现面向未来。人类的科技发展和哲学思考告诉人们，面对不确定的未来，可以通过努力不断发现更多未来的密码或钥匙，从而可以降低未来的不确定性，也就是可以降低风险。

二、安全主体

安全作为一种状态，不可能独立存在，它必须依附于某个主体，我们称之为安全主体，如国家安全、社会公共安全和公民生命财产安全。国家、社会和公民的范畴是层层被包含的关系，安全主体间的包含关系构成了不同的安全层级结构，所谓国家安全高于社会公共安全。又如，某个组织机构的安全、某个人的安全。这些表述中的定语体现了安全主体的概念。

在安全防范中，要想安全，首先就要明确安全主体是谁，明确要解决或者关注的是谁的安全。现实中有几种常见的不同理解：

一是从社会管理的角度看，安全主体是社会管理的主管部门，主政者，或者一个地区或部门的负责人，他们更多的是从降低社会冲突的机会，避免不稳定或者破坏分子对社会产生更大危害的角度来认识安全，这是国内很传统，且目前仍是主流的观点。这个观点可以延伸出很多狭义的“安全”，如金融安全、经济安全、社区安全、交通安全等。

二是安全主体是特定资产的所有者，尤其是个人或者某个社会组织的资产拥有者，从保护自身生命和财产安全，确保自身的内部流程正常运行的角度，这是一种更直接的安全主体，是目前需要强化和明确的重点。作为某个活动或者任务的组织者、承担者和实施者是安全主体的含义与此类似。这种安全常见的安全类型有消防安全、财产安全、人身安全、业务工作安全、交易安全等。

三是安全主体是资产的间接受益者，资产的收益可以保证他们有更好的收益。资产的损失会导致他们有更大的损失。这种安全例子有股权安全、保护安全等。

四是安全主体是那些与保护目标等利益关系联系不大，甚至没有明显联系的人群，即所谓的“吃瓜群众”，更多的是一种看客的感觉，但也经常发生“城门失火，殃及池鱼”的结果。

一般来讲，安全防范活动中的“安全主体”可以是用户、建设方、使用方，准确地说，应是被保护资产的拥有者和管理者，是控制区域或某系统设备的运维者、责任承担者。这是安全的根。在这些主体中，主体之间则可能存在一种交叉的关系。从法律上来说，安全存在法律的主体责任或者终极责任承担者。同一个区域或者同一个被保护对象，对于不同的主体，其对安全的认知也是各不相同的。

从保险业的角度看，安全主体是发生风险事件后的后果直接承担者。它可以是被保护对象自身，也可以是其监护者或继承者。境外的保险业通常采用这个观点，来看待安防产品和安防市场。

在安全防范系统的建设过程中，作为系统的规划、设计和实施者，它通常不应作为安全主体，却是参与其中的关键的专业者，是安防产业的主要承担者，是安全价值的体现者之一，发挥着积极的举足轻重甚至是某种主导作用。但在有些场合它却没有起到加强安全的效果。那种以工程商或产品设计者的观点替代建设使用者的观点或做法是错误的。

在目前所谓的“互联网安防”中，一些厂家商家一味地强调提供互联网服务的能力，强调分享。这种服务和分享，一方面，可以增加彼此信任的机会，降低人与人之间的门槛；另一方面，因为商业规则的泛化，以利益为重，以及客户信息（安全主体）在非安全主体的第二、第三方的汇聚，也会导致安全信息的泄露，彼此间的信任下降等问题。

从目前的观察来看，所谓免费分享在许多时候不过是为那些爱贪小便宜的或者无意接触的人提供的借口，它是以收集个人信息（可能是隐私，也可能是别的）为前提的，因为从收集信息方来看，无论其怎样组织实施，收集信息这件事总是有代价和成本的，所以收集信息方主要是考虑用怎样的方式代价更低、效率更高。从这一点来看，没有什么免费，只是个人不知不觉或者不重视罢了，甚至有人认为个人信息的提供对自己没有损失。个人信息的价值、安全性到底如何还有待深入研究。从目前出现的电信诈骗等侵财案件来看，个人信息的泄露，为犯罪分子提供了与受害人真实场景对接的数据，使得受害人更易上当。这里出现了安全主体缺失或者模糊的问题。

互联网提供的技术平台在一些方面的确降低了传统的沟通和交易成本，但也产生了新的成本和代价，而这一点并没有违反经济学原理，即所谓“羊毛出在狗身上，猪埋单”的情形。它似乎给人们提供了无差别的无安全主体（不偏向平台内的每一个主体）的平台。但互联网的技术属性直接导致了互联网平台的垄断性和新的不安全因素，这个垄断的管控主体构成了一种新的安全主体，这个安全主体与平台上各个业务主体的关系存在一种相互依存和相互对立的关系。换个角度理解，互联网平台应是一种公共基础设施，是特定人群或组织为全社会提供的一种公用产品。这种产品具有公益属性。

我们注意到在消除互联网的集中式管控方面带来的问题上，有人发明了一种分布式的互联平台，且得以实现，区块链类技术就是这样一个典型。据百度网站介绍，互联网上的区块链[①]（Blockchain），是指通过去中心化和去信任的方式集体维护一个可靠数据库的技术方案，基于区块链技术实现的比特币等的升值令一些人特别眼热。该技术方案主要让参与系统中的任意多个节点，通过一串使用密码学方法相关联产生的数据块（Block），每个数据块中包含了一定时间内的系统全部信息交流数据，并且生成数据指纹用于验证其信息的有效性和链接（Chain）下一个数据库块。区块链是一种类似于NoSQL（Not Only SQL，非关系型数据库）的技术解决方案统称，并不是某种特定技术，可通过很多编程语言和架构来实现区块链技术。实现区块链的方式种类也有很多，目前常见的包括 POW（Proof of Work，工作量证明）、POS（Proof of Stake，权益证明）、DPOS（Delegate Proof of Stake，股份授权证明机制）等。有人总结了区块链技术具有三

---

① 如果我们把数据库假设成一本账本，读写数据库就可以看作一种记账的行为，区块链技术的原理就是在一段时间内找出记账最快、最好的人，由这个人来记账，然后将账本的这一页信息发给整个系统里的其他所有人。这也就相当于改变数据库所有的记录，发给全网的其他每个节点，所以区块链技术也被称为分布式账本（distributed ledger）。

种效能：

1. 机器信任：区块链技术不可篡改的特性改变了中心化的信用创建方式，区块链有望带领人们从个人信任、制度信任进入机器信任的时代。

2. 价值传递：第一层是简单的价值传输，如可以发送一个代币给任何一个人。代币的全球性流通，给价值传输带来极大便利。第二层则是代币的流通或者说代币经济学带来的价值吸纳。

3. 智能合约：区块链的合约是条款内容以计算机语言而非法律语言记录的合同。智能合约让人们可以与真实世界的资产进行交互。当一个预先编好的条件被触发时，智能合约执行相应的合同条款。

其实，上述这些约定规则本身就是一种人为的、中心化的东西，源自一群人或一个组织制定的规则，它是以一种新的“中心化”垄断替代旧有的“中心化”垄断。其安全性，至少加密方式和互相认证机制的安全性需要进一步的理论和实践检验，数据传输和存储的安全性还是需要深入研究的。采用区块链技术的“某币”的合法性、合理性和公平性，以及由此产生的价值等价物的稳定性和可信度也还需要更多的研究。而且随着智能化的提升，机器自主智能的价值取向究竟如何也未可知。

在信息安全领域有个怪现象：重要机房要设置门禁系统，而门禁系统又是普通独立的常规的出入口控制系统，普通常规的门禁系统的安全等级（参见下文）相对较低。这种情形，安全主体似乎明确，但在实际执行中，往往涉密部门是安全主体，但涉密部门不是安全保卫部门，而门禁系统又划归安全保卫部门，这导致防护策略杂乱无章。

总之，无论技术如何变化，都一定要在安全防范工作之初首先界定清楚安全主体，它既是安全防范的责任者，也是安全防范的实施管理者，还是安全防范的受益者。

三、安全的层次性

受马斯洛的心理需求层次理论启发，结合上面的叙述，我们发现安全需求本身就具有层次性。安全需求可以是低级的，也可以是高级的。最低级的安全需求，是没有或者不考虑所谓安全，主要只是解决生活、工作某些方面的便捷（速度和效率）问题。一般地，安全需求伴随着安全主体的自身发展变化而不断提出新的更高的需求。

众所周知，安全和便捷从来就是一对矛盾体，越安全，可能就会越不便捷。当然，在某些场合，通过适当的策略，可以在增加便捷性的同时，不降低安全性，这是通过优化管理流程、提高管理效率换来的。这是我们希望的和追求的。这是一种代价的平衡。

初步研究表明，可以从以下几个角度进行安全层次的规划和管理：

1. 安全主体大小不同，如国家、社会、社会组织、家庭和个体，在同一个社会组织中，总经理和部门经理的观察视角也是不同的。

2. 风险承受标准或者底线高低不同，如文物保护要求防止盗窃、防止损坏、防止毁灭；防火优先级高于防盗优先级；对抗的攻击者是“小毛贼”，还是“江洋大盗”，还是组织性很强的团伙。

3. 安全事故或者风险事件发生后影响面的大小不同：影响一个组织、一个小区、一个城市、一个城市群。

4. 工作性质分类分区的不同，如涉密区域和非涉密区域，易燃易爆危险区域和普通火灾风险区域，普通办公区，生产区和库房，等等。

5. 工作任务流程阶段的前后不同，如产品的设计阶段、生产阶段、销售阶段、使用阶段，如系统的规划设计阶段、施工阶段、运行使用阶段等。

6. 安全主体所处外部环境的变化，正常业务开展时期，国际或国家政治、经济和军事形势发生重大变化时，特别是治安和反恐形势发生变化时。

7. 安全主体内部的组织结构的变化，如内部部门的重新组合或设立撤销，各级负责人的变动，组织性质的变化（国有和股份）。

8. 内部管理思想的改变，管理制度的变化，如上班人工记录改为上班自动打卡，由多层级管理改为扁平化管理等。

这是我们进行风险等级、防护级别和安全等级划分的基本前提。有时，人们会以安全域的提法来描述基于上述情况的安全时空管理的划分。

我们还应该清醒地认识到，安全是有底线的，突破了底线，安全便不复存在，如同人的生命若丢失了，那人的自我实现也就没有了基础。那么安全底线是什么？我们认为它不是纯粹的个人私有安全，每个人都有活着的基本权益；我们认为它也不是纯粹的某个小团体的私有利益安全，我们应尊重小团体的合法权益；我们认为国家安全和社会公共安全是必须重视的安全。国家安全和人类命运共同体的安全是我们最大的安全底线，让每个公民和每个孩子正常地有尊严地生活是我们的安全底线，二者应是辩证统一的。这也是我们安防人应该坚守的。

第二节 安全防范的基本概念

一、安全防范与攻防对抗

那么到底什么是安全防范呢？我们认为使安全主体安全（强调社会领域中的不出危险、没有威胁）的手段叫作安全防范，大家简称“安防”。在这里，安全是目的，防范是手段、过程。其他领域的安全，如消防安全（强调不出危险、没有危害），生产安全特别是矿井、油田、油库等的生产管理安全（强调不出事故、没有故障），食品和药品安全（强调没有伤害）等则不在本体系的讨论之中，但这里的技术和理念具有很好的借鉴性，且有些安全问题还可能相互转化。

一些研究表明，安全防范理论应研究在人为故意对抗（也包括某些非故意的场景）过程中被保护的对象、需要防范的对象、需要监视控制的对象，还需要研究一些协同的机制、配合的条件，还需要研究特定时空条件下的博弈对抗问题。这样才能构成一个真正的具有实战意义或实用效果的系统。没有系统化、整体协同的思维，即使是所谓的构成系统也是徒有虚名。这是安全防范的总体顶层设计的思维。如此，在没有特别声明的情况下，安全防范通常以系统的面貌来出现，我们称之为“安全防范系统”，简称为“安防系统”。这是从安全主体的角度来看的。

人们在讨论和研究安全防范的过程中，从军事对抗理论和实践中汲取了大量的知识，重点关注了人为故意对抗中攻防双方的关系。安全主体所面临的不是一个简单的守护和防范，而是在与攻击者的动态对抗中进行博弈的过程。从实战应用的角度看，特定时期内，攻击者及其行为特点决定了安防对策的主要内容，这也是提高防护效能的有效途径。

在安全防范的具体工作中，人们从降低安全主体对外的风险知名度（保密），提高安全主体的防范能力和威慑能力入手。而提高防范能力，人们就要了解安全主体应对的入侵、进攻或者受到伤害情形是什么类型、什么特点，也就是安全主体要防范什么？粗略地讲，就是在安全主体财物生命保护、抗损伤与来自人为、非人为的损坏、丢失、伤害之间找到平衡点，在安全主体反击和内外攻击（攻击的时间、空间、采用的方法、可能攻击点、规模）间找到平衡点，使得在可接受的损失量条件下，最大可能地对主体提供安全保护。从这个意义上说，安全是一种对抗力量的平衡。

在研究攻击者的过程中，人们逐渐明白：攻击者自身的文化特点、组织水平和技术或者攻击能力都会对我们安全主体的防护策略产生极大的影响。合理地评估攻击者的攻击行为、攻击概率，以及攻击后的后果，是有效解决就技术论技术、就设备论设备的必要方法。这是目前风险评估，从安全主体的防护目标向攻击对手延伸的重要思路。

俗话说“不怕贼偷就怕贼惦记”。这是在信息安全领域中 APT（高级持续威胁）的俗语表达。而这是人为对抗的高级形式。隐蔽性、持续性/长期性是其典型特点，这会令安全主体难以有效完整防范，所谓防不胜防。“千里之堤，溃于蚁穴”的成语则从风险转换中提醒大家要做好安全防范的每一处。安全主体的懈怠就是攻击者的机会。这要求安全主体要从大处着眼、小处着手，系统化、整体化规划业务流程和制度，保证每个环节的有效性、准确性和防窃密，才能从根本上真正确保安全。

我们在传统理论的基础上，从各类信息和数据中，试着提炼出如下在安全防范中必须关注的几个概念。这几个概念是安全主体必须关注的目标内容，是必须采取相应措施进行处理的目标（对象）。这个问题如同毛泽东说的“谁是我们的敌人，谁是我们的朋友，这个问题是革命的首要问题”。

二、防护目标

防护目标是指安全主体需要和希望保护的、免受攻击破坏、不被泄露的对象，如实体、数据。在传统的理论概念中，也以“防护对象”“被保护对象”“被保护目标”等名称出现，针对不同的安全层次，也有“防护单位”“防护部位”的提法。

施巨岭秘书长提出，防护对象的提法易与防范对象混淆，还是改为“保护对象”更好。在 GB50348-2018《安全防范工程技术标准》中定义：保护对象（Protected Object）是由于面临风险而需对其进行保护的对象，包括单位、建（构）筑物及其内外的部位、区域以及具体目标。有人认为这是防护对象的三个层次：单位、部位、目标。这个定义着眼于建（构）筑物角度的静态描述，是一种由大到小、由整体到局部、由外到内的层次化表述。

防护目标可以是安全主体关注的核心保护对象，也可以是用于保护核心对象的设施设备。一些防护目标可能是另一些防护目标的工具途径等，如文物库房内的文物是安全主体的防护目标，而该库房的门和通风管道的出入风口也是安全主体的防护目标，后者显然是前者的保护手段。

传统意义上，防护目标通常是核心的或者重点关注的价值较高、对安全主体带来的影响足够大的目标。

实际上，防护目标既可以是固定位置的，这可采用纵深防护体系；也可以是移动位置的，此时，可以动态跟踪和随时改变防护体系——这就是所谓的贴身保护，它又是下文提到的监控目标的一种。

在这里，我们必须明确，当用实体防护和电子防护（参见后文）来保护我们的重要目标（这是当然的防护目标）时，实体防护和电子防护自身也就成为了防护目标。这个概念有时会以系统自身的安全性或安全等级（参见后文）来表达。

三、防范目标

防范目标是指安全主体所应对的各类风险或者威胁因素的对抗，或者安全防范所达到的最终效果。

在 GB50348-2018《安全防范工程技术标准》中定义的防范对象就是我们这里的防范目标之一。防范对象是这样定义的：防范对象（Defenced Object）是需要防范的、对保护对象构成威胁的对象。

防范目标可以有这样三层表述：防范谁、防范什么、防范到什么程度。

防范谁？这是攻防对抗中的首要思考，即安全主体的对手是谁？这个“谁”是攻击者或其组织者、入侵者甚至破坏者等，是各类攻击或者破坏行为的主体或者指使者，行为主体攻击可能是故意的，也可能是无意的、潜在的，前者通常是安全主体防范的重点，后者则更多从法律层面避免行为主体的自身和连带破坏。

防范什么？是指行为者的攻击行为的方式，是指防护目标受到伤害破坏的方式。通常我们所说的防入侵、防盗窃、防泄密、防爆炸等防范目标，就是这个层面的内容。这是在社会治安防控传统理论中被经常直接说明的，许多人认为这是不言而喻的。但在今天的实际工作中，防偷盗、防入侵、防破坏等所对应的情形，也早已不是过去的行为模式，多因素交织，动态随机性更强、线上线下互动等。更何况，有许多新要求的提出，如防恐怖袭击、防群体过度拥挤踩踏等。这要求我们的安全主体或者其协助者要更好地研究这些问题，提高安全防范的针对性和有效性，而不是泛泛而论，反而不知所云。

防范到什么程度？这是这些年人们积极研究的内容，如何量化防范目标的指标，使得防范效果更明确，实现上更可操作，而不是泛泛地提出，结果在应对措施是无的放矢的感觉。如“防入侵”就进一步变成防什么人入侵，可能的入侵方式有哪些？会造成什么影响？以及避免入侵的代价是什么？再如“防泄密”，是防被看到，还是防被接近。在计算机系统中，防泄密，不仅需要读写权限的控制，还包括对电子文件名称和内容本身的加密和解密，显示屏幕上的显性和隐性表示，防止电磁辐射泄密等问题。

我们试着梳理了一下防范目标的几类情形，它可以是对抗的人或物，也可以是对应的人或物的某个方面，还可以是对抗的某个行为或事件。

1. 防破坏——生命财产的损伤、毁坏，手段有可能是人为的删除、毁损、爆炸、烧毁、投毒等，防入侵（空间隔离）是其方法之一。

2. 防被盗（泄密）——实物被非法转移、信息数据非法泄露，防入侵（空间上的隔离）也是其方法之一。

上面“防”的这些事情，隐含地说明有其实施主体的，这些实施主体，可以是人，还可以是动物，也可以是其他物品等。以防破坏为例，这个句式应全面表达为：

“防破坏” = “防止 AA 被 XX 以 YY 方式破坏”

其中：

AA 通常冠以针对某个防护目标或者安全主体单位的限定词。

XX 是破坏行为的实施主体（或者叫作攻击者），通常是我们后面提到的监控目标之一，可以特指，也可以泛指。

YY 是指破坏的方式或工具、途径等，如采用爆炸的方式，采用无人机或者遥控飞行器的方式，采用小动物的方式等。

在这个过程中，一方面，我们必须明确攻击安全主体的目标是谁，对安全主体的什么感兴趣，强调攻击的角度；另一方面，也有人会从防护目标的角度，认为这是对防护目标防护到什么程度的表达，是防护目标的范畴，这恰好反映了攻防对抗的博弈效果。

3. 防违禁物或人——规定不许穿越或者带入的物品如毒品、易燃易爆物、有害环境的物品，规定不许在指定空间出现的物品、恐怖袭击分子等。与此相类似的还有通缉人员的发现和抓捕。这一般是在后面的监控目标分析中发现。

4. 防越界、交通违法等——这是日常生活工作中经常面临的一种情形，是约束行为规范的过程。

5. 防失序——特别是防止人群骚乱，正常工作秩序被打乱，稳定局势。

（1）防重点人、物或事件的出现，主要是指已有情报显示的前来可能制造或引发危险事件的人、物，降低攻击者动机兑现的概率。

（2）防宏观性危险事件的发生，特别是人群拥挤踩踏、秩序混乱等，特别是人群或物品的集聚空间密度问题的监测。

这个“防”更侧重于社会管理层面的工作目标。这里的重点人、物就是我们后面所说的监控目标之一。

（3）防止故障的发生。特别是一些支持系统或设备（如自来水系统、空调系统、供配电系统）应避免其他非人为因素导致的造成较大影响面的故障发生。

四、监控目标

监控目标是指安全防范系统直接进行信息采集或者行为控制的对象。显然，一方面这个定义隐含了监控目标是安全主体所关注的对象，另一方面也明确了可包含防护目标，也可包含防范目标的人、物，或其对应的实施主体，实施主体既可包含组织外的人员，也可包含组织内的人员。

在安全防范不同专业子系统领域，监控目标有不同的称呼，如在视频监控系统中摄像机视野中的人员、车辆等被叫作监视目标、管控目标。如在出入口控制系统中，需要进行身份认证或标识识别的卡或人员、物体等被叫作控制目标或者受控目标，有时直接称作目标。如在入侵报警系统中，入侵行为的实施者是我们的监视对象。

在传统理论中，仅在出入口控制系统中特别关注了受控对象（目标）这个概念，在视频安防监控系统和入侵报警系统中做了有意无意的忽略。当今，视频监控系统中需要大量关注的恰好是这个监控目标。

视频监控系统中最热门的智能视频分析或大数据分析，都是基于对监控目标的辨识，从中识别出防护目标如利用人脸识别核实内部人员身份，从中识别需要防范的目标或者叫作防范目标，如发现非法入侵者、防止人员过度拥挤、防止人员跌倒、防止物品遗留等。

在有些场合，监控目标还可以是公安机关所指定的具有前科或犯罪动机的嫌疑人、嫌疑车辆等。

显然，对监控目标的信息采集、身份识别或特征标识、时空轨迹分析跟踪等，应是我们安全防范系统日常发现异常、控制风险事件发生的基本过程。

从安全管理信息的角度看，防护目标和防范目标应是我们定义的监控目标的子集，但从安全现场对抗的角度，有些防护目标可以不用由安防系统进行直接管理控制，而防范目标也可以不出现在我们的监控视野中。这就有了图 2. 2. 1 的表达。

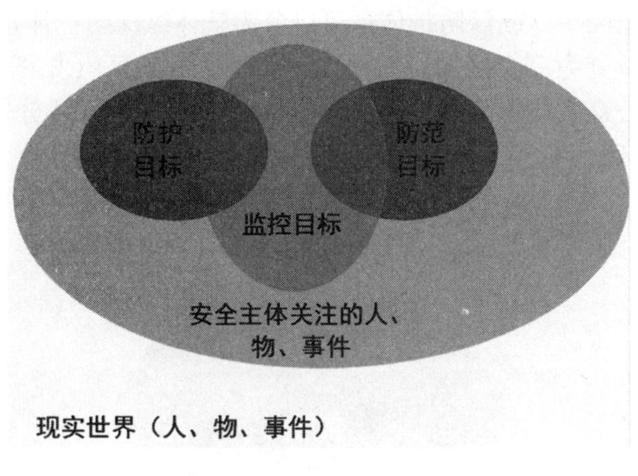

图 2. 2. 1　安全防范系统中“三目标”的相互关系

五、防护时空

任何目标都需要特定的时空存在，目标所在的时空分布和变化的特点决定了目标的一些属性，甚至决定了目标的本质特征。对目标的防护本质可分解为“防”和“护”两个策略，“防”似是主动的意识，“护”更多地体现为防的实现，体现为保护的行为。

防护时空包括防护空间和防护时间两个维度，多数场合突出说明了防护空间。从数学上来说，时空应是统一的概念。在实际应用中，时间和空间也一定是相互关联的表述。

（一）防护空间总论

防护空间是为达到保护防护目标，避免攻击受损，合理控制监控目标而进行的一种有限区别分割的实体空间结构。防护空间可以是防护目标所在的区域，也可以是监控目标可以出现的区域，还可以是阻挡防范攻击目标出现的区域。

这里之所以采用防护空间，而不是传统的防护区域的称谓，是强调防护空间的三维特性。防护区域的称谓易使人仅做二维平面化的思考。金融行业的金库防护就需要进行六面体周界防护的考虑。在今天无人机参与的对抗场合中，立体防护的空间概念更加突出。若包括数据这个防护目标，则还应包括网络空间的超三维特征。

在安全防范领域，最常见的四种空间结构是纵深防护体系、重点区域重点部位、监控中心、边界。

在传统安防理论中，入侵报警系统更强调纵深防护体系，在出入口控制系统中设计了受控区的概念，并强调了受控区内外之间的出入口界面（边界）抗攻击的要求。

对于监控目标所经过通道的设计可能涉及建筑、构筑物的空间分布构造，合理科学的空间构造规划可大大提高对监控目标的管控效果，且并不明显增加建设成本和人们的不舒适感，甚至直接降低建设成本，增强对人们的亲和力。

（二）纵深防护体系

纵深防护体系是指一种有利于保护防护目标免受攻击或损害的、具有递进层次的空间结构。

在传统的有形空间中，纵深防护体系可以分为整体纵深防护体系和局部纵深防护体系，它在空间上可以分为三个区域：监视区、防护区和禁区（见图 2.2.2）。其中，禁区通常定义为一般公众人员不可进入的区域。也有人将这些区域分别称为一般防护区、重点防护区、核心区。

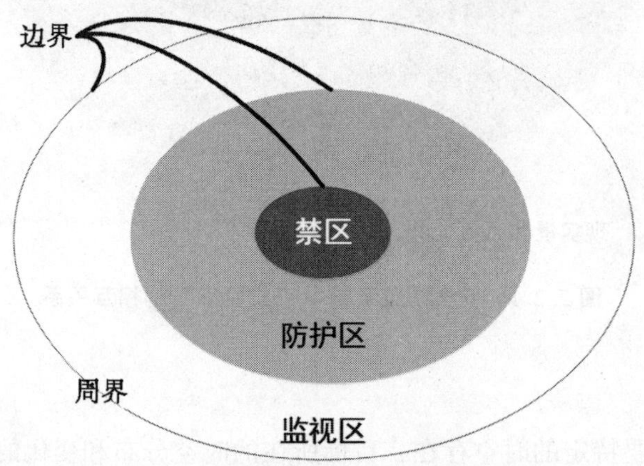

图 2.2.2　安全防范系统中的纵深防护体系

任何区域都会存在边界，但人们历史上约定纵深防护体系最外边的边界叫作周界。

在今天看来，纵深防护体系还应进一步理解为同一时空域内的有形空间和无形空间如网络空间等的递进结构的综合效应。

现实世界中，防护目标可能是固定的，如展示的文物，也可能是动态的，被保护的在公众区域活动的重要人物。针对静态防护目标可以采用传统的整体或局部纵深防护体系，基于活动防护目标则需要采用动态纵深防护体系，或基于自身强化防护的贴身装具的保护等。即使是固定防护目标，其纵深防护体系也会因外界环境的变化而需要做出适当的调整。

针对特定犯罪嫌疑人的包围圈也可以形成递进的空间结构，也可以叫作纵深防护体系，这不在本次的讨论范围内。

(三) 重点区域和重点部位

重点区域和重点部位是指监控目标能够进入或者经过的，或者防护目标所在的且易出现意外的，或出现意外后可能导致重大后果的区域和部位。重点区域和部位既可以是纵深防护体系的一部分，也可以单独作为独立设防的区域和部位，还可以在重点区域内设置局部的纵深防护体系（见图 2. 2. 3）。

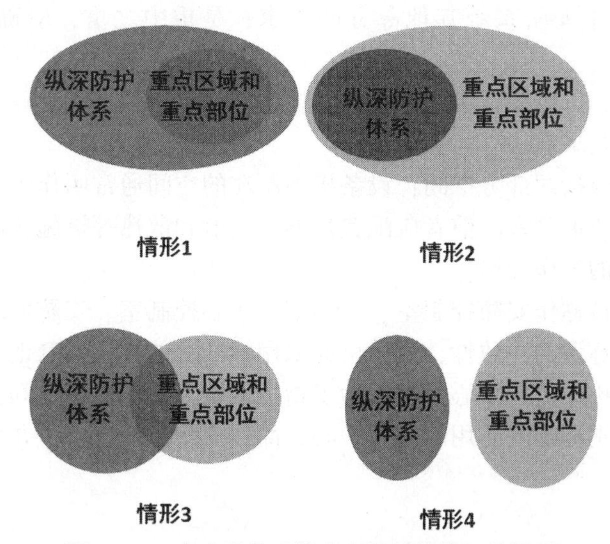

图 2. 2. 3 安全防范系统中空间结构的四种情形

从不同的空间粒度（空间比例尺度）层次，重点区域和重点部位可以差别很大。例如，在一个城市内，该城市的水源、发电厂或变电站、煤气站等是我们安全防范关注的重点，可以称作重点部位；而在一个变电站内，变电核心设备和输电线引进和引出区域是重点区域，值班控制室可以称作重点部位。

以事前威慑和事后取证为前提的思维，则往往直接以所谓的重点部位和重点目标为核心进行防护。

我们试着对重点区域或部位的选择原则进行了梳理（以下主要指安全主体为独立法人单位的情形）：

1. 能够导致正常工作生活失序的控制设施：配电房（间）、安防设备间、涉及关键通信或控制装置的区域、计算机房、监控中心；

2. 能够导致财物损失的区域和部位：财务室、金库；

3. 能够导致出现爆炸、燃烧、有害物质扩散的部位和区域：油库、化学品库；

4. 重要物资的交接区：金库卸货区、化学品卸货区等；

5. 能够导致人员群伤的部位：厨房、空调新风入口装置、自来水泵房；

6. 能够导致内部人员逃生受阻的部位和区域：人员主要出入口通道、导致现场建筑结构出现严重坍塌的部位；

7. 容易出现人员聚集或者交会概率高的区域：站台、广场区、停车场；

8. 一些设备人机交互存在故障伤人风险的部位：电梯、自动扶梯、上下车的站台。

(四) 监控中心

监控中心是安全防范系统中汇集各类安防信息数据、分析处理数据、存储数据并能进行实时指挥调度的场所。它是安防系统，特别是电子防护系统的核心区域。它通常设有专人值守。监控中心一般设置在安防系统防护空间内较为中心的、安全防护程度相对较高的地方。监控中心是安全防范系统“中枢神经”之所在，其对自身安全的要求要远高于安防系统其他部分的要求，是重中之重，应确保监控中心的整体防护能力。

根据工作需要，可以设置多个和多级监控中心，以达到便于管理、分布安全、快速响应、有序指挥的效果。

监控中心通常包括两部分空间：设备机柜所在的空间通常叫作中心设备间，值守人员所在的值班区域或值班室。前者应配置足够的供电和散热等措施，后者则应确保人员的基本生活和必要的工作环境。

监控中心有时被称作安防控制室、控制室、中心控制室、安防值班室。我们应注意在同一设计方案中称谓的一致性，并尽可能采用标准化的称谓。其他业务系统也会设置这样的场所，也被称作监控中心，有的为了指挥调度方便，值机空间甚至合二为一，这时，我们应注意区别称呼安防用的监控中心，简称安防监控中心，并应从安全的角度做出合理的隔离。

(五) 边界

安全防范不可能在无限的空间域中实施，无论是从资源配置上，还是从空间粒度上，都存在极大的限制。这是客观的，不以人的意志为转移的。因此化无限为有限，边界成为了安全防范自然的空间结构。

边界在前文已经提到，这里要强调的是在有形空间中，任何局部化的空间均存在边界。边界本身可以是实体类隔断的，也可以是虚拟标识的。前者往往是外周界，后者则更多地出现在视频监控的视野中。

从防御进攻的观点看，边界是内外的分界线，具有鲜明的隔断效应，边界是对防范目标的重点关注区域，在其上设置的出入通道口是对监控目标进行监视的关隘。因此其本身的防护应是均衡的，不能出现“木桶效应”。

纵深防护体系的周界一般具有实体的隔断装置，是具有真正隔离作用的边界，它的防护本身就必须达到均衡防护的效果。周界天然具有封闭性的要求。前文提到的出入口控制系统的受控区是指以出入口控制所关联的相对封闭的空间，因此其边界和出入口本身的安全均衡防护要求尤其突出。

在无形的网络空间中，随着移动互联网等大力发展，信息数据的使用边界越来越模糊，因此其面临的问题越来越像是对监控目标的管理和控制，需要反复地进行身份认证和加密保护，而这个过程需要纵深的均衡保护措施。

（六）防护时间

我们会每天、每周、每月、每年等进行周期性的上班工作、下班休息聚会，开放时间接待访客和关闭时间封闭场所，等等。安防系统在不同时间段的工作状态是完全不同的，但都存在防护的重点工作。

前文提到，在实际工作中，除了空间上的重点说法，还存在一个重点时间段的提法，如一些敏感时间段（特别的日期）、在一天的某个时段可能是某些案件的高发时间段。这是我们强调动态调整相关方法和策略的根据。

实际上，防护空间中各类目标对象的活动规律一定是与时间因素不可分割的。例如，对虚拟网络空间各类事物的分析识别就是这样的情形。

六、探控时空

我们研究各类目标的时空规律，最终将以适当的操作控制方法对应这些时空，达到对防护目标的保护，对防范目标的控制，对监控目标监控的效果，这个适当的操作控制方法通常是以各类探测器、控制设备等的作用时空来实现——这就是我们这里所讲的操控空间。

（一）实际探控时空

我们定义探测空间或者叫作探控空间，是指探测设备能够即时或在规定时间内探测关注目标的范围或人力在约定时间内的可控制空间范围。这显然是一种真实的探控空间，或者叫作实际探控空间。传统上，实际探控空间包括防区、监控区、受控区和人力保护空间等。

防区、监控区和受控区在实际空间上通常会相互重叠，它代表了多种探测手段对同一空间的覆盖水平，这些做法可提高对目标的探测效率和准确性，同时也是避免漏报警或者漏探测的有效手段，还是进行多种手段复核印证，避免误报警的合理手段。

探控空间具有时域特性，会随着探测器的工作状态或设定的管理规则的变化而发生变化。例如，在布防状态下，控制指示装置（报警控制器）才能响应报警探测器对外界入侵的信息，摄像机会随着一天阳光的变化而产生不同的采集观察效果，如逆光、暗光、强光等。

操控空间的有效性应与探测目标的静态和动态特征的功能相适应。这是各类探测和控制设备的探测性能所应具备的能力。探控空间所反映的事件应是真实的。

若考虑外来的类军事性攻击，如无人机、导弹攻击时，上述传统的实际探控空间就会被大大压缩，因为既有的探控手段无法及时有效地探测控制这些关注目标。因此实际探控空间应是在特定攻击条件下的防护能力的表述。

（二）防区

防区对应了一个或多个探测设备可即时或在规定时间内探测到目标的空间。防区的关注点在于对动作或者行为活动特征的发现。

在传统的入侵报警系统中，它通常在控制器上对应一个接入回路。一般地，一个接入回路对应一个入侵探测设备，这样有助于合理区别是哪个探测器发出报警，有助于提高系统级探测的精度。

通常在技术实现上，一个探测器对应了一个防区。为了提高探测的有效性，避免漏报警等情况的发生，人们可对同一个防护空间采取多种技术手段进行探测，这就是复合探测的概念。也就是说，同一个防护区域可能对应多个防区。

对防区的响应模式和管理模式，由入侵和紧急报警系统的控制指示设备及其更高层级的中心设备或操作界面进行接收或控制。

从响应模式上分，防区可以分为瞬时或即时防区、延迟防区。延迟防区是指某防区对应的探测器发出报警信号指定一段时间内，控制指示设备不对这些报警信号作出响应，而在延迟指定的时间后，当该防区还能接收到报警信号时，控制指示设备才响应报警（该防区处于布防状态）。延迟防区在具体应用时又分为进入延迟防区和退出延迟防区。

从管理模式上分，防区分为可布撤防防区、24 小时防区和旁路防区。24 小时防区是指该防区不受布撤防控制指令的控制，而处于可随时响应报警信号的状态。旁路防区，是指该防区不受布撤防控制指令的控制，而处于对任何输入信号不做响应的状态。旁路防区通常用于对存在故障的防区或未安装探测器的防区进行隔离。

布撤防操作是入侵和紧急报警系统进行分区分时控制管理的有效方法，当某防区被布防时，该防区通常可即时或延迟响应接收到的报警信号；当某防区被撤防时，该防区的报警信号就会被忽略，而不会进一步发出告警指示等。

但无论什么防区，只要没有旁路，该防区的防拆报警和线路的短路、断路报警是随时都会被响应的。也就是说，这些报警信号始终是 24 小时模式。

在报警信号的处理上，人们为了更好地处理对应不同区域、不同性质的报警，不同报警的紧急程度，而将防区划分为多个优先级，通常 0 级为最低，数值越大优先级越高，以便合理地快速有效响应报警信号。这种逻辑可以帮助系统或设备更好地应对大规模报警信号同时接收响应，避免系统对重要的或者关键事件的死锁或不响应。

（三）监控区

监控区是指从视频监控设备所能即时观察监视的区域，有时也泛指其他安防设备所能监视管控的区域。监控区通常是防护区域的一部分。监控区由于摄像机的安装位置、观察角度等条件的变化而发生改变。

固定安装（位置和角度）的定焦镜头的摄像机的监控区域通常是固定不变的。而遥控摄像机的观察区域则会因 PTZ① 的控制而发生变化，具有时变的特点，这个摄像机的监控区也就会随着控制而发生变化。很显然，遥控型摄像机的可观察范围与监控区域的关联不重合，可观察范围大于监控区域，前者不具有同时监控的特点。

多个摄像机的监控区也可以是重叠的。有一种方式是采用多种谱段的摄像机观察同一个监控空间（如使用热红外摄像机和低照度可见光摄像机），还有一种方式多个摄像机的监控区还可以存在不同粒度的重叠，例如在门口的摄像机监控区域，有可以看清宏观区域的人员目标的效果，也需要对人员的人脸特征观察清楚的效果，这种情形目前出

① PTZ 是 Pan Tilt Zoom 的英文缩写，它们分别对应了云台的水平方向转动和垂直方向的倾斜转动，镜头的变焦即调整镜头的光学放大倍数。

现在枪球联动的应用模式中，当然直接采用一台短焦距的广角镜头摄像机和多台长焦距镜头的摄像机在门口区域附近同时安装也是可以的。更常见的形态是采用监控区同粒度空间拼接的方式，来确保对活动目标跟踪不间断。

监控区侧重于现场观察时空范围内的各类人、物等的光谱映射信息的采集。这些采集的信息经过适当的方法可以作为入侵和紧急报警系统的防区的输入，也可以识别出特定的唯一标识，而成为出入口控制系统的凭证。

（四）受控区

将与某一个或几个受控的出入口所对应的管制空间称作该出入口的受控区。在出入口控制系统中，受控区是基于封闭的空间而言的，否则受控区就是不可控的区域，就会出现严重的管理漏洞，使得出入该区域的人员或物品等不能有效管理。很显然，受控区的构成必须依赖空间物理结构等的合理分隔防护。

由于进入同一组区域人员的权限不同和区域的交叉关系不同，受控区具有不同的权限级别，被称作同权限受控区和高/低权限受控区。

如图 2.2.4 所示，房间 A 是房间 B 内的套间，要进入房间 A，必须经过房间 B，则称房间 A 是房间 B 的高权限受控区，房间 B 是房间 A 的低权限受控区。为了避免低权限受控区的凭证（对应的人）越权进入高权限受控区，则出入口控制器的安装位置应位于高权限受控区内，或者对执行控制装置和控制器进行足够强度的加固。某个可进入房间受控区 A 的凭证不可能从外部不经过受控区 B 而直接到达 A，否则就说明系统配置存在后门或者安全漏洞。换个说法，要授权进入房间 A 受控区的凭证必须首先授权进入房间 B 受控区。

再如房间 D 和 E 之间为相邻位置，或者距离较远，但没有套间的关系，若具有 D 房间授权进入的凭证，都能进入 E 房间，反之亦然，此时 D 房间受控区和 E 房间受控区对于这组凭证是同权限受控区。显然，同一凭证不可能在 D、E 两个受控区同时出现。若同时出现，要么凭证被冒用，要么系统出现了问题。

当两组不同的凭证分别各自独立授权进入各自的房间 C、E 时，则房间 C、E 不具有受控区权限比较关系。

受控区 A、B、C、D、E 的受控区关系还会随着人员出入授权的改变而改变，或者说，受控区 A、B、C 的关系随着这些区域功能和进出人员的变化而发生变化。

一般来说，监控中心应是最高的系统管理控制权限。但进入监控中心的人员（凭证）未必都具有进入各个受控区的授权，未必都具有最高权限受控区的授权。为避免低级别的操作授权人员和进入低权限受控区的人员得到进入高权限受控区的权限，应对其中心设备和相应的控制器进行加固保护。

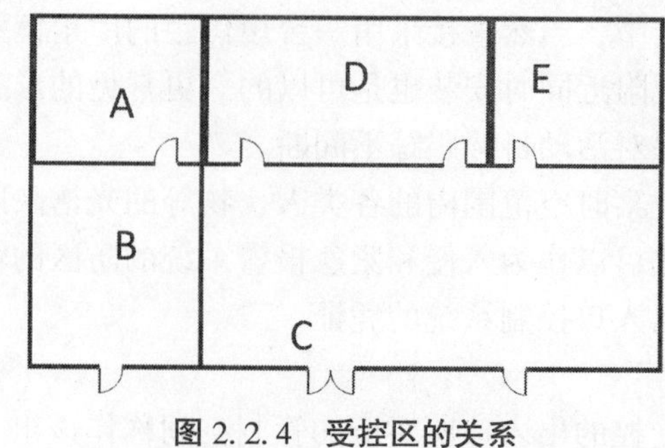

图 2.2.4 受控区的关系

受控区的出入口通常采用凭证识别方式唯一识别经过该出入口的目标，所谓个性化探测，从而在安防系统中可以唯一地标记、统计等。当受控区具有多个出入口时，这些出入口的凭证出入权限应是同等的。当对特定时刻某受控区的凭证或者目标统计时，应采取双向识别凭证或目标的方式。

（五）人力保护空间

人力所保护空间是人在约定时间内巡逻可及或者对外来的攻击能及时作出反应对抗的范围。

这个空间大小受限于保卫人力的体能或辅助机械支持的能力（如摩托车），以及现场地理空间分布（建筑物内或者山地河沟）的特点。还与保卫人力资源配置和待命区域分布有关。

（六）虚拟探控空间

在安防系统内部，通过这些实际探控空间的信息采集和设备控制，形成了一种与现实世界相对应的虚拟的探控空间。

在虚拟探控空间中，防区、监控区和受控区就变成了一个概念、一个名词或一个集合，各种不同性质、不同特征的区域的逻辑关系一方面需要真实反映实体空间的关系，遵循现实世界中的关系；另一方面虚拟空间中的操控空间也有数据特有的内在一致性的属性要求，这是信息系统需要直接面对的。我们把这个虚拟操控空间叫作信息域的一部分。当对实际探控空间所对应的信息数据无合理的应对策略时，会直接导致系统相应处理能力的失败，进而产生实际空间中的对抗失败。

虚拟探控空间的特点也越来被 IT 技术概念充斥和替代，似乎只要 IT 取得了实际探控空间的对应数据和权限，就可以处理一切。但实际情况是，从实际空间到实际探控空间的映射，从实际探控空间到虚拟探控空间的映射存在诸多变数，是一种采样与控制的双向过程，不可能百分之百绝对意义上的正确完整对应，虚拟探控空间在反映或者映射实际探控空间和防护空间时，都会发生“833”模型①的情况（请参考相关文献、图 2.2.5 和第五章第五节的“六、探测效能的评估”的相关内容）。

如何在虚拟探控空间中实时、有效、真实地反映实际探控空间的工作状态，进而得

① “833”模型是作者提出的一种可以分析探测或控制效果的可能结果的模型方法，“833”是指某系统对所面对的 3 个实事件和 3 个虚事件的识别最多有 8 类可能结果。详细可参见后续内容及参考文献。

知防护空间的安全状态，是近些年来相关人员大量研究的内容。常见的实现方式有电子地图、数据库、日志，常用的技术如物联网技术、各种 APP 应用。

再进一步的是，应对突发异常或者报警事件，如何快速有序地处置，防止事态的恶化，也是近些年公共安全应急管理的研究重点。这时，系统从虚拟操控空间又回到了实际探控空间。

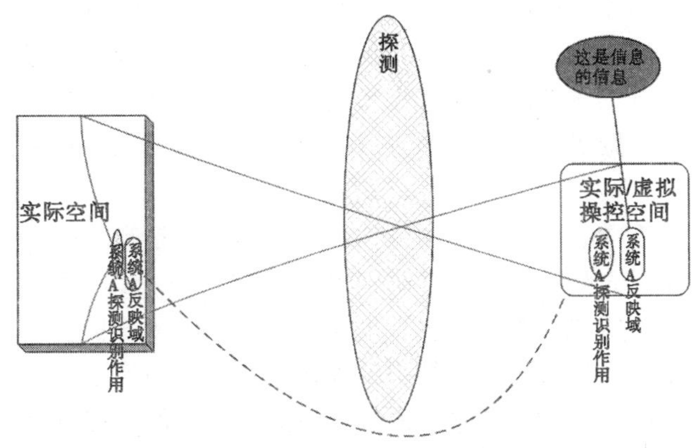

图 2.2.5　实际操控空间与虚拟操控空间映射的“833”模型

第三节　安全防范的基本手段

人们清楚地了解：在安全防范中，任何单一手段和方法都不是万能的，都有其适用的条件，各有所长，各有不足，在实际应用中需要取长补短。为此，人们总是不断地研发新的技术和产品，以便获得更优、更快、更强的防范效果。在安防行业的实践中，人们总结出如下基本手段。这里讨论的是安全防范的方法和步骤，是安防系统的基本原理。这些手段的实现形态，有许多以技术和产品的方式出现在实际项目中。

一、人防、物防和技防

围绕防护目标，开展人防、物防和技防的配套结合，体现未雨绸缪、预先应对和实战对抗的工作思路。物防和人防是最传统的防护方法。从某种意义上来讲，技防是对物防和人防的增强和延伸，是对其中薄弱环节的补充（见图 2.3.1）。

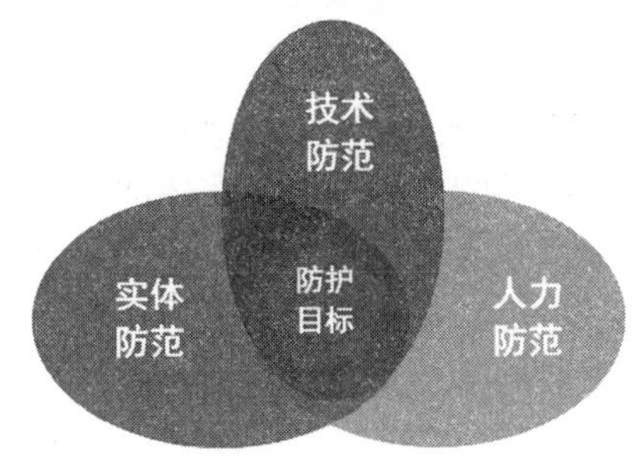

图 2.3.1　围绕防护目标的人防、物防和技防

我们认为传统的定义今天仍然适用，最新的标准也是这样定义的：

人力防范（Personnel Protection）：具有相应素质的人员有组织的防范、处置等安全管理行为，简称人防。

实体防范（Physical Protection）：利用建（构）筑物、屏障、器具、设备或其组合，延迟或阻止风险事件发生的实体防护手段，又称物防。

电子防范（Electronic Protection）：利用传感、通信、计算机、信息处理及其控制、生物特征识别等技术，提高探测、延迟、反应能力的防护手段，又称技防。

人防具有主观能动的优势，但却存在易疲劳、需要长期训练的特点。

物防若配置到位，则可以直接阻断进攻的可能，平日可以不耗能，但只有做好准备才能发挥作用。

技防主要是人的视觉、听觉的能力延伸，进一步还包括智能的拓展，兼有一些机械控制等的能力。本身是人防、物防和技防三者的协同核心，具有信息集成的显著特征。但它离开了电能就一无所能。在国际上，这通常被称作电子防护。

随着技术的进步，具有智能反应能力的物防、技防措施越来越多，而拥有强大的单兵防护装具、通信分析设备和武器系统的人员也成了人防的高级配置。拥有强大运算和存储能力的中心设备也逐步成为安全防范系统中的重要组成部分，如大数据分析研判、高清视频数据的长周期保存等。

长期以来，人们更偏重技防手段的研究，准确地说，是电子防护手段的研究，对物防的研究又常常止于对防护材料和单体的防护装具的抗击打能力的研究和应用。实际上，从古代的护城河、城墙城门、八卦阵、迷宫，到现在的纵深防护体系中所包含的实体防护类型是广泛而历史悠久的。实体防护本身的空间结构是复杂多样的，如合理的出入通道规划（如消防通道必须是直通外界，不被阻挡，反恐通道则相反），合理的防护目标的分布，会大大提高防护的效果。这类物防措施的研究应成为建筑构造的一部分，成为防护目标空间分布结构的一部分。

在这里有必要对上述几个概念做一些补充说明。

1. 在我国核安全领域和国外的军事防御标准中，英文 Physical Protection 直接翻译过来，就是物理防护、实体防范或者实物保护。其对应的系统就叫作实物保护系统等。从其实际涉及的内容范围来看，这个实物保护系统包含了我们这里所提到的人防、物防和技防的所有手段。而且在我们此前约定的物防方面，往往有更加具体的方法要求，用应对的防范目标的入侵行为或攻击行为更加具体的指标描述，来说明物防的形式（空间结构和材质）、参数性能等。

2. 传统技防的内容，在 GB50348-2018《安全防范工程技术标准》中，用电子防护的名称替代，因为技术可以是电子的，也可以是实体的。随着技术快速进步和防范手段多样化，人们也在使用犬防和机器人防范等。一只训练有素的犬，不仅探测能力很高，而且可以有直接的反击能力，甚至超过一般保安人员的作用。而好的机器人巡逻，则可以不知疲倦地工作，是集人防、物防和技防于一体的受控装备。

二、探测、延迟和反应

围绕防范目标，开展探测、延迟和反应的实时协同，表现出被动响应、主动适应的特征，是事中控制的主要措施。

安全防范系统作为一个有机整体，是一个基于“刺激—反应”模式的结构体。于是安全防范系统从应激的时间空间序列上，可以粗略地分为探测、延迟和反应 3 个步骤。

探测（Detect）：感知显性风险事件或/和隐性风险事件发生并发出报警。

延迟（Delay）：延长或/和推迟风险事件发生进程。

反应（Response）：为制止风险事件的发生所采取的快速行动。

通常将探测、延迟、反应称为安全防范系统的三要素。

在传统理论中，针对探测过程提出了包括误报警、漏报警、探测率、漏报警率、误识、拒识等概念，反映了人们对探测在两种统计学意义上的错误等的认识。

误报警（Error Alarm）：对未设计的事件做出响应而发出的报警。

漏报警（Leakage Alarm）：对设计的报警事件未做出报警响应。

从这里的误报警和漏报警的定义，可以看出人们理解上的简单二元化，“设计”与“未设计”，“报警”与“未报警”。

以现在的理解，探测的性能表述应包括对目标探测的有效性、及时性、准确性和完整性，以及面对大量监控目标时的辨识速度和效率，这些综合指标体现了技术防范的关键性能。

在传统安防理论中，通常以物防措施对应延迟的能力，与冷兵器时代的城墙、壕沟等是良好的战争延迟手段一致。实际应用中，纵深防护体系才是增加延迟效果的重要手段，也是军事应用的一个重要特征。

有人认为，反应主要是人力资源的应急调动和对抗处置的过程，但按照上述的定义，我们还可以发现，事先的准备、制度化的流程和实时值守是快速行动的必要前提。

在军事上，目前比较典型的对抗场景是：在空袭时，被攻击方（守方）会用预警雷达，寻找发现攻击方发射的在途导弹。一旦发现发射的导弹，守方会根据既定的策略，启动制导雷达和反导导弹，以便对抗或者消灭攻击者的导弹。发现导弹的过程对应于上述的探测，摧毁导弹的过程对应于反应。而导弹发射地点和守方地点之间的有效距离越大，则延迟的效果越好（见图 2.3.2）。

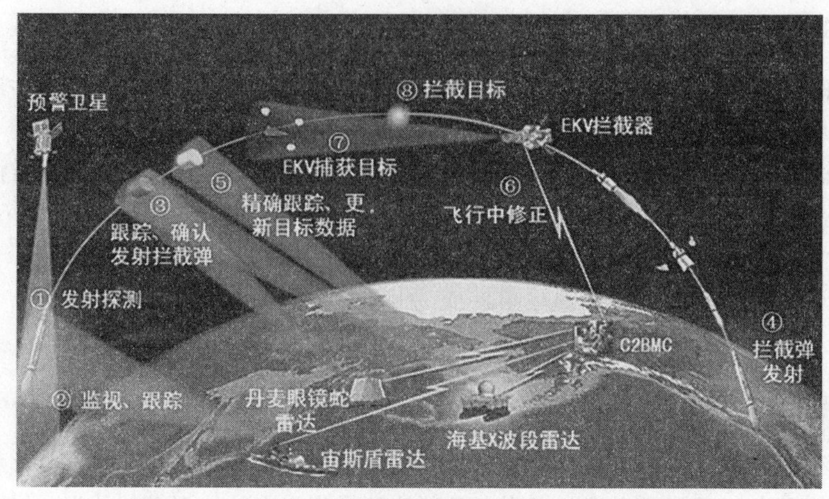

图 2.3.2　美国的国家导弹防御体系（NMD）（来自网络）

三、监视、导分（引导分隔）和强固（强化加固）

围绕监控目标，开展监视、导分和强固的分类处置措施，是实时控制管理的重要手段。

监视：在安全防范设定探控区域内对监控目标进行有效及时的目标识别和行为活动跟踪。

导分（引导分隔）：对监控目标进行分类（群或个体、监控目标的组合个体数量等）、分区、分时、分级的引导区隔。监控目标作为防护目标时，可进行自我防护和规避行动策略（清场、伪装、避开高峰）；监控目标是攻击目标时，紧急采取时空隔离措施，如利用排爆罐使爆炸物远离人群等、击毙正在行动的恐怖分子等针对恐怖分子的反击终止行动。

在日常生活中，常见的交通组织方式如人车分流，在车站、机场和港口按照目的地进行检票等进行人员分流都是导分的具体表现（见图 2.3.3）。

图 2.3.3　车站人员分流和小区人车分流示意图

强固（强化加固）：对监控目标中的保护对象自身进行防护强化（如穿防弹衣、戴防弹头盔等），对监控目标所在区域强化加固（如加强防弹玻璃、建立隔离墙等）。

从这里的描述中，大家可以很容易理解入口控制系统的读卡授权开关门就是监视、导分的功能方法，而对出入口的门及其电子控制设备的防护本身就体现了强固的要求。

四、探控空间对防护空间的有效覆盖

对于所有目标可能出现的空间领域，特别是安全防范系统所关注的边界、纵深防护体系和重点区域重点部位等，安防系统都能对安全主体关注的目标做出及时响应，且能在后续的处置过程中保持系统良好的可用性和可靠性，也就是对安全防范信息的连续及时处置等。前者对应了实际探控空间对防护空间的有效覆盖，后者则强调了安防系统的高度可用。

有效覆盖不是实际探控空间与各类目标所在防护空间的简单重合，而是要从空间探测粒度上的合理重叠。以周界为例，围墙上以发现入侵事件为主，而在同层次的出入口则强调对身份的验证和（或）人脸等特征的有效识别。又如在同一空间域中，设置不同配置的摄像机以达到不同粒度观察的统一：宏观的人群活动趋势、局部的人活动特征，某个人的人脸或行为特征等。

第四节　安全防范管理基本策略

从安全主体的角度看，安全防范是完整安全生命周期的博弈对抗的过程。下文的“事”指的是发生的风险事件。

一、事前预防和准备

（一）充分评估社会治安状况、防恐形势等，做出自己的预判

通过情报、政策等的综合研判，合理评估安全主体的外在风险条件，排查自己的风险点，合理确定安全主体的防护目标、防护范围、防范目标和监控目标，确定合理的防范策略和管理对策。

针对自己的薄弱点强化补充，提出自己的管理预案（针对特定情报，临阵磨枪，提高防卫应急水平，增强或改变安防系统的配置部署）。利用建立的安防系统，达到对外警示、威慑先期效果。

（二）建立合理有效的纵深防护体系

以防范目标（攻击目标）为核心或中心，以到攻击对象所在位置的距离为半径，建立具有相当深度的纵深防护体系，阻滞截击入侵和攻击。重在实时情报和外围的防护，但也要有保底的措施。

（三）适度分割防护目标

通过防护目标的适度时空分割（分空间区域或者分时）进行转移或隐藏，减小被一次性破坏的后果。

（四）导分监控目标，强固重点区域和部位

针对重点区域和重点部位，努力消除其薄弱关节，强化出入该区域的人、物、信息的管控，提高抗攻击、抗破坏的水平。

（五）综合均衡防护策略

无论是对防护目标的保护，还是对监控目标的发现和跟踪，都需要在全时空条件下的综合均衡，不能出现管理和防护空当，不能出现所谓的“短板效应”，避免捉襟见肘。

（六）保持安防系统自身的稳定性和可靠性、可维护性

安防系统自身的稳定性和可靠性、可维护性是安防系统正常运行的前提。保持安全防范系统的常用常备，又是保证安全防范效果的基本前提。

（七）做好预案的编制和演练，形成协同的效果

预案既包括日常业务开展的正常过程方法、操作规程，又包括针对突发事件的基本流程和处置原则、资源协调的相关措施等。安防系统是一个有机整体，目前的环境条件下，单纯的技术措施和人力组织都不足以应对可能的突发事件，这需要事先的应对预案研究和准备。

预案编制的过程就是各种手段相互结合的分析构建的过程，而演练或者训练则是这些预案的实践基础，是有效发挥各方、各部门、各设备作用的必要协同过程。这不仅需要理念的理解，更需要行动的配合，从而为后续的工作打下必要的基础。

二、事中可控和应急处置

（一）人防、物防、技防相结合

一般地，对于具体的防护目标，物防是基础、人防是保障、技防是手段。三者有机结合，可以极大地提高安全防范的整体效果。相反，对任何手段过度依赖同时对另外手段的有意无意的忽略，都会导致防护的漏洞出现或者防护失效（见图2.4.1）。

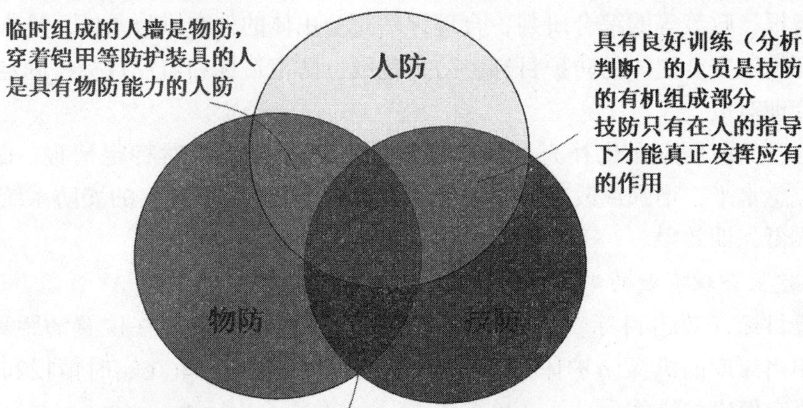

图2.4.1　安全防范系统中“三防”的有机构成

（二）探测、延迟、反应相协调

有人总结到：探测要发现早，响应“快”；延迟要抗冲击强度大，迟滞攻击者达到其目标的时间“长”；反应则是力量足够强，到位速度“快”。这就是所谓的“两快一长”，从而制止不良事件的进一步发展。在同一个时间、空间内，在时间轴的同一参考点上，各段的时间长度，用公式表述就是：

$$T_{探测}+T_{反应}\leqslant T_{延迟}$$

实际上，不仅三个要素之间在时间轴上要配合，还要包括安防系统应对大量复杂不安全事件的实时分析识别和跟踪的能力支持，系统不只是分析一个目标，还应能对多个甚至大量的目标进行分析；还要包括安全主体对不同防范目标的应对措施和资源配置，抗击能力的实时支持，即不仅能发现攻击目标还能制伏攻击目标，否则前功尽弃。

（三）联动联防

无论是人防、物防还是技防，无论是它们之间还是它们内部，都要协同资源、实时联动，形成联防优势，而不是各自为战、缺乏配合。传统理论中的报警联动就是这个理念的体现。

联动体现的不仅是上述步骤的协调，还包括各措施同步协调的特性。从技防的角度讲，就是各功能子系统、各功能模块集成联动，快速及时响应，向指挥者提供及时有效可印证的信息，确保信息交流的有效性和准确性。

（四）目标锁定和隔离

针对突发事件中的监控目标及时辨识清楚，保护和疏散防护目标进入更安全的区域，隔离攻击目标，阻断攻击或破坏攻击途径，形成临时的纵深防护体系。

其他对人、物的及时抢救措施这里暂且不论。

三、事后追溯和善后处理

1. 固定证据，特别是现场视频音频的记录和通行查验记录等，要确保证据的原始完整性，确保电子证据的及时有效提取。

2. 检查安防系统的继续有效是事后处理的重要步骤，如雷击过后的设备修复，爆炸过后的正常工作秩序的恢复等。

3. 被盗物品及时追索、受伤人员的医治和其他降低消除影响的方法本节暂不展开。

第五节　风险的评估和处置

一、风险识别与分析

安全的对立面是风险、危险和受到威胁等，我们统称为风险或风险事件。风险管理在国际和国内逐步形成了越来越完善的理论和实践体系。风险管理的重要活动包括风险识别、风险分析、风险评价、风险准则确定、风险应对等风险评估，以及风险跟踪和风险处置等。

根据不同的角度，安全主体可以有不同的风险识别类型，如政治风险、政权风险、金融风险、经济风险、财务风险、法律风险、治安风险、恐怖袭击风险、食品药品的中毒风险、生产过程中的燃烧爆炸风险、塌陷风险等。在安全防范领域，安全主体则着重于与人的生命财产直接相关的人为对抗中的治安类风险。治安类风险与其他领域的风险是相关联的，甚至是相互转化的。安全防范就是安全主体用来减小甚至消除风险事件发生的。

由于本书主要研究关于社会管理和治安防控与反恐防范中的问题，在风险的表述上以人为对抗为基本条件，其他类风险暂不涉及，因此也就不再对其他类风险展开太多的叙述。

我们的电子防护本身就是信息系统的形态。随着技术的进步，互联网的普及，现在比任何时候，安全主体都更加关注信息和数据的防泄露问题，也就是保密问题。这里的信息和数据不仅是要保护的防护目标的信息，还包括用于保护防护目标的各类措施、装备、策略等的相关信息和数据。但信息安全的风险另有特殊性和专业性，一般在信息安全领域中专门研究，目前以直接的信息对抗方式展开的攻防暂不作为本书的主要内容，但前文提到的基本概念，基本手段和基本策略是可以相互借鉴的。

针对防护目标的风险，从利益、流程、空间和时间等纵向关联、横向关联、交叉关联等角度，一般试着做如下识别分析：

1. 自身风险因素分析（SWOT[①] 分析），从自身（保护目标，资产、价值）的影响力如吸引力、重要性、管理和流程的薄弱环节和出现风险事件的后果或者损失、后发的间接影响等分析；

2. 关联相对方关系分析，研究从攻击者角度的攻击能力、成败得失评估和攻击的可能性是比较直接有效的方法之一；

3. 安全主体应建立自身的安全底线或者叫作风险准则，对识别分析的输出内容（风险事件发生后的损失和发生的概率）进行评价、评估，为进一步的风险应对提供依据。

针对监控目标的风险，一般试着总结其风险的突发性、随机性、后果不可预测性的特点，从安全生命周期来看，基于情报和形势的预判，恶性事件（重大风险事件）的发生又具有一定的可预测性。

风险分析对案件线索的倒查起到了关键性的指导作用。而案件的发生也为风险识别分析做出了某些印证。

二、风险的应对策略

在分析风险的同时，一般应综合评估风险事件发生的条件和概率，评估发生后的后果，结合安全主体承受的能力，要作出不可接受、可接受、有条件接受、识别转化转移（“坏”风险和“好”机遇的转换）等分类分级判断，这就是风险准则。

安全主体在此基础上，形成适当的风险处置策略：

① S（strengths）是优势、W（weaknesses）是劣势，O（opportunities）是机会、T（threats）是威胁，是 SWOT 分析法中的 4 个要素。

1. 风险的规避与转移：在安全主体的特定时空条件下，不必再关注其评估的这些风险的发生，可以大大节约防护和处置的成本或者投入。

2. 风险的减小：通过适当的方法，可以降低识别出来的风险发生的可能性和（或）减轻风险造成的后果。

3. 可接受，是指安全主体认为即使风险发生，所造成的后果能够忍受，或者对自身的影响为负面影响，比起投入更大的成本相比，可以忽略，或者反过来说，不值得花更大的成本用于避免这些风险，或者现阶段没有什么办法能够规避或转移风险。

4. 通过其他手段提高应对风险耐受程度，如安全防范手段。

三、风险的变化与再评估

风险会随着安全主体面临的内外因素的变化而变化，风险的识别和应对也就伴随着安全防范活动不断更新，这是一个静态和动态相结合的风险再评估过程。静态过程体现为基础性的防御设施、措施的规划建设，动态过程则需要从对抗的双方态势变化和自我调整的角度进行资源的重组和力量部署。目前，市场上有用于进行仿真动态风险分析识别的软件工具。

风险评估和应对的动态过程也可以是在特定阶段的静态过程，如对自我能力的再评估、对安防系统的评估。

对于安防系统的评估有两类：一类是系统效能评估。效能评估是对设计的或建成的系统使用和发挥作用相对于此前预期设定目标的比较，前者可以是模拟仿真的评估，后者是真实系统的实战对抗结果的测试验证评估。效能评估的结果可以作为进一步风险识别分析的调查输入项。另一类是风险评估，是针对当前面临的风险，系统自身还有什么不能满足要求。

简单地说，效能评估可以理解为核查系统或设备“能干什么，干到什么程度”，目标是合乎要求，满足需要。风险评估可以理解为安全主体还有什么风险需要面对和关注，以及发现系统针对这些风险“还有什么干不了”，目标是发现风险，做出评价，甚至可以提出解决或者消除风险的可能应对方法。笔者认为，这就是我们今天容易混淆系统效能评估和风险评估的原因。很显然，从这里的表述可以看出，系统的效能评估和风险评估的角度和重点是不同的，但二者之间有联系。

在上述基础上，安全主体可以不断从技术和管理等多个角度和多个层次进行措施的补充完善，使得面临风险发生的概率进一步降低，甚至不发生。

四、安防手段对风险控制的影响

安全防范手段对于风险控制的影响是多层次、多维度的：

1. 降低或减小风险——通过分散转移防护目标，强化加固保护措施等，威慑、阻滞风险事件的发生。

2. 提高风险的应对能力——增强实体防护水平，提升探测与反应能力，及时发现、阻滞，提高攻击成本，有可能使风险事件提前终止。

3. 降低风险发生后的损失——线索及早发现，损失及时阻止，最大化地追索。

4. 服务社会——通过风险事件的及时阻滞，或者案件及时侦破，打击惩戒犯罪，防止类似案件的复发。

5. 引发次生风险——也可能因为设备缺陷、方法策略处置不当而带来新的风险，而该风险并没有被识别出来并得到有效管控，此时反而降低了安全性。

其中的情形1-4，对应了安防手段带来的正向作用，是建设安防系统所追求的目标。但情形5是目前存在的一种不良现象，我们在前言所列的许多情形都属于此类。

以上是对应了安防手段带来的正向作用，是建设安防系统所追求的目标。但目前也存在这种不良的可能性：引发次生风险——也可能因为设备缺陷、方法策略处置不当而带来新的风险，而该风险并没有被识别出来并得到有效管控，此时反而降低了安全性。我们在前言所列的许多情形都属于此类。

五、安防手段的次生风险分析和应对方法

由于人们认识事物能力的有限性，安防手段的不完备性在所难免：从上述的目标域中可以发现，对防护目标的保护可能存在漏洞，对防范目标的防范措施可能存在疏漏，监控目标的识别可能存在能力不足等问题；从防范措施的采用和使用上，时空分布可能存在相对薄弱环节，在人为直接对抗过程中，安全主体的保密措施不力，有时资源配置不足，可能处于劣势，等等。所有这些都构成了导致安防手段次生风险的原因。我们对此不能掉以轻心。

针对上述不足，我们建议首先应从顶层设计上努力消除概念的误区和漏洞，努力避免甚至消除管理流程和安防系统中机器设备类的潜在漏洞，在措施应用上，可以考虑冗余和互补的方式，避免防范失效情况的发生。在安防系统建设和运行过程中，应做好保密工作。在综合考虑后果承受力的条件下，合理增加财力、人力，增强训练强度、安防设施等。

六、安防手段的作用

从前面的描述看，安防手段更多地体现为一种应急处置的功能效果。

随着视频语义分析能力和目标识别分辨能力的提升，随着各类大数据的积累和应用，使得许多案（事）件的发生可以提前一定时间发现始作俑者，甚至避免案（事）件的真实发生，进而将传统安防系统的应急处置功能转化为预测预警处置功能。随着社会上各类数据的汇聚和融合，社会管理模式也产生了许多新的变化。

但这不是安防系统的本质问题，安防系统本质上是我们安全的工具。工具的“双刃剑”效应是天然存在的：安防系统的使用者使用工具得当，就可以很好地保护安全主体及其防护目标；使用者使用不当，或者安防系统被攻击者利用，便会损失惨重，甚至会伤害到自身安全。

不同安防手段的选择和使用取决于两大因素：一个是攻击者的能力和规模，一个是守护者的能力和资源水平。这其实就是矛和盾的关系。所以安防系统天然地具有与时俱进的特征，随着攻防对抗的双方和所在环境的变化而不断演化。

第六节　安全防范系统的构成

安全防范系统是一个利用各种手段进行安全管理、防范和处置风险发生的系统。从防护手段的角度，系统可以包括物理实体性阻挡式防护、电子信息化的应激防护和管理策略的运用、人员力量的对抗投入；从技术的角度看，系统主要依赖信息化手段，兼顾主动隔离、制止的措施；从信息流程的角度看，系统包括信息的采集（前端）、传输、分析处理、存储、显示和控制（人机界面）等环节。

一、从探测、延迟和反应的角度看，对安防系统的各种构成做出归类

1. 探测：入侵探测、视频探测、人物的身份识别，轨迹跟踪，进一步的分析数据挖掘。

2. 延迟：实体防护、出入口的门和控制装置、自动路障、防护空间纵深深度和通道复杂度。

3. 反应：对值守人员和反应队伍的足够训练和单兵配备，良好的指挥调度机制，综合集成联防效果。

二、传统理论中，安全防范系统包括以下系统（子系统）（不含人防的内容）

1. 入侵与紧急报警系统，主要对入侵目标的动作与越界识别、对防护目标的非法移动识别；

2. 视频监控系统，主要利用视频和音频的方法对监控区域和监控目标进行目标识别和跟踪记录；

3. 出入口控制系统（身份鉴别控制系统）、停车库（场）安全管理系统、楼寓对讲系统，主要进行受控目标的身份识别和授权出入控制，停车库（场）安全管理系统还兼有停车收费等管理功能；

4. 防爆/暴安全检查系统，主要对爆炸物、管制刀具和其他各类违禁品等的检查隔离处置；重点突出了爆炸物的检查和处置，因为爆炸物造成的危害最明显和直接；

5. 电子巡查系统，主要针对巡逻的人员和设备进行监督跟踪记录，强调督查的作用；

6. 安全管理系统，现在又叫安全防范管理平台，主要承担着安防系统各功能子系统、各类信息的实时动态展示以及各种联动预案等的及时自动响应等；

7. 实体防护装置：各类自然屏障（如河沟、山体等）、路障、建筑结构体、防弹玻璃、保险柜、六面体防护钢板、单兵防护装具、保护型配电箱柜等。

第七节　系统的建设和效能

一、安全防范系统的生命周期

生命周期又称作寿命周期，简称寿命，任何事物都有寿命，安全防范系统也不例

外。安全防范系统的各个组成部分，我们称之为安防设施，它可以是硬件的，也可以是软件的；可以是实体的，也可以是电子的。有些安防设施如实体的用于隔离保护的墙体属于永久设施，与建筑体同寿命。而有的安防设施如电子防护系统则会随着技术进步、业务需要、使用磨损等而随时或较短时间内进行更新或替换。这直接关系到安防系统的投资估算。

那么，安全防范系统的寿命也就是生命周期的起点和终点到底是什么呢？

从安全主体的角度来看，某个具体的安防系统的生命周期的起点应是正式开始启动系统建设的立项规划时，终点则是通过效能评估和风险评估确认系统主体功能丧失，或者无法满足最新的防范要求，或者因为其他各种原因废弃系统时。在这个全生命周期中，有一个关键环节是系统建设交付的时间节点，它将生命周期分为两段，此节点前的时间段（含这个节点）对应了安防系统的建设周期，此后的时间对应了安防系统的运行与维护的周期。

很显然，好的规划建设，就如同十月怀胎，需要各种养料和储备，才能使建成后的系统具有更好的使用效能的潜质，也就是先天条件好；而好的运行、使用与维护，则可以使得建成的实际系统发挥更加有效的作用和系统效能发挥的时间更长。安全防范系统建设也叫作安全防范工程建设，国家和行业有相关的建设程序和规范要求。系统的运行与维护，经常简称为运维，国家和行业也有相应的标准要求。

一般地，对于永久存储数据等类似设备存在容量的问题，进而可能需要更多的设备来补充；那些含有机械磨损和热、电、磁元器件老化的设备则存在一个及时维修替代的问题；对于在雷击或受到暴力攻击后损坏的器件设备等则存在及时消除故障，维修到位的问题。这些问题大多体现为具体安防系统在运行、使用、维护过程中的局部调整。

当然，安防系统还存在业务需求变化，需要更高性能而提升原有系统效能的问题。对于电子防护的关键设备还存在升级换代的问题。这些活动有可能是以局部调整，所谓现场系统配置修改的保养维修的方式进行，也可能是以系统的改造升级的方式进行，而后者意味着旧有系统的废弃，也就是旧有系统寿命的结束。

二、建设目标的核心

从上面的描述可以明确，安防系统建设与使用是一个从风险评估开始，经过规划设计到实施运行的过程。作为一个系统，其用途和目标应在初期就明确。准确的系统定位和建设目标是建立有效安防系统的基本前提。那么，我们应该确定怎样的建设目标呢？

笔者认为，安防系统建设之初，确定的目标首先一定不是经济指标、不是技术指标，而是安全指标，也就是针对什么样的场景，达成什么样的保护效果。这是建设目标的核心。然后综合考虑因地制宜的实施方法、经济适用的技术手段、先进简洁的技术系统、安全便捷的管理机制等。这个保护效果要综合考虑防护目标、防范目标和周围环境风险识别及可控度等各方面因素作出评估。

有人说建设安防系统要节省经费，不能多花钱。不建安防系统最为省钱，但风险没有降低怎么办？有人说希望出入开门方便，不必带钥匙，但自身的安全还有吗？要安全就要付出代价。要避免极端经济主义，安全是与损失后果挂钩的。

但什么都要最好的，技术指标是当时最高的，功能是当时最强的，如此这般自然就不会少花钱，但如果不考虑系统的协同性，值守人员没有经过专门培训，不了解、不掌握系统的操作和应急处置，那系统的作用也就是无的放矢，花再多的钱也达不到安全目标。

总之，建设目标就是围绕安全目标，以适当的财力和人力消耗，形成防护的手段和措施，达到有效防护，保护防护目标免受损失或更大的伤害。

三、效能评估

一方面，效能评估是针对已经设计完成或建成的安防系统整体或者某个部分进行实际的对抗评估，主要采用理论模拟或实际方式验证系统或设备的功能性能水平、失效模式和失效时机、验证特定攻击条件下的探测反应能力是否达到初始要求的效果、检查对发生概率极大的风险事件的响应能力表现如何。

另一方面，系统的整体效能主要是指运行效果，就是看在仿真模拟条件下或在运行期内，系统建成运行前后的风险事件的发生比较（如频次、规模等），或者避免的风险事件的频次、规模、损失折算等。

借鉴美军的表述，整体防范效果上，安防系统的防护效能可以分成四个层次：威慑、探测、防御（阻滞）和制胜。威慑属于在战略或战术对抗条件下的平衡安全，是“不战而屈人之兵”的最高境界；探测是对防范目标和监控目标的及时准确反应，体现了安全主体的基本能力，它是安全主体实施后续工作的前提条件，这个结果可以使进攻者感觉到进攻时因安全主体有所发现而提前终止行动；防御（阻滞）则是针对进攻目标或行动进行的有限阻滞、防御措施的效果，可以使防范目标在进攻初期受阻而最终放弃；制胜则是在前面综合措施的基础上，对进攻的目标行为等达到完全的控制，使安全主体的安全得到有效的保护。

综合以上两个层次的评估，针对防范目标作出相应的分析判断。

很显然，系统或设备的效能指标不能等同于各个技术系统的技术指标的简单组合，以系统能够看清人脸这个效能指标来看，设备的效能指标与采用标清（如 720×576 的像素）还是高清（如 1080p@ 25fps），采用模拟还是数字接口无直接关系，但与采集设备的观察位置、角度、现场的光照条件、目标人的人脸有无遮挡，以及观察的设备本身的光学成像、传感器的分辨力、灵敏度等众多具体参数指标有直接关联。最终可以表达为在误识率（约定的错误接受率或错误拒绝率）不高于某个指标的前提下，能够在特定时间内正确识别人脸目标的有效率、识别率等。

效能评估也是一个动态的过程，它可以是在模拟条件下的测试，可以是在系统建成之初的测试，也可以是系统运行维护的阶段性测试。

通常人们认为效能评估应以系统效能评估为主要内容，体现的是应用效果的意思。而设备的探测灵敏度、探测空间范围、探测有效性等则是设备效能的直接体现。

第八节　安全防范的标准化方法

一、分类分级

人们解决复杂问题最常用的方法之一是采用分类分级。安全防范也不例外。人们从安全主体所在的行业、安全主体的风险等级、安全主体所采取的安全防范的防护措施水平、防护措施的抗攻击能力、安全防范的技术方法和产品质量等方面作出分类分级的标准化处理。

二、行业分类和技术管理分类

人们根据各个行业的业务特点和风险特点，将防护目标从行政单位级别层次上分为高风险对象和普通风险对象。目前，在GB50348-2018《安全防范工程技术标准》中明确，高风险保护对象是指依法确定的治安保卫重点单位和防范恐怖袭击重点目标。所依照的法律法规是《企业事业单位内部治安保卫条例》和《中华人民共和国反恐怖主义法》。它们是这样定义的：

《企业事业单位内部治安保卫条例》（国务院第421号令）第十三条规定：关系全国或者所在地区国计民生、国家安全和公共安全的单位是治安保卫重点单位。治安保卫重点单位由县级以上地方各级人民政府公安机关按照下列范围提出，报本级人民政府确定：

（一）广播电台、电视台、通讯社等重要新闻单位；

（二）机场、港口、大型车站等重要交通枢纽；

（三）国防科技工业重要产品的研制、生产单位；

（四）电信、邮政、金融单位；

（五）大型能源动力设施、水利设施和城市水、电、燃气、热力供应设施；

（六）大型物资储备单位和大型商贸中心；

（七）教育、科研、医疗单位和大型文化、体育场所；

（八）博物馆、档案馆和重点文物保护单位；

（九）研制、生产、销售、储存危险物品或者实验、保藏传染性菌种、毒种的单位；

（十）国家重点建设工程单位；

（十一）其他需要列为治安保卫重点的单位。

《中华人民共和国反恐怖主义法》第三十一条规定：公安机关应当会同有关部门，将遭受恐怖袭击的可能性较大以及遭受恐怖袭击可能造成重大的人身伤亡、财产损失或者社会影响的单位、场所、活动、设施等确定为防范恐怖袭击的重点目标，报本级反恐怖主义工作领导机构备案。

技术管理分类则是从技术系统特点和产品形态，工程的设计、实施、运维、合格性评定等方面和环节分类表述。

这些主要是社会行业管理角度的一种观点，具体社会组织可以参照执行，也可以结合自己的工作业务特点，提出自己的管理分类的对策，以便更优地达成安全管理目标。

三、风险等级

风险能级是指存在于防护目标本身及其周围的、对其安全构成威胁的单一风险或组合风险的大小。组合风险的大小，可以理解为我们通常所说的防护目标（保护对象）的风险等级。防护目标的风险等级取决于防护目标，由于不良事件的发生遭受损失的可能性及损失/影响程度。这是由风险评估来确认的。

根据社会治安状况、行业特点、管理要求和技术现状，目前，人们按照从低到高的顺序规定了三级、二级和一级共三个风险等级。风险等级高的通常是那些价值高、影响力大、发生危险后后果损失大的单位、区域等。企事业单位等风险等级在我国通常由行政主管部门规范或以行政指令的方式予以规定。

对于重点区域和重点部位，其风险等级通常认为处于较高的水平，一般可以按照当时最高的风险等级来识别规定。

在当今反恐斗争的形势下，我们面临的威胁类风险提升，由此带来的风险等级也会变化。观点一是保持传统的风险等级的划分方式，随着形势的变化，只要更新风险等级的具体内容即可，因为旧有的模式是可以更新的，一般新旧不会共存。观点二是按照风险等级由低到高的顺序规定，最低风险等级为 1 级，这样可以使高风险等级的数值不封顶。在历史上，入侵报警控制器就是类似的划分，而国际标准的安全等级和环境等级的划分也是如此。

还有一种思路，按照不同的风险特征，分为财产风险等级（类似于保险业的盗险）、威胁风险等级（类似于天气预报的橙色预警），这样也可以区别防范目标的差异带来的系统配置的差异。还可以考虑将防范目标按照行业的特点进行适当分类后，再适当分级，如分为治安风险等级和反恐风险等级，甚至还可以加上生产风险等级等。

为了标准的使用方便性，还可以考虑风险等级数值制定一个过渡方案，如旧制式的“一级风险等级”为新制式下的“三级风险等级”，在标准描述中可以记为“一级风险等级（新三级风险等级）”。新三级风险等级可以考虑用英文缩写为 NRL3（New Risk Level）。

无论哪种思路，企事业单位的风险等级的划分方法都最终取决于主管部门的工作管理思路。

作为个体或单独组织机构的安全主体对自身风险等级的描述既可以借鉴上述社会管理的通用表达，也可以进行自我评估设定。

四、防护级别

防护级别是指为保障防护目标的安全所采取的防范措施的水平。

防护级别是人为对防护手段的综合效能评估的分类分级划分。风险等级被防护级别所覆盖的程度就是常说的安全防护水平。安全防范系统的防护级别一定要与防护目标的风险等级相适应，即防护级别不低于风险等级要求的最低防护要求，防护级别与当前的管理能力相协调，与防范目标（效果）相匹配。防护级别是一个动态的概念。

防护级别的分级与风险等级有相似的问题。但一些防护措施具有共存性，如既有的物防能力、人防措施等，而电子防护类的设备或系统则随着技术进步具有较大的更新替代性。

一般地，风险等级越高，要求的防护级别也会越高，安全主体所付出的代价也越高——安防系统的建设成本、管理要求等也越高。

在特定行业和一定时期内，人们可以指南、规范等形式向安全主体、建设单位、设计单位等推荐当时适当的安全管理策略，如布防策略、建立纵深防护体系、设置重点区域和重点部位等；推荐适当的防护措施，如设置入侵探测报警装置，设置观察人脸的视频探测装置，设置感应读卡方式的出入口控制装置等；配以适当管控水平的管理控制系统等。

五、安全等级

安全等级是指安防系统或设备为应对攻击，其中的功能部件工作范围或操作控制的管控水平，是系统安全的基准要求之一。安全等级强调了安防系统的自身防护能力，是应对电子对抗和信息学对抗的范畴的一个概念，也是内外防护兼顾的措施之一，是这些年人们逐渐重视的一个概念，它应与防范目标（效果）相匹配。通常人们将最低的安全等级定为 1 级，在目前的条件下，最高的安全等级定为 4 级，根据实际发展情况，可定义更高的安全等级。

GB/T32581-2016《入侵和紧急报警系统技术要求》中是这样对安全等级分级规定的，其中入侵和紧急报警系统的英文缩写是 I&HAS：

“5. 1. 1　I&HAS 应按其性能分为四个安全等级，1 级为最低等级，4 级为最高等级。I&HAS 的安全等级取决于系统中安全等级最低的部件等级。

5. 1. 2　单控制器模式 I&HAS 的安全等级取决于单控制器模式 I&HAS 中安全等级最低的部件。

5. 1. 3　本地联网模式 I&HAS 共享的部件安全等级应与其中安全等级最高的单控制器模式 I&HAS 一致。”

“5. 2. 1　等级 1：低安全等级

入侵者或抢劫者基本不具备 I&HAS 知识，且仅使用常见、有限的工具。

注：该等级通常可用于风险低、资产价值有限的防护对象。

5. 2. 2　等级 2：中低安全等级

入侵者或抢劫者仅具备少量 I&HAS 知识，懂得使用常规工具和便携式工具（如万用表）。

注：该等级通常用于风险较高、资产价值较高的防护对象。

5. 2. 3　等级 3：中高安全等级

入侵者或抢劫者熟悉 I&HAS，可以使用复杂工具和便携式电子设备。

注：该等级通常用于风险高、资产价值高的防护对象。

5. 2. 4　等级 4：高安全等级

入侵者或抢劫者具备实施入侵或抢劫的详细计划和所需的能力或资源，具有所有可获得的设备，且懂得替换 I&HAS 部件的方法。

注 1：本等级的安全性优先于其他所有要求。

注 2：在所有等级中，“入侵者”的定义也包含其他威胁类型（如抢劫或人身暴力的威胁，这些会影响 I&HAS 的设计）。

注 3：该等级通常用于风险很高、资产价值很高的防护对象。”

上述原理同样可以适用于安全防范系统的其他子系统。

其实，当我们在理解上述安全等级时，已经出现了异化为“风险”歧义的可能：安全等级高包含应对的风险高，到底是受到攻击的机会或者概率高，还是受到攻击后容易造成的破坏性大（如易碎、易爆等的概念），或者受到破坏后，后续的后果更巨大、更严重，等等。这个攻击风险与防护对象的风险显然有联系，却又不一致。这个问题还需要进一步的研究。

笔者认为，从以下 5 个要素确定安全防范设备或系统安全等级，更具科学性和可操作性：

1. 攻击目标（防范目标）的攻击能力。

2. 安全防范设备或系统自身受到攻击的概率。

3. 安全防范设备或系统（正常工作和攻击后）自身失效的概率。

4. 安全防范设备或系统自身失效后的后果或损失；它应包括两部分：一部分是安防系统自身的失效，令探测、延迟、反应无法发挥效能；另一部分是直接影响了保护目标的安全底线，令保护目标更易被偷盗、被破坏等。

5. 安全防范设备或系统所保护的保护目标对攻击目标的吸引力和攻击目标付出的代价比（情绪型和理智型）。

笔者在安防视频监控系统的安全等级的划分中以列表形式做了表述（见表 2. 8. 1）。

与安全等级相对应，人们会对设备功能和数据的访问权限作出规定，这就是访问级别。访问级别更多地体现在电子系统的内部操作和管控的环节上，是内部安全性的重要内容，也是日常管理中内部管理的重要组成部分。对系统的内部操作控制的合理分类分级就是访问级别划分的工作，最简单的分类是系统管理类和操作类，按照管理的区域大小可以进行分级。计算机系统中文件权限属性是一种常见的分类分级方法：只读、只写、读写、删除。

安全等级的确定是与当时的社会环境直接相关的，是与当时的犯罪或者攻击者的能力水平直接相关的。合理配置安防系统的安全等级，可以有效提高安防系统的抗攻击、抗破坏能力。

六、风险等级、防护级别和安全等级的关系

若防护目标的风险等级高，则所配置的安防设备的受攻击概率就可能高，当防护目标的价值高时，则所配置的安防设备的攻击者的攻击水平（和强度）可能会更高。防护级别高，要求的设备的技术和空间组合的复杂度高。

防护级别中包含了布防策略、防护手段的空间布局和时间协调、正常开放和应急处置的对策，关注点还是防护目标，但部分兼顾了防范目标的内容。

防护目标的防护级别与其风险等级相适应是合理的，安防设备的安全等级与防范效

果（抗攻击的效果）相匹配是合理的。

防护级别、安全等级应与风险等级相适应的表述有一定道理，但反过来的表述却不妥。

表 2.8.1　视频监控系统安全等级划分表

<table>
<tr><th rowspan="2">安全等级</th><th rowspan="2">攻击者的技能水平</th><th colspan="4">对抗的措施和水平</th><th rowspan="2">防护目标或区域</th></tr>
<tr><th>抗物理破坏</th><th>访问控制</th><th>传输网络数据抗破坏</th><th>数据抗泄密</th></tr>
<tr><td>1（低）</td><td>入侵者或者攻击者基本不具备视频监控系统知识，且仅使用常见、有限的工具</td><td colspan="4">系统为开放式，任何符合接口规范的设备和协议不必专门授权即可操作和互相访问</td><td>重要性较低</td></tr>
<tr><td>2（中低）</td><td>入侵者或攻击者仅具备少量相关视频系统知识，懂得使用常规工具和便携式工具</td><td>系统具有明确的安全边界，有防拆报警能力</td><td>简单防护型（简单密码），系统和设备需要登录才能操作
设备登录和连接需要的安全策略</td><td>不要求</td><td>不要求</td><td>重要性稍高</td></tr>
<tr><td>3（中高）</td><td>入侵者或攻击者熟悉视频系统，可以使用复杂工具和便携式电子设备</td><td>系统具有明确的安全边界，有防拆报警能力，有防止设备替换的措施</td><td>对系统和设备进行统一的注册管理和操作控制，且密码类操作的复杂度可以经受暴力破解；不得有弱密码口令</td><td>有要求</td><td>不是必须</td><td>重要性较高</td></tr>
<tr><td>4（高）</td><td>入侵者或攻击者具备实施入侵或攻击的详细计划和所需的能力或资源，具有可获得的设备，且懂得替换视频系统部件的方法</td><td>系统具有明确的物理和逻辑边界，有防拆报警能力，有防止设备替换的措施</td><td>纳入统一的登录操作控制，登录验证具有良好的抗攻击性</td><td>传输信道与其他信道进行了安全隔离，提供可信的接入和数据的防篡改等机制</td><td>具有信息的加密与解密、认证等措施</td><td>重要性很高</td></tr>
</table>

七、安防产品和具体方法的标准化

除安全等级外，上述其他标准化方法已在实际工作中实行多年。同时，人们也有意识地在一些相对稳定的产品形态和技术实现上进行标准化的规定，以保证产品质量，同时也方便在一定时期内的行业应用和市场推广。但由于不拘一格的安全防范手段特点，产品技术性质专业跨度大，组合形态丰富，既有技术性能的体现，也有外观适应性的表达。

在产品形态方面，标准化主要体现为一些功能与性能指标的表述，对特别影响安全防范探测、对抗能力、协同工作、稳定性和可靠性等方面的内容做出强化。在技术实现系统方面，对系统实现模式、设备互联协同、供电保障等作出规定，对系统顶层设计的理念思维做出引导。在方法流程方面，对一些涉及质量与安全控制的设计方法、管理流程等做出约定。

第三章 现场勘察、风险评估与建设目标

第一节 现场勘察和风险评估

现场勘察作为取得重要的第一手资料的关键环节，是安全主体或其辅助者——安防系统的设计者、安装实施者等的必要工作内容。它包括防护目标及其所在区域的环境调查、监控目标的活动规律、各类措施的综合评估、风险分析和防范目标的确立、设备系统配置的可行性等。这是一个调查和评估交叉进行、可反复迭代的环节，是一个对风险、当前状态和未来预期不断调查识别分析判断的循环过程。安防系统不同的建设使用阶段，对现场勘察的工作内容会有所侧重。

第二节 环境调查

环境调查主要包括以下几方面的内容：

1. 自然环境调查，考察安全主体或其关注的各类人、事、物所在空间的地形地貌（天然屏障等）分布情况、水文地质情况，以及当地的气候特点（雨、雪、雾、风、沙，高温、低温），要将所在地的大区域特点和局部特点有机结合调查分析。重点了解地貌的遮蔽条件，制高点分布，雷击规律，自然灾害的历史情况。了解当地特殊的自然现象等。

2. 人造环境调查，人造环境主要体现为建筑功能结构的调查，它可以是既有的建筑体本身，可以是正在规划设计的建筑体或空间区域、毗邻的街区道路等，也可以包括其中风、水、电的工作情况，还可以包括相关专业性系统的接口工艺情况等。

3. 人文环境调查，主要考察当地的历史、文化与宗教状况，社情民意方面有关民俗民风、族群特点、人们的精神面貌、人文价值观，治安形势和邻居特性的调查情况，重点了解人为对抗的可能性。

4. 开放交往的调查，重点了解安全主体所关注的防护目标对外开放交流的情况，对开放规则和管理方法给予详细的关注。

5. 社会经济交通情况调查，主要了解当地社会经济发展情况，周边交通与物流情况，商业发展和旅游开发的情况。

6. 当地电磁环境的调查，包括对当地无线发射设备的分布和发射功率及其空间分布，电力设备尤其是高压输电设备包括输电电缆的分布架设情况等，当地地磁场的分布特别是异常分布情况，等等。

7. 行政与执法的调查，首先关注当地的行政与执法的公正性和公平性，当地是否存在严重违章违规的现象。这些因素是诱发人为对抗事件发生的重要条件。安全主体若是单位，应对单位规章的完备性和执行进行有效性的核查。

8. 其他社会矛盾形势的调查，如极端或者分裂势力的影响。

调查方式可以是问卷调查、街头询问、座谈会、定向访问、历史案卷的调阅、管理部门的管理数据等。

第三节　当前的安防工作管理现状

对于固定区域或既定建筑物，要了解建筑体的使用方法和物业等的管理制度，了解常驻人员（非安全保卫人员和安全保卫人员）和流动人员的管理方式。

要了解作为安全主体的单位组织的业务形态、管理流程和组织形式，如行政隶属管理、业务指导关系等。要了解安全主体内部的保卫力量配置规模、组织结构和能力水平以及内控制度。要了解安全主体的外援和比邻的保卫协同情况。

对于临时设定区域的防护目标，要了解在组织内部强化监视、导分和强固的能力。对于保卫措施要了解强化保密管理措施。要及时了解临时设定区域的地理、地形和毗邻情况。

综合以上内容，形成管理层次上的风险识别评估和对策的重点依据之一。

第四节　对既有安防系统的调查评估

对于改建的安防系统，设计者或者安全主体应对既有安防系统的功能性能、运行可靠性、整体效能（包括与其他业务的协同性）作出全面评估，既不能因为强调更新而简单地放弃性能不错的设备，也不能因为当初的高价值现在的低性能而绝不放弃。

在评估思路上，应从安全、可靠、绿色、高效和技术先进这几个方面逐层评判，前者优先级高于后者。

第五节　安全主体的主体业务开展状况分析

作为社会管理者的安全主体，一般是特定的组织机构，通常更关注以人、车、物的空间分布和活动特点本身，关注其对社会秩序，特别是人体伤害、财产损毁和其他社会恐怖威胁等的负面影响问题。在今天的“放管服”政策大场景下，社会管理者还要在安全的基础上，更加注重服务对象的便捷舒适的体验，对效率和效果有双重追求。

社会经济和城市空间在高速发展，人们的生活也在快速地变化，人们在互联网条件下的互连关系也在发生着复杂深刻的变化，从简单的面对面和实物联系，变成了在此之上的诸多电子化的虚拟联系。虚拟世界一方面映射了诸多现实的关系和状态，另一方面也表现了诸多特殊的关系和状态，具体分为两个方面：一个是以能源、服务存储设备、互联光纤、电缆、无线网络为主的实体化部分，没有这个基础，虚拟世界只能分布在人们的精神脑海里，难以直接实时互连；另一个是以信息化表述为基础的各类虚拟资源的状态和关联关系等，最典型的内容是数据和知识。这些状况对安全防范构成了新的挑战。

作为一般性的组织或个人的安全主体，通常不是以安全防范为主业，他们的安全防范是用于对其主要业务提供支撑保障作用的。但在实际应用效果上，往往需要在业务流程与安全防范措施之间有机融合，互为支撑。从某种意义上讲，没有不需要安全的业务，也没有不含业务的安全。

传统金融业务的现金交接复核过程，双人核查作为制度内控中的重要内容早已成为共识，但不同的执行程序将导致完全不同的效果，例如，两人先核查现金再核对账目，互相监督印证；一人先说明账目细节，另一人单人核查，则会账实不符；若两人合谋私分现金，伪造账目，实属犯罪，等等。目前的安全防范措施作为内控的重要辅助手段，可以及时发现问题，但人员自身的意识问题，显然不能靠机器设备来完全解决。业务人员与客户之间的核实确认，作为金融企业保护自己和服务客户的必要环节也是大家公认的，但人们往往更注重与客户责权利的划分和分担，以避免无端纠纷的纠缠。应该说，好的流程，一方面可以提高客户的体验水平，另一方面可以避免内部工作上的失误和错漏，提高工作的准确性，也就是提高了工作的可靠性，进而增强了业务的安全性。

在旅游和公共服务领域中的开放接待中，客户行进路线和流程的规划也是一种典型场景。在旅游区，好的旅游路线，不仅提升了游客游览的兴致，降低了不必要的活动区域，还能合理避免人群的不良拥堵，降低服务设施的峰值服务强度，减轻服务人员的工作压力，提升服务人员的专注度，等等。最近这些年，各级政府部门开展的“一站式”服务，一个窗口服务就是为客户提供更好体验的方法，同时也对客户对接的环节和随后审核的准确性和效率提出了更高的要求。

好的人流、车流和物流的疏导方法，不仅是社会管理的需要，也是业务开展的需要。它既可以提升流动的效率，也可以提升安全性监控的效率，更可以降低发生风险事件的概率和减轻风险事件发生后的损失。而这显然不是靠单纯的安全防范系统能够直接提供的。这体现了“大安全”的理念，体现了更高顶层设计的思维。

第六节 目标调查分类分析

按照前文所提及的安防原理，将安全主体责任和所涉及的环境和各类目标进行调查分类，对其所在的时空区域进行交叉匹配，并进行更为深入的分析，综合后形成最后的风险评估依据。

一、环境风险分析

结合地理、气候、人造环境、人文环境等外部环境和单位内部行政管理、业务流程等内部环境，合理评估攻击的成本代价和发生概率，发生的时间和空间分布。

二、防护目标分析

明确防护目标有哪些。针对防护目标的价值、影响力和重要性，了解防护目标空间分布与移动规律，综合判定防护目标对外界的诱惑力，以及发生破坏或者防护失效后的后果，最终确定防护目标的强固要求。

三、防范目标分析

结合社会治安形势等，合理确定防什么，防到什么程度的要求，尤其是应评估进攻者（入侵者、攻击者等称呼）进攻的能力、进攻力量、进攻时机和进攻的目标，针对这些进攻方式建立必要的防护措施，尤其是阻隔措施的配置条件。一般情况下，要使得进攻者在代价和收益间作出理性选择。

我们应积极避免自杀式进攻的发生，并在防护措施上给予充分的考虑和配置。

对于非自杀式进攻事件的分析，在入侵和退出两个方面均应作出合理评估。

尽管预先的情报工作不是我们安防工作的重点，但有效的情报可使我们的工作开展具有更加有效的针对性。

我们还要分析哪些是人们容易误操作、误闯入的环节，改善体验和方法，避免增加无意犯错造成后果的概率和减小不良的影响力。

四、监控目标分析

监控目标是在日常工作中最常面对的目标，我们要在日常管理工作中建立科学、合理、安全的空间分布，避免出现不可控的群体性事件，也要避免出现对监控目标监控的疏漏点（所谓“盲区”）。

对于具有开放条件的单位或区域，要充分评估来访人员及其随身物品（含车辆）的流量与时空分布特点，做出合理的导分规划。要在安全的条件下，尽可能增加来访人的方便性。或者反过来讲，在增强来访人便捷友好体验的同时，要确保安全底线。

应有应急处置的预案，如火灾逃生、人群疏散、快速救援通道等预案准备。

五、安全主体的责任和安全底线（风险准则）

安全主体应明确需要承担的职责和实际管辖空间，明确可以承担的底线，建立对风险的评判尺度，即风险准则。

应针对安全主体自身的主体业务特点和安全主体的关注重点，研究风险等级大小的排列基准原则，分出轻重缓急。在资源和经费充足的情况下，尽可能避免风险事件的发生；在保全的原则下，争取防护目标的最少损失；在安全的原则下，尽可能提供更多的主体业务交流的便捷性和更好的客户体验（人性化）。

第七节　可以承受的建设代价

针对前面的调研结果，结合安全主体的防范目标需求，对安全主体或防护目标所在空间布局、业务流程作出合理评估，作出空间布局调整、流程改造（主要基于安全防范）的修正或改造规划，进一步评估改造的资金投入需求，确定可以承受的建设代价和业务降效的代价。

空间布局调整和流程改造带来的不仅仅是安全防范措施的增减问题，而是要了解优化的调整改造可以降低受到攻击的可能性本身，但调整改造本身带来的成本也要合理评估，而这成为优化安全防范资金投入的合理化思路。这才是以安全为本的理念。

第八节　评估所采用的防护手段可行性

对拟采用的防护手段，进一步了解在现在或者预期设计未来的安装条件的可行性，协调工作的可行性等。这可以分为两个方面：一个是与日常主体业务调整的合理性的协调；一个是设备安装的选址、环境协调性、防破坏措施、探测控制效果的优化等的具体措施的协调。

采用新的技术手段、新的安装使用方法或者设备新的运行场景，有可能需要进行现场模拟运行使用和安装实验等。如果可能，还要对新的技术手段的失效模式和潜在次生风险给予合理评估。

第九节　建设目标确定

安全主体在上述工作的基础上，确定当前的风险等级和安全目标水平，进而提出降低风险和加强防护的措施和方法，以达到安全防范的合理水平。这就是我们的建设目标。

安全防范系统的建设目标可以进一步分解为：电子防护系统目标、实体防护系统目标、人防系统目标，以及其他配套措施目标，等等。其中自然包含必须明确资源占用和费用的评估。

建设过程还要确定合理的建设周期，考虑是否分步进行，考虑安全防范系统的建设过程对于防护目标的影响有多大，考虑对防护目标临时防护措施的可支持能力。这在不可移动的文物保护目标的安防系统建设中尤为明显。

第四章　实体防护与建筑安防

第一节　实体防护

作为人类传统防护的手段——实体防护，天然与建筑结构有着千丝万缕的联系，应是建筑安防的重要内容。

作为对防护目标的个体化和移动防护，实体防护经常以单兵装备、保险箱柜、单独的阻挡设施等形式出现，这是应对爆炸和暴力攻击的有效方法之一；其中，用于防止人员受到伤害的单兵装备，既可以是传统的铠甲，也可以是防刺服、防弹衣、消防制服、防弹头盔、防割手套、防暴盾牌等；主要用于防止贵重物品被偷盗的保险箱（柜），可以是非常沉重的带有一定防破坏能力的保险柜，也可以是具有一定保护水平和一定移动性的保险箱，保险箱（柜）通常具有一定的就地报警能力；单独的阻挡设施可以是手动或自动的路障（桩）等，还可以是一体化的防弹车、装甲车等。

作为对固定防护目标的空间防护，按照 GB50348-2018《安全防范工程技术标准》的建议，实体防护系统设计通常包括周界实体防护、建（构）筑物设计和实体装置设计。周界实体防护又可分为周界实体屏障、出入口实体防护、车辆实体屏障、安防照明与警示标志等内容。建（构）筑物的实体防护应包括平面与空间布局、结构和门窗等内容，实体装置包括针对防窥视、防砸、防撬、防弹、防爆炸等功能的实体防护装置，也包括防盗保险柜（箱）、物品展示柜、防护罩、保护套管等实体装置（见图 4.1.1）。

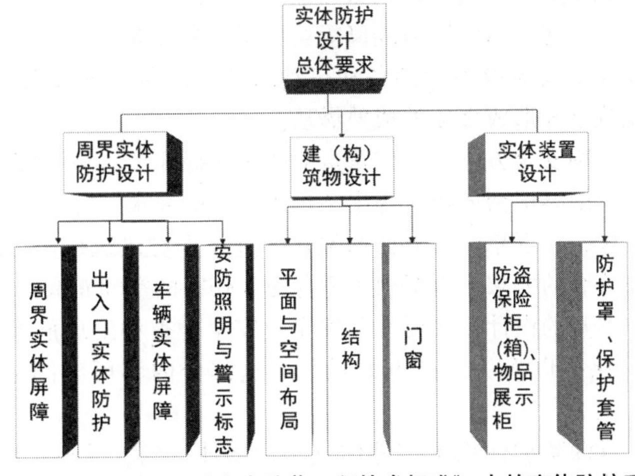

图 4.1.1　GB50348-2018《安全防范工程技术标准》中的实体防护系统设计

实体屏障一般分为天然屏障和人工屏障两大类。天然屏障，是指能够阻止进入、妨碍穿越、遮挡视线等的自然屏障，如山谷、丘陵、河流、丛林、沙漠等自然地貌和地形以及植被。人工屏障，是指建筑景观、建（构）筑物等人工设计建设的，可以阻止进入、防撞、防爬、防破坏等的屏障，如护城河、绿化带、围栏、栅栏、建（构）筑物本身以及相应的墙体、大门等。人工屏障或者建筑物实体防护的设计内容是安防专业与建筑专业交叉配合的重要内容。

第二节　建筑结构与功能的协调

随着楼寓建设的现代化和信息化，建筑本体空间布局的功能性和人性化需求愈加强烈。人们不断用各种华丽的词语来描绘建筑的附加特性，智慧、节能、绿色是近些年出现频度较高的词语。但纵观建筑的发展史，建筑体最核心的功能是为人们提供安全、舒适、便捷的工作、生活、学习的空间，这个空间可以在地上也可以在地下，可以在海上也可以在水下。在安全的基础上可以更便捷、更舒适，因而也就更人性化，甚至赋予其更多的文化含义。

在上述过程中，建筑结构如何更加合理有效地为人们提供各种服务，就成为一个关键的问题。一方面，人们对建筑体做了分类，有侧重居住办公的，有侧重聚会活动的，有侧重工业化生产的，还有与各种设备配套的专门建筑，等等。另一方面，对建筑体内部结构和功能空间分区作出了各种具体的规定，对各种功能系统管理设施做出了具体建议，对建筑体所涉及的风（空调）、水（给排水）、电（发电和供配电）、通信等建立了各种不同的专业化管理与控制系统。在当今能源出现危机的情况下，人们积极探索新能源开发和能耗管理，提升能源的利用效率，提升设备设施的能效比。为了提高建筑的使用效能，也为了确保在其中的人员和设备的安全稳定，人们进一步从生命财产安全和设备安全或者物资安全等方面提出了消防安全和治安安全，结构的抗震等级等的安全性要求。

消防安全和抗震安全在建筑设计领域已经非常成熟。在消防安全方面，人们对人员疏散通道及其控制门，起火后的区域隔离等均作了预先的规划设计，并采用电子设备等进行火灾的早期探测、灭火设备的储备和自动联动等。在抗震方面，建筑结构应力试验、分析和相关规范已经形成多年的成熟做法。

在治安人、财、物安全方面，人们重点对防护目标作出区域的分割，人、车、物流的管控防，特别是对敏感保密的场所提出了位置布局的要求。针对人身安全的攻击目标的威胁——防范目标，在反恐防爆方面的强化，进一步对建筑结构提出了类似防火墙、门的耐火、耐爆炸等级的要求，也提出了避免更大伤害的空间布局的要求。针对监控目标的管控，建筑体本身的设计不仅要强调安全、安全检查和出现危险进行隔离的可能，还要在日常生活中保持以人为本的友好结构，这部分内容可参阅通道出入口设计的内容。

在建筑体中，纵深防护体系更多地体现为用墙体、门、通道、房间等结构方式组合。在此之上，进一步部署各类探测设备、反应控制设备等。实际上，应对暴恐袭击要求，在建筑结构上还要进行加强结构形式和结构强度的设计优化。

众所周知，监控中心是安防系统的关键设施。监控中心的选址本身是建筑体功能结构的关键要点之一。这不同于消防控制室防火的弱人为攻击、强自然灭失的属性，且消防管理有《消防法》支撑。

建筑天然具有分割空间的特性，建筑的周界或者其附近的相对封闭的构筑物通常是安全防范的物理边界，具有防止人员物体非法穿越的、保护内部的效能。其性能的高低，取决于防护方法的组合，例如，防炸弹爆炸、防人员攀爬、防汽车冲撞等。建筑外墙或外周界通常体现为实体屏障的概念。这个概念表述仅仅适用于传统的非无人机攻击的场景。

对于安防系统的规划设计，我们应从安全保密的角度对建筑空间布局和结构提出配套的要求，具体包括重点部位的选址设置、纵深防护体系的空间设置——均衡性、重点区域的结构加固等。

进一步地，建筑设计在安防上还包括设备的人机界面和设备接口的电磁兼容方面的诸多要求，防止不适当角度和位置上被窃听、窃视等。对于涉密空间，基于目前的技术水平，防止电磁方式泄密明确为电磁屏蔽和防止通信泄露的通信干扰，不仅是实体结构的有效支撑，供电线路和通信线缆的有效隔离屏蔽，还需要电子对抗手段的紧密配合。

第三节　通道出入口安全设计

建筑体无法回避各种通道和出入口的设计，这不仅是人员通道的考虑（建筑设计方面的无障碍通道设计已有明确规定），还包括有形的设备物资、车辆等的通道，广义上，还要考虑空气、水、能量和信息等流动化地进出建筑体的出入口。这些通道和出入口构成了建筑体的安全防护重点，是建筑体安全可靠运行，服务人们工作、生活的必要前提，是对监控目标进行导分强固的基础配置。

其中，有的通道和出入口是经常有人、车等经过，有的则属于隐蔽工程内容而经设计施工完成后而不再见天日。从安全的角度看，这些区域在设计之初就应做出规划，对探测控制设备做好预设预留，对通道出入口的结构体方式和强度等应给予充分重视，积极探索防水、防火、防爆破和防切割、防小动物咬、防雷击的结构样式，特别是对于风、水、电和线缆的出入口，为构成完整的安全防范系统提供基础。从狭义的对抗来看，变数最大的是人员、车辆等通道，而在遭到恐怖袭击时，则还包括上述其他通道。

对于各类监控目标出入的通道出入口，应兼顾通行效率流量、安全检查验证两大方面的平衡，兼顾不伤害正常通行的监控目标。对于通行人员还要注意尊重合法隐私的问题。对通道出入口的设计强调通行性，即在出现阻塞后可疏导条件的配套措施。

在生命安全和财产安全方面，兼顾疏散逃生优先和保密防扩散优先的平衡。

第四节　抗击暴力（爆炸）袭击时物防措施

一、攻击形态和手段

暴力袭击是近些年来恐怖活动和人员对抗中常见的形态，具体表现有人力攻击、冷器械攻击、各类爆炸物的带入、车辆的冲撞、无人机攻击等。还要特别注意自杀式爆炸袭击的情形。

二、静态物防措施

从暴力和爆炸的特征来提出物防的要求，包括围绕防护目标外围的周界隔墙结构、门窗结构、防炸弹玻璃、保险箱（柜）作出强化设计和配置，对监控目标安全检查的防爆排爆的设计和配置等。

三、动态物防措施

对进攻目标的及时发现和快速处置的物防措施包括机动车冲撞的路障、活动防护装置（如临时活动路钉）、必要的疏解通道等。其他还有自卫武器类，如抓捕网等。

当然也可以包括军事对抗的伪装干扰等措施。

四、综合动态措施

对于具体暴恐袭击的事件，通常还需要对伴随着口口相传的社会舆论、互联网的舆论，互联网和电话类的信息传递等问题的处置，以及暴恐袭击的诱发原因事件的及时隔离处置，等等。

第五章　电子防护

第一节　电子防护系统的构成

电子防护系统是以安全防范为目的，利用传感、通信、计算机、信息处理及其控制等技术，用于提高探测、延迟、反应能力的电子系统。它是人的感觉能力和知识分析能力的延伸（见图 5.1.1）。

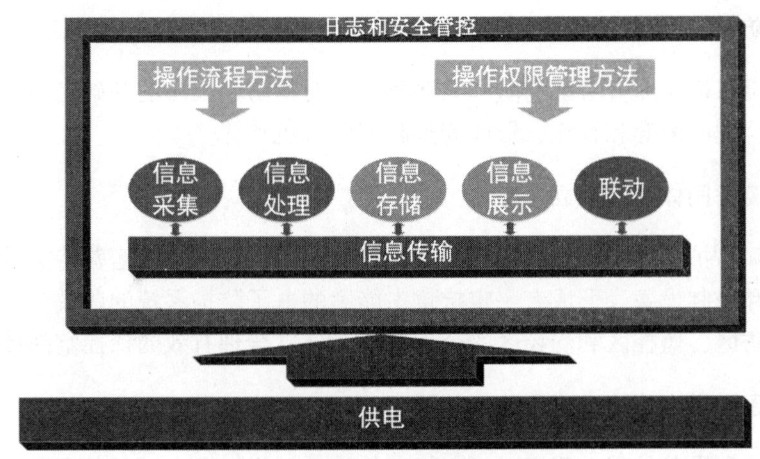

图 5.1.1　**电子防护系统的逻辑构成**

电子防护系统通常包括前端信息采集、信息传输、处理分析、存储、显示（人机交互界面）和控制管理等环节，以及作为电子信息系统必须具有的供电环节。

传统上，人们将入侵和紧急报警系统、视频监控系统、出入口控制系统、停车库（场）安全管理系统、电子巡查系统、防爆安全检查系统和楼寓（访客）对讲系统等作为电子防护系统的子系统。

第二节　设计要素

电子防护作为技防的核心内容，笔者认为应从以下几个方面进行设计：

一、安全对策和安全等级的确定

安全对策包括对防护目标的保护手段、对监控目标的监视和控制手段、对进攻目标的探测抵御能力配置以及空间规划，合理组合电子防护的系统配置等，明确防范目标，形成合理可行的安全建设目标。也就是明确电子防护系统承担的安全防范的目标范围等。

在安全对策的基础上，综合考察防护目标和监控目标的活动特点，针对防范目标进攻者的能力水平，提出电子防护设备的安全等级。

在独立的安防系统与其他非安防系统之间需要进行数据交换或设备控制时，也就是所谓的设备或系统互联时，应优先确保安防系统的自我稳定性和不受干扰的工作环境，在此基础上应以适当的形式提出合理的、标准化的不被非法使用的数据交换协议，该协议具有一定的防抵赖措施。

安防设备抗破坏和攻击的因素是多方面的，有针对物理暴力破坏的，有针对操作权限暴力变更的，有针对关键数据暴力读取的。对于电子防护设备首先就是防止断电的发生，再次是防止自身被损毁，后者主要通过物防的措施解决。至于抗击电磁攻击的能力，则需要视具体情况而定，一般来讲，这属于军事对抗的范畴。

二、人防、物防和技防的配套条件

针对建设目标，充分考虑物防和人防条件，对物防和人防的基础工作，结合技防的需求，作出合理的配套和补充，形成安全防范的有机整体。

三、探控空间体系的建立

针对实际防护空间的分布特点、人车物等的流动特点、业务运营特点等，合理布局前端的采集和控制设备，形成有一定抗攻击能力的电子防护系统的前端。

通过对防区、监控区和受控区的合理组合，建立合理有效的探控空间体系。

四、信息和供电传输方式和路由的确定

根据系统和设备的安全等级要求，信息传输的可靠性要求以及前端采集设备等的空间分布情况等，合理确定信息和供电的传输方式，并根据防护空间特点确定最佳传输路由，做好传输介质和路由防护措施。

五、供电的保障等级、保障时间和分布要求

应分析电子防护系统中的信息采集、传输、分析处理、存储、显示方面的供电要求，进而确定哪些设备在什么情况下是应急负载，保障等级是多少、保障时间是多长。

针对当地外在的供电保障水平，结合抗破坏特性的需要，合理配置供电设备的空间分布、备用电源的设置方法。

显然，用于安防系统的供电设备和线路的安全等级应不低于其他安防设备的安全等级，特别是具有保障效果的供电设备。

六、系统集成、架构模式的选择

安防系统的电子防护系统是一个信息系统，而信息的融合集成是信息系统的发展趋

势，也是为了值守人员或者指挥人员及时通盘掌握全局的重要方法。一方面，为了更好地应对外来风险事件发生，安防系统应积极采用信息数据共享和高效传递的方法，以满足对外来风险事件的及时发现和有效控制的目的。另一方面，为了更好地应对内部风险事件发生时安防系统的全面失控，应积极采取权限分割、功能子系统自成体系，且在一定层次上有机互联的措施。根据电子防护系统中信息数据的交换传输方式、存储方式、人机交互方式、功能子系统的互联关系和系统数据的自身安全等，可以将电子防护系统的集成、架构模式分为以下几种形态：

1. 人机界面集成：将各个功能子系统的监控值班界面汇集到值班人面前，由值班人员进行分析判断和发出指令。这种模式通常适用于规模比较小的安全防范系统。

2. 简单功能集成：这是传统的功能子系统自成体系，在控制设备处或监控中心进行数据的简单传递和联动，在一定程度上满足实战的实时联动模式。但各子系统设备的状态信息难以共享融合。

3. 传输集成：采用共享传输介质或网络的方式进行系统集成，一般采用物理隔离的光纤，或采用独立的无线信道的方式，或采用 IP 网络，或采用 VPN 加密方式。这种方式容易发生因传输通信链路出现故障或者被破坏，而令所有功能子系统瘫痪的现象。这种模式很自然地可以使数据集中统一，在技术管理上具有集中优势，方便各子系统的直接互联；在施工和管理上，这种方式具有比较简洁的特点。这是纵向（垂直）分段集成的模式。综合布线就是这类模式的典型。只是安全防范系统中的传输线缆采用的独立管线路由，与建筑物内通信系统中的综合布线不是一回事。

4. 子系统垂直集成，中心再集成：这是传统安防系统的实现形态，各子系统先进行本子系统内的集成，具有独立的集中管理平台界面；在此基础上，依托其中的某个子系统管理平台或者单独设置形成更高级的安全管理平台。这是先纵后横的集成模式。

5. 数据采集汇集、安全管理集成：这是目前物联网结构的常见形态，采用多传感器+汇集控制器方式。这种方式可能具有通信集成的缺点，但具有本地化局部联动的安全自治的优点。这是先横后纵的集成模式。

6. 数据共享分析集成：这是基于目前正在发展的云计算和大数据模型的各类数据融合挖掘的集成方式。它是在上述系统互联和数据实时汇集的基础上的数据再整合，以及后续多种终端类型的直接授权分配使用的效果。

七、设备档次的确定

针对当前安防设备的技术功能和性能指标，合理选择设备的配置档次，但无论如何选择都应确保不增加安全隐患。例如，在视频监控方面可以考虑选用更高清晰度的摄像机或显示设备；在人员身份卡方面可以选择目前所知的更高安全性能的 CPU 卡；在入侵报警探测方面可以选择定位精度更高且误报警更低的光纤振动探测设备；在信息传输方面采用现在已知的带宽更高和抗干扰能力更强的光纤；等等。

当然随着技术进步和经济发展，市场上还会推出一些在探测、可靠性、综合分析、抗干扰、抗破坏等方面更高性能的安防设备，这可以在具体项目中作出选择。

八、功能与性能的确定

结合系统的技术特点和应用需要，合理设置系统的交互界面和性能指标，交互界面包括用户登录系统的方式、人机交互的信息展示方式、对系统功能的操作控制方式、对系统配置的管理方式等。

为保证系统的正常运行，应在系统的安全性、可靠性、可维护性、电磁兼容和环境适应性等方面作出合理强化。

为保障系统设备的正常工作，要采用合理有效的方式及时发现故障，快速替换故障部件或者切换降级工作性能，保证安全防范的功能持续、有效。

第三节 功能设计

一、共性功能

安防系统的功能设计是以及时发现异常、锁定目标和及时处置为终极目标的，当然视频监控系统还有一个重要特性，就是提供实时线索和证据。为了这些应用（战术）目标，针对各个专业性的子系统给出相应的工作功能要求。

一般地，各子系统有一些共性功能要求，如系统应具有对操作与管理本系统人员账户及其操作权限管理、日志记录与管理、自我诊断和检查、事件的触发联动、数据的导入和导出、值守人员的人机交互界面的功能。

鉴于电子防护系统是人为对抗的有机组成部分，对系统自身的防护就成为首要的要求，也就是前面提到的安全等级的要求；电子防护系统本身具有的信息化特点，还宜按照信息安全的管理和配置要求进行强化。

传统意义上，人们对以下系统作出功能性的基本规定。

二、入侵和紧急报警系统功能

（一）探测

入侵和紧急报警系统中设置有大量的探测器，用于探测入侵行为、胁迫行为或紧急状态的发生等。探测器的工作原理千差万别，可以利用入侵人员的热红外辐射进行探测，利用微波或红外激光、振动传感等建立虚拟的空间，从而对入侵目标的行为或空间距离做出反应和识别，进而实现对入侵的探测。

入侵和紧急报警系统应具有对自身故障的一般性探测识别的能力，如设备防拆报警的功能、断电报警的功能，以及对与控制指示设备间的专线的短路、断路的配置支持，这也是进行自我保护的必要过程。

一般地，入侵和紧急报警系统应避免将入侵报警状态和短路、断路和断电等故障和被破坏状态混搭识别，以便系统更加准确、有效地进行后续的联动处置。

（二）布防

布防，又叫设防，是控制指示设备对入侵探测器发出的入侵探测报警信号作出响应的操作。布防不是靠对入侵探测器加电来实现，而是要保持入侵探测器处于正常的入侵探测的状态的前提下，设定控制指示设备响应入侵和紧急报警信号。

布防可以是单回路（就是前面提到的防区）的布防，也可以是一群指定探测器回路的布防。若对某探测器的回路不作出任何布防措施，同时还要保留对其他探测器回路的布防，则可对该回路实施旁路的操作。

布防应由具有适当权限的操作者进行，也可以经由适当权限和操作逻辑的设备进行联动。

针对家居报警的场景，有的厂家为了解决对设置在设防区域的中心设备的布防操作，提出了对特定回路进行延时布防的概念，即在操作人员布防操作完成后，对某回路进行延时的入侵报警响应。

（三）撤防

撤防是对布防的取消，是使控制指示设备在正常工作的情况下不再对一路或多路入侵探测器发出的入侵探测器报警信号作出响应的操作。因此，撤防的动作也是需要操作权限的，撤防与布防应具有合理的操作逻辑，可以对单一回路进行撤防，也可以全部撤防。

针对家居报警的场景，与布防相对应，延时布防区域也同样实行延时报警响应的策略，以解决进入该布防区域进行撤防的目的。

同样，撤防也不是通过探测器或者控制指示设备的加电和断电来完成的。

在撤防状态下，控制指示设备或中心设备仍然可以对约定的防拆报警、线路检测、故障等作出及时的响应。

（四）胁迫或紧急报警

胁迫报警是指有关人员被迫对入侵和紧急报警系统的控制指示设备进行撤防操作的行为，通常胁迫报警不应引发直观的声光报警，控制指示设备应以隐蔽的方式进行对外报警或其他联动等。

紧急报警是指在报警现场出现的由现场人员直接触动报警开关的报警行为。这种报警通常不宜与入侵探测器的回路混合在一个回路中。紧急报警所对应的回路应是不可撤防的。

（五）接警

针对各类报警，如入侵报警、紧急报警、胁迫报警、故障报警等，在控制指示设备上都应给出适当的响应，这就是接警。接警通常会对接收到的警情进行分类别（按照区域、报警类型等）、分优先级的归集。除了入侵报警可以撤防，所有回路均可以旁路。控制指示设备只对各个正常值守（布防）的回路正常接警。

接警应将时间、对应的报警地点、操作或值守人员、报警类型等信息及时记录下来。

（六）处警与报警联动

处警是对接警行为的进一步响应，通常会以预案或报警联动的方式体现。

前者更多是值守人员根据预先设定的预案及时通知领导，指挥现场人员进行复核处理，并将处理结果记录下来。

报警联动则体现为报警后设备间的快速及时响应，如入侵探测报警信号可以触发进行地图显示、对其他回路的入侵探测器进行设防、对当地的照明灯开启照明、对视频监控系统中遥控摄像机的 PTZ 预置位调整和目标跟踪锁定、启动录像或改变更高性能的录像模式等，还可以与其他子系统或功能系统进行联动，等等。

三、视频监控系统功能

（一）视频/音频探测

视频探测是安防视频监控系统的关键，是视频监控系统的信息的总来源。系统应结合现场具体情况选择适当的位置、角度，选用适当性能的摄像机和镜头，最大可能地及时获取我们希望了解的现场信息。音频探测与此类似，只是它的探测范围偏小，但具有隔墙穿越的特点，主要针对异常声音，如监控区域内巨大的响动、脚步声、敲击声等本不应属于当地当时环境的声音，也可以包括现场一些人说话的声音。

视频探测主要是以可见光谱的成像为主，也可以包括近红外、远红外光谱的成像，还可以是其他方式的成像，如 X 射线的成像。音频探测主要针对可闻声。

（二）信号传输、信号分配、分发

随着技术的进步，一方面单路视频画面的原始像素总数在提高，视频采集的原始数据量和数据流量都十分巨大；另一方面视频编码技术也在保持原始完整性和实时性的基础上积极提供更加高效的方案。这种高效的编码方式不仅可以提高存储的空间效率，也为视频传输奠定了较好的应用基础。

视频传输经历了从过去的模拟方式到以数字方式为主的发展过程，带宽和通信距离也逐步提高扩大。视频传输技术作为视频技术的有机组成部分，与视频的高清化发展形成了很好的互动适应。对视频传输的评价指标从模拟的带宽和信噪比为主，向着数字化后的带宽、信噪比、误码率、时延、时延抖动和载荷比等多项指标发展。

视频信号分配/分发有模拟的信号分配器方式，也有数字视频的数据包交换方式。大型的 IP 数字视频系统通常采用组播或者媒体分发服务器的方式工作。

音频的传输与此相似，只是带宽较窄。音频的模拟传输和数字传输方式都大量存在。

（三）显示

显示就是将多个摄像机对应的实时或者历史视频和/或其相关信息能够以适当的方式完整地向值班人员或者观察者进行实时光学展示。这是人机界面的重要环节，是视频采集的逆过程，一般是彩色显示模式。一方面视频显示方式存在多样化和平板化的趋势，另一方面呈现信息内容有综合化的趋势，还有的厂商在 3D 展示和虚拟现实的展示中积极开拓。

一般地，视频显示的方式可以由单一监视器或显示器的单画面（对应的单个摄像机图像）或多画面方式（通常由四画面、九画面、十六画面，以及非对称的 4 小+3 大的类似组合等）完成，这种显示方式在早期分辨力较低的视频采集情形下使用较多。目前，即使是单个值机人员所面对的终端设备也会以两个甚至更多的显示设备来显示包括视频信息在内的各种信息。

目前的视频显示设备一般会设置由多台显示设备构成电视墙。显示设备可以是互不关联的独立显示设置；可以是多台显示设备作为一个统一的显示设备存在，构成拼接屏的结构。这种拼接屏结构一般提供各类硬件接口，可将安防系统的各类需要显示的信息统一展示出来。在这种情形下，显示模式多种多样，既可将邻近的多个显示屏构成一个画面显示，也可以进行多画面显示、自由组合等，具有直观、清晰的效果。

视频显示的方式也由原来只能在监控中心完成，到现在监控中心的组合大屏幕显示，到可以在移动终端的高精度显示等。

视频显示方式无论怎么变化，都应具有实时完整再现摄像机最初采集到的原始场景的效果。视频显示内容除了应包含现场视频图像内容，还应附加必要的采集时间信息和视频采集设备的标识或其面对的视场空间定位信息等。

对音频信号的展示则更多地以耳机或音箱对值机人员或者指挥人员进行个体化的放音，不存在组合屏幕之类的情形，毕竟不是为了演出的和声效果。

（四）视频/音频信号的切换调度、遥控

切换调度就是对当前的观察目标场景进行切换，就是将选定的摄像机对应的实时或历史视频切换到值班人员欲观察的监视窗口上显示，故图像切换又可以称作图像选切或视频点播。

遥控就是对选定的前端摄像机进行云台和镜头的 PTZ 等控制或者对前端视频采集设备进行工作状态的调整，如数字视频的编解码方案的改变（码率、帧率、彩色和黑白模式等）。音频与此相似。

（五）视频/音频数据的存储、检索、提取

通常视频采集设备输出的视频路数远大于视频显示的视频路数，因为值班人员不可能一对一地盯住每一路现场的实时图像。人们对采集的视频数据更多是以存储方式处理。

目前的视频存储基本采用数字方式，即采用压缩的数字视频编码方案形成的码流进行大规模、长周期的存储。这个过程不仅要求存储设备具有足够的 I/O① 能力，以确保视频流的连续性，还要使得记录容量满足存储数据总周期内数据总量的需要，以确保视频数据本身的可靠性。

为了有效管理存储的视频流，存储设备或系统应具有特定的文件管理系统，确保记录的视频/音频数据的及时访问和准确导出等。

存储的视频/音频数据最终是为了作为线索或证据应用的。一般地，视频存储设备或系统应提供一种或多种索引指针检索的方法和工具，通常会提供摄像机标识、记录的时间段来提取数据。而记录的时间又存在绝对时间（如北京时间）、相对时间（本地时钟）和校正时间的问题。校正时间可以导致相对时间的断续或者重叠，在存储的视频数据作为证据线索时应注意这种差距。

视频存储设备或系统应提供实时输出的指定多个视频流的能力。

音频数据的存储可以单独或伴随视频数据同步存储。

---

① I/O Input/Output，输入/输出。

（六）对视频/音频的场景分析或目标识别

值守人员或专门的设备软件对采集到的或提取的已存储视频/音频数据进行语义分析，形成对图像和声音的合理解读，对图像、声音的背景地点位置和特征作出识别和判断，对图像、声音中我们关注的目标（通常应称作监控目标）进行判断识别，并进一步归类比较形成结论。通过这些分析识别和判断，及时发现线索、掌握动态、提取证据，从而实现视频的战术目标。

在上述的分析识别过程，我们需要具有一些量化的指标：如识别目标的准确度和误判度，识别目标的速度和耗时，对更多个目标识别的能力等。

今天，越来越多的视频数据需要实时地分析和识别，以便为人们提供更加有价值的信息。例如，人员或物体目标的自动识别、行为越限的自动识别等。

（七）联动

在视频系统中的联动，传统上是指其他子系统对视频系统中对应视频的切换、启闭录像录音、启闭辅助照明以及后来遥控摄像机的 PTZ 预置位的调用。目前，进一步还可以包括视频图像的辅助信息或关联信息的显示，如电子地图的调用显示、预案的提示、识别目标的语义化表示。

如今，联动还包括系统内多摄像机间的协同工作方式：一台摄像机用于宏观定位目标的空间位置，另一台或多台遥控摄像机自动跟踪目标，以捕获更加详细的目标光学信息（如更高分辨率的人脸图像等）。

四、出入口控制系统功能

出入口控制系统最具有信息系统的诸多特征，但其对出入口控制的监控目标的身份识别装置、对出入口的控制装置等则具有特别的安全要求。

（一）通行授权与策略管理

针对既有的出入口通道，对通行目标（即监控目标或受控目标）进行授权管理，并形成黑名单和白名单等功能。黑名单是指在名单上的目标不允许通行或在系统中发现目标出现立即触发告警。白名单则是指列在名单上的目标可以优先或简化验证方式通行，或启动一些友好表示的联动机制。对通行目标的身份识别策略可以为单读卡（一般为感应式 IC[①] 卡）、读卡+密码、双读卡、读卡+指纹识别、人脸识别、读卡+异地核准等常见方式，对通行控制的策略可以是单向控制、双向控制、双门互锁、允许或禁止通行的时间段控制（常见的方式有年、月、周、节日和日），以及防反传（与目标信息结合）等。

在区域内部，根据安全管理需要设置各类受控区，并对受控区关联关系的不同权限作出分级处置，形成通行授权策略。

（二）目标识别

目标识别是在目标识别策略的范围内，通过读卡器、密码键盘、人脸识别装置等手段，获取目标的特征数据（凭证），经控制器或中心系统等，形成内部的通行、拒绝和

① IC，Integrated Circuit，集成电路。

发出警报等指令。目标识别的指标包括识别正确率、识别速度或耗时、抗破坏能力等。

生物特征识别技术作为当下相对热门的技术正被许多人追捧，如人脸、指纹、虹膜、掌形、掌纹、掌静脉、声纹等识别。指纹和人像（脸）数据正成为身份证的内置数据信息，人脸识别以及由此衍生的人脸与证件照比较的所谓“人证核验”，近期成为公安检查站等许多场所的重要身份查验手段。目前的各种生物特征识别都不同程度地依赖视频音频的采集模式，视频音频采集过程中存在的可能的错误模糊数据是不可避免的，这会加大生物特征识别的或然性。

一方面，生物特征识别技术利用了人体中这些特征的长期稳定性、不变性和个体差异性，而使得身份自动识别成为可能，确定“你不是我，我是我”，这是人们的生活经验；另一方面，正是因为这种不变性、不可更改性，也导致在数字识别系统中，生物特征数据一旦失密、被篡改或被伪造，给生物特征原主人带来难以纠正的证明“我就是我”的尴尬悖论；再一方面，生物特征识别天然存在相似度的或然性，以及生物特征数据采集现场的各种外来干扰条件，令识别结果总是夹带“你是我，我是他”的可能性，这需要其他手段的强化认证支持；还有一方面，生物特征的长期稳定性也是有条件的，例如意外伤害和身体老化引发的指纹、虹膜等的变化，会导致此前的参考数据不再有效。因此，生物特征的使用需要在许多前置条件下查验比对，才可能避免后两种情形的大量出现。例如，采用读卡+生物特征、密码+生物特征等多种复合方式，缩小生物特征的使用范围，等等。当然，技术还在发展中，生物特征识别的模型完善和数据训练强度提高，带来对特定人群更高的识别准确率和更高的识别速度等，也会进一步促进生物特征识别的推广应用。

（三）通行控制

对出入口通行控制是由执行设备完成的，如电锁、电动栏杆和可变指示器等。它是出入口控制中用于在目标识别成功后，进行引导、提示的装置。对于满足授权通行条件的，执行装置接受执行来自控制器通行指令，将通道开启；对于未满足授权通行条件的，则执行拒绝指令，关闭或保持关闭通道。

通行控制设计应采取防止通行目标免受执行装置及其配套设施（如闸机）伤害（如夹人、砸车等）的措施。通行控制通常需要提出通行控制速度、通行流量等指标。

（四）衍生的监控目标管理

对于曾经进行身份识别的监控目标进行出入的归类统计，如考勤管理、出入频次统计、受控区内的人数统计等是常见的监控目标管理用途。

（五）联动

出入口系统的联动可以是系统级的，也可以是设备级的，较为典型的是消防通道的火灾报警联动，其他如发现黑名单目标的视频跟踪等联动动作。

出入口控制系统中存在内部的各种联动机制，如出现某个条件——发现可疑分子后，进行门锁的联动控制，如改变通行规则。

五、停车库（场）的安全管理系统功能

停车库（场）安全管理系统可对出入停车库（场）车辆进行出入凭证查验、通行

记录、车场库内的车位引导和管理，进一步可增加出入车辆的安全（如防爆）检查、过程的视频监控录像等系统。停车库（场）也可以看作是出入口控制系统针对车辆出入的一种特殊应用。

在目前的社会经济条件下，公共停车库（场）一般具有停车收费管理以及对收费人员的管控措施。停车场库的安全管理系统在人们的日常使用中，主要关注收费的全面准确，车辆司乘人员的出入寻车方便，以及规避停车场内的各类财产损失、纠纷等。

车辆出入的凭证可以是自身的车牌、感应 IC 卡、带有条形码等内容的纸条等。目前随着车牌自动 OCR① 技术的日趋成熟，在各地以自动车辆图像抓拍和车牌识别为主要方式的车辆识别跟踪技术得到了越来越广泛的应用。以 ETC② 卡方式为车辆通行、停车自动计费的应用也越来越普及。

六、电子巡查系统功能

电子巡查系统从技术实现来看，是出入口控制系统的一种特殊应用：一种方式是利用既有的读卡器对带有身份卡的巡逻人员进行实时的读卡定位，一种方式是利用离线的读卡一体机去读取预先设定在巡逻路上的标签（身份卡）来达到监督巡逻人员的巡逻路线的功能。

电子巡查系统分为在线式和离线式。二者最大的区别在于，在线式系统可以实时（较快的速度）反映巡逻人员的巡查到位情况。而离线式系统则需要巡逻人员将巡查记录装置带回到指定地点，并将数据导出后，系统才能获悉巡逻人员此前的巡逻到位情况。所谓到位，就是巡逻人员到达指定地点查看，并能与当地的标识装置进行数据交换。前者有利于更好地及时发现异常，保护巡逻人员，处置突发事件。后者属于相对较低成本的事后监督管理方式。

电子巡查系统通常支持对巡逻人员的巡逻工作检查、记录和考勤等功能。

电子巡查系统的应用，结合与监控中心实时通信的安防无线对讲系统，可以提高现场的实时查验跟踪响应的能力。

如今，人们利用移动互联网技术，充分利用手机的 GPS/北斗等全球定位数据，实时与互联网的主机通信，进而可以实时监督携带指定智能手机的人的巡逻路线等实时状态，在此基础上，还可以附加语音和视频的实时记录功能。只是在这种情况下，所有的巡逻数据都被第三方的系统掌握，由于部署在互联网上且易被第四方攻击或窃取数据。

七、楼寓对讲系统

楼寓对讲系统，有人叫作访客对讲系统。它是用于楼寓或访客出入口控制的实时对讲系统。这个系统一般形态上由一个主叫主机（又叫作访客主机）和多个被叫分机（又叫作用户接收机）组成。主叫主机一般在主出入口旁，可直接授权控制主出入口的开闭。主叫主机和被叫分机的实时对讲是被叫人员对访客进行身份验证的方法。因对讲

---

① OCR：Optical Character Recognition，光学字符识别的英文缩写。

② ETC：Electronic Toll Collection，专指不停车电子收费系统。

的视听内容不同又分为普通对讲和可视对讲两类。对讲系统也由最初的专线切换，逐步过渡到 IP 网络方式的互联。

楼寓对讲系统通常与住户的授权卡开门的出入口控制系统一体设置。一般技术结构采用的是楼寓门的电控锁并联控制的方式，也有的经由出入口控制系统的出门按钮触发开门。

随着技术的进步，楼寓对讲系统的技术形态还在发展中，从简单的对讲开门，扩展到住宅小区、家居内部的各种呼叫功能、紧急报警、入侵报警功能和广告投放等，甚至有人将此类扩展称作智能家居。

智能家居还包括对家居内的各类家用电器的远程（目前通常采用互联网的方式）监视和控制。

八、防爆/暴安全检查系统功能

防爆/暴安全检查系统应具有在特定设施条件下发现关注的暴力器具和各类爆炸物或其他目标物质、器物的能力。为了在发现爆炸物后及时处置，避免现场爆炸伤人，现场通常还配备有隔离消除危险的方法和措施，如排爆罐、引爆干扰器或者屏蔽器等。对于现场的安全检查工作人员一般要配置必要的单兵防爆装置。

结合目标物质和器物的物理和化学特性，采取微波激发、激光激发、射线穿透或散射成像等手段，发现隐藏在人体、器物内部的目标物质和物品。

在目标物甄别过程中，对安全检查系统中探测到的数据进行人工和机器识读相结合，快速、及时地发现危险源或者违禁品。

在数据共享和技术融合的基础上，建立优化的人、物等关联数据，形成更加有效的融合数据，以便更加有效地及早发现危险目标，这是安全检查系统的发展方向之一。

九、安全管理系统功能

随着信息化水平的提高，综合安全管理的必要性越来越强。在规模稍微大一点的安防系统中，都会配置安全管理系统。安全管理系统又叫安全防范管理平台，是更加高效优化的人机交互平台。

通常，安全管理系统能在各个其他功能子系统的基础上，向值守人员和指挥人员提供快速有效的各类信息展示，包括系统设备的运行状态，各种现场的探测信息、各种布控状态；能够整合数据快速响应，对报警事件或异常事件能够按照预定策略及时联动响应，给出警报和指导预案，形成协同优势。通过分析挖掘，进一步提供更多的风险分析等数据。

安全管理系统还设有上传下达的通信接口，以完成多级联网和数据共享的功能。

第四节　性能设计

一、环境适应性指标

环境适应性指标主要体现在探测设备和现场控制设备对所在的安装、运行环境的适应性上，通常需要考虑高低温、防灰尘、防风沙、防雾霾、防雨雪、防潮湿、对气压的适应性等。

我们应注意区别各地的气候和地形特点，以确保设备的正常工作和功能性能的发挥。按照各地的气象特点，将极端气候条件分为典型的西北区（高、低温、大风沙）、东北区（低温、大风雪）、华南区（高温、高湿、台风）、高寒区（低气压、低温）四类，其他地区的极端气候条件可参照上述四个区域，在上述地区安装的监控设备箱、室外设备应采取防尘、防潮、抗高低温的结构、性能设计等必需措施予以保障。

对于水下环境和腐蚀性大、易燃易爆场所的设备还应考虑特别的防护措施和采用本质安全电路的设备等。

二、各功能子系统的容量类指标和触发响应类指标

功能子系统的容量指标包括各类探测设备的安装或者接入总量，存储环节可以保存的数据量（可以表示为字节数，也可以表示为记录数或时间长度等），系统支持的登录设备的操作人员的数量，可辨识身份的目标总量，等等。

人工操作响应时间因不同的操作内容和操作权限而有所不同。一般地，系统对这种的响应不应高于1秒，且以出现预期结果为前提（可以是肯定的，也可以是否定的）；系统对实施动态控制的响应时间应更短，尤其是PTZ的非预置位调用场景，因为这直接影响了现场目标实时跟踪的效果；对需要大量查询的内容，系统应首先将其正在响应的进度情况及时反馈给操作者，并最终给出预期形式的结果，结果应是完整的、及时的，具体展示可以部分显示，或者分段综合显示。

对于系统各种信号间自动响应的响应时间，则以信号的快速传递为原则，一次触发必须进行顺序排列的自动动作，应约定每个顺序节点的最长动作时间；大量并发触发事件发生时，应注意触发事件的优先级（因为客观上，系统内部永远是顺序性的，并发时间只是在较长时间内的统计效果）和触发事件之间的关联度，以及相应设备或端口等的资源提供能力。若为人机交互的界面，则这个问题更突出。

相关标准中规定，报警响应时间为2秒，报警联动响应时间为4秒。

三、入侵和紧急报警系统的指标

报警响应时间：是指探测设备探测到报警事件到系统接收并发出报警提示的时间。不同互联类型的入侵报警系统的报警响应时间是有区别的，如标准规范中规定，分线制的指标为2秒，总线制的指标为2秒。

联动响应时间：是指系统在报警响应后进一步向系统外给出联动指令并执行指令的时间。

四、视频系统的指标

（一）视频、音频探测灵敏度和动态范围

视频探测灵敏度体现了可见光成像条件下，视频探测设备能够在足够低的光照条件下生成可用图像的能力，体现了热红外成像条件的足够热量辐射和最小温度差异的分辨力，体现了其他探测原理下能够响应的最低当量辐射量的能力。

在可见光谱范围，摄像机探测的动态范围则是体现了视频探测的传感器在生成可用图像时的现场中心的最大光照度与最小光照度的比值。由于传感器的光电转换是分时处理的结构，因此其动态范围并不完全取决于传感器材料本身。

摄像机能够采集的满足信噪比要求的图像需要两个指标：最低可用照度和光学动态范围。环境照度低于最低可用照度的数值或者超出动态范围，摄像机将采集不到有价值的图像，其他指标也就无从谈起。照度也是基于可见光谱的表达，其他波谱可参考这个概念。强调动态范围，是要避免传感器发生饱和响应问题。

音频探测灵敏度和动态范围是指在特定信噪比条件下基于特定传感器设备对指定频响范围内的声音信号的探测能力。

（二）图像和声音

图像质量的指标通常包括信噪比、时空分辨力、色彩分辨力、几何特征保持能力等。声音质量的指标可以包括信噪比、时空分辨力、音色分辨力等。

视频信噪比是指现场背景照度或亮度下视频探测的传感器中信号与噪声的比值对数关系。

视频图像的空间分辨力是指视频图像分身可携带的、可以区别的、最小空间细节的能力，由于目前的视频采集设备的二维点阵式结构决定了在光学成像条件良好的情况下，传感器的本身性能特性是关键性要素，目前主要采用单幅视频图像所能识别的最多电视线数来描述。空间分辨力又分为静态空间分辨力和动态空间分辨力。前者主要体现了在特定时间分辨力条件下，对静态目标的空间最大分辨力，实际上是体现了传感器的最大点阵输出数据的能力；后者则是指在特定时间分辨力的条件下，对动态目标的空间细节分辨力。实际上主要体现了传感器捕获可用图像的速度能力，主要体现了快门速度和及时输出数据的能力。

视频的时间分辨力体现为从视频流中可以分辨的最小时间间隔，而这对应了对快速变化的事件的最短时间细节的捕获能力。很显然，时间分辨力越高，其图像的帧率也越高。在同样的空间分辨力的条件下，其对应的单位时间内产生的数据量越大。

视频的灰度和色彩分辨能力体现了视频图像点阵结构中相邻像素间的差异程度，体现了图像层次水平，也是图像信息内容的主要表示来源。

视频图像的几何特征保持能力主要体现为光学成像过程中对原始场景的几何拓扑变换的简单几何投影特性，也就是不同灰度或色彩空间分布和演变的特征。

（三）时间类指标

系统时延指标种类较多，其中较为主要的有两个：一个是现场场景变化到实时显示的画面观察到这种变化的时刻差，一个是操作人员输入指令到指令得到执行后的结果展示的时刻差。联动时间也是一种系统时延，专指接到报警事件信息后，系统根据预案展示联动结果的时刻差。

数据连续存储时间（周期）主要指系统能够提供的连续存储数据的时间长度，如以指定时空分辨力记录的视频/音频连续时间长度。

（四）应用指标

1. 观察范围、目标识别和系统规模。观察范围（视频探测范围）是安防视频监控系统设计支持必须首先关注的内容，应和需跟踪的目标或目标区域具有极高的重合度。观察的效果能够方便后端的人员或设备快速有效准确地识别目标或场景，否则就是设计失败。系统规模主要体现为系统的管理规模，可以从视频采集设备数量、存储设备容量、视频的调用显示终端数量等给予描述。存储设备容量根据记录的视频压缩方式等，可以分解为记录多少路视频图像和可保存的最长周期长度。

2. 原始完整性和实时性。从实战角度，作为人的视觉听觉功能延伸的视频/音频系统，视频/音频数据应具有原始完整性和实时性。它是体现系统有效、真实反映现场实景情况能力的指标。

那么，视频/音频的原始完整性和实时性又如何理解呢？仅用此前提到的时空分辨力和色彩分辨力等表示不够吗？笔者认为，此前的指标是必要的，但是表现力却不够，因为此前的指标无法反映探测器是否真实反映了现场的情况。粗浅地表达，视频/音频的原始完整性和实时性就是视频/音频数据所表示的内容能够与最初的现场投影保持一致的能力。

下面，我们试着从纯技术角度给出定义：

原始完整性（Original Integrality）是指视频/音频设备或系统获得的数据所描述的内容特征与原始场景的投影特征保持物理和逻辑意义的一致性程度。这些特征包括空间比邻关系、几何及纹理特征、投影颜色（仅限可见光条件下）、灰度层次、声音频率范围、频谱特征、声音强度、观察区域内事件变化的连续性和后续顺序等。对原始完整性的评价方法目前主要采用主观评价方法。

实时性/连续性（Real Time/Continuous）有两个表达：一个表述是一般情况下，图像在不低于15fps的刷新率条件下进行的均匀的视频采集或播放，人的主观感受图像是连续的、真实的，场景中的活动是连续的。此时，我们说该视频是实时的，视频具有连续性。低于这一数值，我们会明显地感觉画面中目标动作的跳跃感、动画感。

另一个表述是与时延相关的，它是指视频或音频系统能够在人们不会感觉明显滞后、及时反映实际现场的活动变化内容。从这个角度看，实时性与通信系统的信号延迟时间的内涵是一致的，当该延迟时间足够短时，人们便感觉这是实时的（在广播电视系统中，被称作“直播”）。

我们认为，上述概念的提出将会有助于更加科学合理地评估视频/音频的可识别性，有助于评价视频/音频数据作为证据的适用性。

从数据的角度看，视频/音频具有一般数据特性，包括数据本身的完整性、可靠性和可信性等，这些指标与其他数据没有区别，因此在考察视频/音频数据时也需要对其产生（采集）、记录的环境和传输的途径进行可靠的控制，也就是所谓原始性的保持。我们这里所讲的视频/音频的原始完整性和实时性显然有别于这些常规的数据特性，至少明确这些数据特性是视频/音频原始完整性的必要基础。

我们认真分析了视频/音频作为视觉、听觉延伸的电子化数据应反映的原始场所中各类情况和视频音频的采集、传输、存储、再现的过程，认为现阶段应以直接的人眼视觉和人耳听觉感知为首要的、直接的比较评判手段研究原始完整性和实时性问题，由此初步整理出以下几个考核内容：

（1）从成像过程来看，我们应考察在观察点面对可观察空间结构的几何映射关系，其几何成像关系应是线性的和简单拓扑退化的，物体的比邻拓扑关系、形状变化特征应符合简单欧氏几何投影规律。这是我们理解的原始完整性的视频数据所包含的空间信息与现实空间一一对应的基本要求，不能出现空间错位和严重扭曲变形。

（2）应考察可观察空间结构中的光源特性或物体表面反光或物体的透光特性，这体现为光照（亮）度分布的均匀度和体现空间结构特征的递阶灰度层次，对于具有颜色分辨能力的视频系统则要进一步考察可观察空间在现场光照条件的颜色变化与人眼视觉观察的一致性问题。非颜色分辨的频谱成像考察内容主要以灰度层次和伪彩色表现易识别性为主。

（3）进一步，在上述观察的基础上考察时间轴上图像本身的变化规律，考察可观察空间中的各类目标动态变化：位置变化、形状变化、角度变化、物理出现和消失等，应符合实际物理规律的几何投影关系。这些变化我们可以称为事件或者叫作视频数据的内在事件，它与真实世界也有着一一对应的关系，也是视频数据原始完整性的最初意义之一。

（4）若同一区域存在多个摄像机，则应考察这些摄像机图像的逻辑关联性和相似性，进而具有比对参照、相互印证的效果，甚至达成三维成像复原的效应，能够更真实地再现原始实际空间的几何结构关系。

（5）声音在人耳听觉评价时采用了音色、音调和响度的概念，通常对应了物理声学上的频谱结构、频率范围和声音强度。要想保留现场声音的信息，就要从物理声学的这三个特征进行原样记录，结合人双耳的空间定位能力（对应于现场多拾音器的结构），还要从声源传来声音的时延传播特性上予以合并记录，从而形成原始的音频数据。这些构成了音频数据最基本的原始完整性。若我们对已经过某种处理或者影响的音频数据进行分析，则该处理或影响也将成为音频数据原始完整性的组成部分。在原始采集的音频数据中，应注意频带（频率范围）大小和编码中的心理声学模型带来的一些干扰项。音频信号包含的声强变化、声调变化或者持续时间等属于内在事件的范畴。

（6）鉴于视频、音频数据本身所包含的现实世界中的事件发生连续性，考虑到人眼、耳观察视频数据再还原展示的及时性要求，我们应考察视频/音频数据中的事件发生的顺序关系与现实世界中的逻辑一致性问题，不应出现插入或删除关联事件特别是关键事件的情形。

(7) 鉴于视频/音频数字编码压缩原理的应用，系统应具有合理保持甚至保护在视觉、听觉范围内细节数据的策略，且具有传统的数据完整性和一致性的特征，还要特别注意背景和前景的因为运算导致的错位和关键信息的丢失等问题。系统应有适当的措施确保视频/音频帧结构的完整性。在对存储的视频/音频数据进行编辑整理时，应确保视频/音频内包含的上述事件的逻辑关联性和背景的一致性。

3. 视频/音频数据源的及时可达性和客户操作的并发性。视频/音频数据源可分为实时和历史的数据源，前者对应了现场的摄像机和拾音器实时传出视频/音频，后者对应了各级各类存储装置内的视频/音频数据。

实时视频源的可达性体现为前端设备的在线实时采集现场图像的能力，这不仅需要在线通信设备，还需要能够随时稳定地显示现场的解码显示设备等，还包括不大于指定时延的操作控制显示过程。

历史视频源的可达性则体现为所有存储类视频图像资料可寻的能力：寻址再现能力（时间段的单或多的起点和视频片段长度，单路或多路对应实时视频源的记录视频资料），并发提取和显示数据的能力。

由于实际系统的技术能力的局限性，可以支持的并发操作是有上限的。为此我们应合理评估客户操作的并发要求，以配置足够的系统网络带宽和显示装置等。

五、出入口控制系统的指标

（一）辨识目标身份的方法

目前常见的辨识目标身份的方法有感应卡、PIN[①] 密码、二维码光学识别、生物特征识别等方式。

（二）可分辨的身份凭证（钥匙）量、目标的误识率和拒识率

系统或设备支持的特定身份鉴别方式下可分辨的凭证总量是系统的容量指标。

对目标的识别存在识读错误的问题，粗略地可以分为将系统内授权的凭证 A 识读为别的凭证 B 的误识和将系统内应识别的凭证 A 未做响应的拒识。但实际情况是，这个身份识别的复杂交叉情况远不止这些，具体可参照“833”模型的相关描述。

由于生物特征识别存在更多相似度概率的问题，其身份的同一性认证面临更多或然性。故一般不把生物特征识别作为唯一的身份凭证。为了降低误识率，需要更多的凭证信息加入，而这很容易导致更多的拒识率，进而导致通行效率的下降。

（三）系统控制能力的通流量

该指标可用授权凭证单次识别通行的时间长度表征；对于通行量大的出入口，也可以采用单位时间内允许授权凭证连续通过指定出入口的目标总量来表征。

（四）系统或控制器的管理数据存储

通行授权的凭证内容、通行控制策略等本地存储能力是进行实时响应的基本前提。通常会以本地可支持的存储凭证总数量、通行策略总数如日历表节假日等来综合表达。

---

① PIN：Personal Identification Number，个人标识码。

（五）日志存量和增量

系统或控制器能够支持的身份识别和通行的记录总数，以及系统值机人员对凭证的授权和其他操作的记录总数，以及诸如此类的日志构成了系统的全部日志总量。

（六）抗技术开启的能力

除了基本的防护隔离措施，系统重点针对技术开启具有较高的应对水平，泛指凭证或目标在多长时间内可以通过打开读卡器和破坏电锁控制线等技术开启的方式通过非授权的出入口。

六、其他类专业子系统的指标

其他专业类子系统如电子巡查系统、安全检查系统等一般都存在目标特征的识别过程，对目标识别的性能描述，包括识别的便捷程度、识别速度、误识率和拒识率等，以及系统级的授权和工作日志等。

七、协同与战术类指标

整体协同和配套支持能力是电子防护系统应用重要的指标内容。

（一）目标信息关联融合和目标快速定位能力

针对监控目标的各类动态信息的关联是识别锁定真实进攻目标的重要方法之一。通过既定的系统配置，能够对动态信息进行快速分析融合，并以适当方式给出该信息对应的目标的全面信息如空间定位、变化轨迹等。

（二）联动信息的及时准确能力

对于现场的报警事件，系统应能按照预案进行及时联动输出控制显示等，并能在多种报警条件下稳定工作。

（三）系统关键信息的安全保密能力

系统应具有防止内部的关键信息被泄密的措施，并确保达到一定的抗攻击水平。

（四）响应组织资源的通信与调度能力

作为系统的支持配套内容，系统具有对所响应组织资源的通信与调度能力。

这对于实战现场来说，应有足够的组织资源和实体防护资源，达到快速处置（阻止、迟滞甚至消灭）攻击力量，确保防护目标免受损坏。

（五）系统整体的信息保存时间对应的容量问题和快速检索能力

系统保存所有配置运行操作信息的能力应能支持系统工作所需要的容量和快速检索要求。

八、抗破坏能力的指标

毕竟电子防护系统是一个用于人为故意对抗的系统，因此系统首先应具有抗击物理破坏的基本措施，如抗砸、抗撬等机械冲击。

其次，在防信息攻击和防泄露方面做出具体的指标措施，如通信链路中加密算法和加密强度，显示内容的防窥视，存储数据的加密或者设备的强化保护。

最后，当系统的某局部遭到攻击破坏后，系统的基本防护功能是否失效的问题。这在传统的出入口控制系统中，特别提出了抗技术开启能力的指标。

九、电磁兼容性、可靠性、可维护性等其他指标

电子防护系统使用的电子类设备，其对外的辐射骚扰、抗外来电磁干扰的辐射指标满足相关标准要求，并适应所处电子环境，这是电子防护系统设备正常工作的基本前提。

电子设备的可靠性水平，通常用平均无故障工作时间（MTBF）等指标表示。通过冗余配置、降额使用部件、备品备件及时替换等方式，来提高设备和系统的可靠性。

可维护性体现的是系统整体可靠性在故障发生条件下后的恢复能力，特别是关键部件、关键模块出现故障后的技术上快速替换和恢复、数据保全等措施的支持，是对系统进行更好运行维护的前提条件。它可以用维护保障时间（平均故障维修时间）、允许事故发生的持续时间来表示。

通过合理的保养、维护，可以降低系统发生故障的概率，减少故障维修时间等，从而提升电子设备的使用水平，提升系统的运行效能。

第五节　前端信息采集

一、前端信息采集总论

安全防范系统的前端信息是指分布于探测器附近现场区域的信息，通常包括报警信息、现场视频、音频信息、目标标识信息和与现场设备工作直接相关的各类信息（如状态信息）等。

前端信息的基本要素包括信息采集时间、采集地点、采集设备（或操作控制采集设备的人员）、信息内容与形式的描述等。按信息内容与形式分，前端信息包括现场信息和采集设备信息两大类。现场信息又分为：视频（流、图片）信息、音频（流）信息、报警信息、目标标识信息、工作环境信息等；采集设备信息，包括设备状态信息、对采集设备的控制信息等。作为采集设备信息主要用于网管和系统配置管理。

前端信息采集是依靠前端的信息采集设备——主要是探测器来完成的。而探测器的核心部件是传感器。技术进步大大促进了探测器的传感器性能、信号处理能力的提高，并且随着数字化处理水平和智能化策略的提高，探测器的总体探测效能也明显提高。

各种目标的标识信息，可以是目标自身天然具有的特征，也可以是人为建立的某种标签等，在出入口控制系统被称作凭证，即授权出入的凭证，最初还被称作钥匙。这类凭证可以是感应 IC 卡、二维码、磁卡，可以是生物特征数据（如人脸、指纹、掌纹、声纹等），可以是法定证件，还可以是某种口令、密码等。

二、探测器的输出连接方式

探测器的输出类型从开关量、模拟量到数字通信方式应有尽有。入侵和紧急报警系统中的探测器主要是开关量的连接方式。视频监控系统的摄像机等是模拟量或数字通信

的连接方式。出入口控制系统设备主要以数字通信方式进行连接，部分连接为开关量方式。而随着智能化水平的提高，数字通信的连接方式会更加普及。

视频信号分为两类：模拟式和数字式。数字视频信号又分为非压缩式和压缩式。非压缩式视频信号是指原始数字采样生成的初级编码数据，压缩式视频信号又因算法等的差异形成了不同的标准规范，如 MPEG4、H. 264、H. 265、AVS、SVAC 音频信号的输出与视频相似。数字音频的标准也有很多，如 G. 711、G. 729、MP3、Ogg Vorbis 等。详细内容可参见附录 2。

为了提高安防系统自身抗破坏的能力，人们也在开关量连接上增加了线路监测的功能，即通过增加末端器件来发现线路的被断路和短路故障。人们也在数字通信的连接方式中，采用握手或者动态密钥加密方式等进行双向验证，来发现通信链路可能被破坏等问题的发生。

三、探测原理

（一）探测的本质

从传感器的作用原理来看，探测就是通过物理、化学等方法发现和识别所关注的目标，也就是我们这里所说的感知被探测对象在背景环境中的差异。“被探测对象”通常将“被”字略掉，而直接称为“探测对象”。探测对象所载有的、区别于其他事物的且相对稳定的差异，我们称之为特征。具体地讲，探测对象的特征可以是其自身天然具有的，也可以是在探测对象上（中）人工配置的特别载体标记，该载体可以在安防系统中方便地被识别出代表探测对象的位置变化、标识和权限等。出入口控制系统主要以人工标签或生物特征识别方式对人员和物料等进行身份标识识别。

探测对象的被安防系统所探测的特征可以是一个静态的物理或化学量，可以用一个稳定的参数来表示（一个代码、一幅图像）。也可以是动态的量，通过一个过程表现出来。在数学上，则可以是稳态的量或暂态的量（频率、能量、波形、相位等特性）。不同数学表达方式意味着有不同的探测信号处理方法，而其实质是反映差别不同的特性，或具有时间分辨或空间分辨的能力。

（二）探测对象特征

1. 探测对象自身具有的属性：静态的和动态的。自身发出的和经过外部激发（光学的、电磁学的和射线的）而发出的各类外形特征、行为模式、电磁学、声学效应等。

发现探测对象自身具有的特征，确认它的存在和现行活动的合法性，如检测探测对象的辐射、读取探测对象的特征和被赋予的特征载体的信息，是入侵探测的主要方式。探测对象对外界因素作用的反应（的差别）也可以成为一种特征，识别这个特征即可实现探测。

物质对射线的吸收、反射、透过性能代表物质的个性化信息，是危险品探测的主要方法。

2. 探测对象与环境（背景）在特定物理量、化学量上的差别。发现探测对象与环境（背景）的物理特征（参数）之间的差别，如温度差、质量差、速度差等。

3. 探测对象的出现导致环境状态、参数的变化。由于探测对象的出现，其所处环境的物理参数发生变化，这也是一种时间域的差别，如温度、湿度、照度、辐射强度的变化等。这种探测方法在入侵探测中应用是很普遍的。

总的说来，探测就是发现探测对象的特征，或者用适当的方法把探测对象与环境、与其他对象的差别表现出来，并把安全的状态作为基准（表示为一个阈值或范围），判断探测结果是否偏离了这个基准状态。

（三）探测分类

实现探测的原理和方法有很多，归纳起来可分为两种基本的方式。

1. 主动探测。通过在防护空间（区域）内建立一个可监测的环境（电磁、气候、状态等），然后探测环境参数或状态的变化，来实现对探测对象的甄别。可以通过设定阈值作开关量的探测，可以通过对参数变化（能量幅度、频率、方向等的变化和/或变化率）的分析来进行判断，如主动红外探测、微波探测、电磁探测等就是主动探测方式。当利用辅助照明时，视频探测可视为主动探测。

2. 被动探测。监测防护空间（区域）内自然环境的参数变化，探测对象本身发出的带有特征信息的辐射来实现探测。同主动探测一样，也可以采用不同的分析方法。探测人体红外辐射的探测方式就是典型的被动探测。当利用外在的自然光和自身热红外辐射时，可见光方式和热红外方式的视频探测就是被动探测。

四、前端设备的布设原则和方法

根据现场情况和应用需要，前端信息采集应遵照下述基本原则：

1. 信息采集应尊重公民和单位合法权益的原则；
2. 对采集数据的原始完整性原则；
3. 对采集目标信息量提取的最大化原则；
4. 对目标信息特征提取的最优化原则；
5. 对现场输入信息响应的最快速原则。

要根据目标前端信息的产生机制（来源）、分布特点和特征，合理确定采集设备的现场布局、安装高度、观察角度、安装方式（如嵌入式、地埋式、埋墙式、立杆式）等。根据现场的环境条件合理配置前端设备的选型。

五、前端采集设备的安全性设计

前端采集设备的安全设计应考虑如下几个方面：

1. 对监控目标和防护目标的免伤害设计，如主动型的探测设备发出的电磁波等对目标的影响（如辐射安全等）、辅助照明对文物本身的紫外光伤害、对人类目标的眩光、激光对人眼的影响、云台的转动对周围空间的影响等。

2. 对监控目标的隐私（合法权益）的保护设计：这主要涉及视频和音频在采集过程中需要注意区别的问题，在必须进行信息披露时还需要系统级的后期合理处理，当然这应以不影响原始完整性为前提。

3. 根据安全等级，对物理安全、数据篡改、信源可信方法、供电等方面进行抗攻击设计。

六、探测效能的评估

探测效能的评估是战术意义上的指标化评测过程，即在各类技术指标的基础上，进一步从设备级和系统级分别研究实际探控空间内的目标发现率、系统发现目标的速率和效率、目标和背景识别的准确率等。还要进一步研究探控空间与防护空间在约定时空尺度下的时空覆盖水平，以及在此尺度下的目标和事件细节的分辨能力。

目标识别的正确结果应是唯一的，但错误的结果却是多种多样的，经过“833”模型的分析，我们发现错误的结果类型有6种。在这个模型中，我们没有探讨产生错误的原因或条件，只是对错误的结果从数学上给予确认。人们积极避免这些错误的结果，使得这些错误发生的概率进一步减少，并使得实际发生率趋向于零。

这里所说的错误既包括了传统的误报警、误识的概念，也包括了传统的漏报警、拒识的内容，具有更广泛的实际意义和哲学意义。

“833”模型是这样表述的，实际探控空间与探测感知到的系统反映域（信息域）之间通过探测设备和系统联系起来。探测设备和系统如同透镜一般，将实际探控空间的人、物、事（状态和过程）映射到系统反映域中，将实际探控空间与虚拟探控空间形成一个封闭的递归的映射机制。

在“833”模型中，我们先验地利用了四个原理：

原理1：任何事物都有其影子的原理。在特定条件下，如同单个光源照射下，人总能在地面或侧面留下一个与这个人直接相关的影子；在基本粒子世界中，粒子总有反粒子一样。我们把那个人叫作实事件，而把那个人的影子叫作虚事件，无论是实事件还是虚事件，都可以是实际世界里的真实事件。

原理2：探测的错误结果可超越已知结果，或者叫作复杂条件论。任何探测设备或系统手段等，其探控空间都是有限的，但面对的实际空间是无限的。识别对象类型是有限的，计算能力是有限的，但出现错误的可能性却是极大的。现实复杂性大于我们已知的探测结果，如同多个光源照射下的多个影子问题。

在“833”模型中，我们借用了“3为多”的思维方法，它帮助我们巧妙地打开了探测领域中的结果类型的秘密。在本书的开头，其实我们就已经使用了“3”的理念，安全主体面临的对象不仅有泾渭分明的防护目标和防范目标，还有一个监控目标在混搭。在数学统计学的概念上，我们经常会用多少置信度前提下的某个事件发生概率的表述。

在人脸识别的场景下，我们经常会用“错误接受率或错误拒识率等于多少的情况下，正确识别率是多少”来描述人脸识别系统的性能。人脸特征的相似度显然具有模糊数学的特征，这已经不是简单的“是”和“否”的概念，这也正是我们研究第三种情形的重要原因之一。在物理学中，三体问题带来的复杂计算令我们难以直接写出所有通解。为此，人们总是想方设法地简化问题，如化解为两体问题处理。中华传统经典《道德经》告诉我们：“道生一，一生二，二生三，三生万物。”这些例子告诉我们，三是复杂性的起点。

原理3：信息域内信息无差别化和信息意象与载体多样化共存。人们可以形容景象很美，可以形容声音很美，也可以形容人的行为很美，但显然，“很美”的内容在意象上是完全不同的，分别对应了人的视觉、听觉和人际关系道德感等。信息可以是信息源的形态自身，也可以是纸介方式表述的内容，还可以是目前常用的电子方式的内容，等等。

原理4：在实际世界中，信息域总可以通过不断增加来自信息源的不同有效信息而认知信息源自身。也就是通过多重身份信息特征确定某个人就是谁的过程。在安防系统中，可以通过读卡+密码等扩展的方式增强身份认证的可信度。

通过上述原理的运用，我们建立模型，分析了探测过程，得到如表5.5.1列出的可能结果。

表5.5.1　“833”模型可能结果分类表

序号	类型	举例	序号	类型	举例
pr1	实实	实1→实1或实2→实2	pr5	虚虚	虚a→虚a或虚b→虚b
pr2	错位实	实1→实2或实2→实1	pr6	错位虚	虚a→虚b或虚b→虚a
pr3	实虚	实1→虚a，实1→虚b	pr7	虚实	虚a→实1，虚a→实2
pr4	不响应实	对实3不响应	pr8	不响应虚	对虚c不响应

在上表中，箭尾的内容指的是实际探控空间的事件，箭头指向的内容是系统反映域的事件（注：pr=possible result）。表中的“实”表示一个真实的人、事、物，表中的“虚”表示一个真实的人、事、物对应的一个影子，这个影子可以是真实的人、事、物的相对方，也可以是相反状态等。

上表中，我们期望的结果是pr1和pr5，甚至只有pr1，其余都不是我们想要的，但我们却不得不大量面对这些“其余”的情形。对于一个实际探测系统，只有把“其余”的情形处理好，才能确保得到pr1的结果。

按照上述的思维导向，读者可以方便地推演实际安防系统中在多种现场信息采集过程中的复杂问题的答案，从而让我们发现，“漏报警率+探测率=1”的等式不成立，同时，还可以进一步分析发现，安全防范系统总是可能存在安全漏洞的。

第六节　信息传输

信号可以承载信息，信息使用信号进行传输，信息以数据方式进行存储和传送。有时在不引起歧义的情况下，将信息、数据和信号通用混称。

一、信号的种类与传输方式

在安防系统中，信号包括报警信号、视频信号、音频信号、身份识读信号、控制信号，还可以包括设备的工作状态信息、授权信息、操作信息等，信号类型可以是模拟方式或数字方式。

目前，在人类的通信领域，数字化方式成为了技术的主流。但人类的直接交流却是原始的非数字化的，或者叫作混合型的方式。人们具有良好的训练，可以用口、手等肢体姿势表达自己，用眼睛、耳朵、皮肤等感知外部世界。

信号的传输方式可以是有线的，也可以是无线的；可以是实体化的，也可以抽象化的；语义化的传输可以是图形文字，也可以是特定提示音（视觉、听觉的物理信号的直接编码产生的）。

二、信息传输的理论模型

在国际上，ISO① 提出了一个目前普遍认可的开放式系统互连参考模型（OSI），是一种通信协议的 7 层抽象的参考模型，其中每一层执行某一特定任务。该模型的目的是使各种硬件在相同的层次上相互通信。具体来讲：由底层到高层分别是 1 物理层、2 数据链路层、3 网络层、4 传输层、5 对话层、6 表示层和 7 应用层。其中，高层 7、6、5、4 层定义了应用程序的功能，下面 3 层 3、2、1 层主要面向通过网络的端到端的数据流。

1. 应用层：与其他计算机进行通信的一个应用，是对应应用程序的通信服务的。例如，一个没有通信功能的字处理程序就不能执行通信的代码，从事字处理工作的程序员也不关心 OSI 的第 7 层。但是，如果添加了一个传输文件的选项，那么字处理的程序员就需要实现 OSI 的第 7 层。如 Telnet、HTTP、FTP、WWW、NFS、SMTP 等。

2. 表示层：这一层的主要功能是定义数据格式及加密。例如，FTP 允许你选择以二进制或 ASCII② 格式、GB18030、ISO/IEC 10646 / Unicode 等传输。如果选择二进制，那么发送方和接收方不改变文件的内容。如果选择 ASCII 格式，发送方把文本从发送方的字符集转换成 ASCII 编码后发送数据。在接收方将 ASCII 编码转换成接收方计算机可以完整还原和表示（显示）的字符集。

3. 会话层：定义了如何开始、控制和结束一个会话，包括对多个双向会话的控制、同步和管理，以便在只完成连续消息的一部分时可以通知表示层，从而使表示层看到的数据是连续的，在某些情况下，如果表示层收到了所有的数据，则用数据代表表示层。

4. 传输层：这层的功能包括是否选择差错恢复协议还是无差错恢复协议，及在同一主机上对不同应用的数据流的输入进行复用，还包括对收到的顺序不对的数据包的重新排序功能。如 TCP、UDP、SPX。

5. 网络层：这层对端到端的包传输进行定义，它定义了能够标识所有结点的逻辑地址，还定义了路由实现的方式和学习的方式。为了适应最大传输单元长度小于包长度的传输介质，网络层还定义了如何将一个包分解成更小包的分段方法。如 IP、IPX 等。

6. 数据链路层：它定义了在单个链路上如何传输数据。这些协议与被讨论的各种

---

① ISO 是国际标准化组织（International Organization for Standardization）的英文缩写，OSI 是开放系统互连（Open System Interconnection）参考模型的英文缩写。

② ASCII 是 American Standard Code for Information Interchange 的缩写，指美国信息交换标准代码。它是现今最通用的单字节编码系统，并等同于国际标准 ISO/IEC 646。它是基于拉丁字母的一套电脑编码系统，主要用于显示现代英语和其他西欧语言。

介质有关。如 ATM、FDDI 等。

7. 物理层：OSI 的物理层规范是有关传输介质的特性标准，这些规范通常也参考了其他组织制定的标准。连接头、针、针的使用、电压、电流、编码及光调制等都属于各种物理层规范中的内容。物理层常用多个规范完成对所有细节的定义。如 RJ45、802.3 等。

上述模型同样适用于安全防范的信息传输。

为方便通信终端之间相互及时通信，简化终端的通信配置和降低成本，人们发明了多种信息数据交换设备：一种是基于电路交换的矩阵交叉的空分结构交换机，一种是基于包交换为基础的网络交换机方式，以及二者的混合型结构。随着计算机技术和集成电路芯片技术的发展，数据串行化通信的方式得到了更好的发展，在 IP 网络和工业控制总线发展中，包交换成为了目前网络的主要形态。从传输的角度看，以交换机为中心与各个前端设备和后端设备进行通信，从逻辑上实现前后端设备之间点对点的信息交换的效果。

以物理总线方式连接的各个设备之间构成简易的通信方式，在此基础上，可自主通信点对点（P2P）通信，也可按照逻辑中心方式进行点对多点的通信。

三、信号传输方式选择与网络路由规划

（一）物理网络的选择

1. 低速网络。RS485/RS422，作为一种差分信号的简易物理结构，在现场总线中得到了广泛的应用。在距离和实时性、经济性方面得到较好的平衡。通信速率一般不大于 100kbps，最高不超过 1Mbps。在此物理规范的基础上还形成了 CANBUS 等通信协议。通常 RS485/RS422 在逻辑上是一种主从式的总线结构。

ZigBee：作为低速、低功耗的无线自组织联网结构，在物联网的传感数据采集应用中得到较多应用。

公用电话交换网络（PSTN）：早期通过终端模拟电话网络进行的较低速率的点对点的通信方式，是常见的远程连接的方法，数据通信速率最多不超过 56kbps。入侵和紧急报警系统的控制指示设备与上级报警接收中心的通信传统上采用电话拨号网络方式。通信格式主要有两种：一种是传统报警器专用通信格式：3+2、4+1、4+2、CFSKIII、4/2、1/3、MODEM II、MODEM III、CONTACT ID 格式等；另一种是通用格式：RS232、RS422、RS485 等。

RS232 是典型的点对点的低速通信接口，它可变换成 RS485 的一部分。

2. 高速网络。以太网：可支持总线型和星型结构，在综合布线系统中，以星型为主。可支持有线和无线（通过 WAPI、WEP 等），支持光纤方式。端接设备类型丰富。从逻辑结构上，以太网的各主机设备地位同等，结构是总线方式。以太网网络设备和协议成熟度高，是 IP 网络的主要物理实体。通信带宽从早期的 10MHz、100MHz 到 1000MHz、10GHz 等。现在所称的网络大多是指以太网。

3G/4G 等网络作为承载网，在计费和网络管理、终端认证方面具有一定的安全性，可以方便地支持 VPN 方式的 IP 网络实现。公众网络是社会通信的重要部分。

专用微波载波通信方式（可以采用 FDMA、CDMA、OFDM 等）可以点对点通信，也可以组网建设，许多技术是 3G/4G/5G 的基础。

光纤传输网具有衰耗小、抗干扰、保密性好、带宽高等优点，在大容量远程信号传输上具有得天独厚的优势，随着光缆技术的发展、制造成本的下降和光端设备性能的提高，光纤传输的普及度进一步提高，为更大规模的系统互联和跨地域互联提供了现实的物质基础。

（二）IP 网络

TCP/IP 是 Transmission Control Protocol/Internet Protocol 的简写，中文译为传输控制协议/网间协议，是网络通信协议的一种。它规范了网络上所有通信设备之间的数据往来格式以及传送方式。TCP/IP 是互联网（INTERNET）的基础协议，是互联网的语言，也是一种数据打包和寻址的标准方法。

在数据传送中，可以形象地理解为有“两个信封”，TCP 和 IP 就像是信封，要传递的信息被划分成若干段，每一段塞入一个 TCP 信封，并在该信封面上记录有分段号的信息，再将 TCP 信封塞入 IP 大信封，发送上网。在接收端，一个 TCP 软件包收集信封，抽出数据，按发送前的顺序还原，并加以校验，若发现差错，TCP 将会要求重发。因此 TCP/IP 在互联网中几乎可以无差错地传送数据。对普通用户来说，并不需要了解网络协议的整个结构，仅需了解 IP 的地址格式，即可与世界各地进行网络通信。

运行 TCP/IP 协议的网络被称作 IP 网络，通常专指运行在以太网结构上的 IP 网络。但 TCP/IP 协议族不仅包括 TCP 和 IP（见表 5.6.1），一般也简称 TCP/IP 协议。

从 OSI 模型来看，TCP/IP 包含四个层次：网络接口层（数据链路层）、网络层、传输层、应用层。每一层都可呼叫它的下一层所提供的网络来完成自己的需求。

注意 TCP 本身不具有数据传输中噪声导致的错误检测功能，但是有实现超时的错误重传功能；TCP 和 IP 在不同的场合表达的意思会略有不同。

表 5.6.1　TCP/IP 协议族举例

OSI 中的层	功能	TCP/IP 协议族
应用层	文件传输、电子邮件、文件服务、虚拟终端	TFTP、HTTP、SNMP、FTP、SMTP、DNS、Telnet 等
表示层	数据格式化、代码转换、数据加密	没有协议
会话层	解除或建立与别的接点的联系	没有协议
传输层	提供端对端的接口	TCP、UDP
网络层	为数据包选择路由	IP、ICMP、OSPF、IGMP
数据链路层	传输有地址的帧以及错误检测功能	SLIP、CSLIP、PPP、MTU
物理层	以二进制数据形式在物理媒体上传输数据	ISO2110、IEEE 802、IEEE 802.2

在互联网上连接的所有计算机，都被称为主机（Host）。为了实现各主机间的通信，每台主机都必须有一个唯一的网络地址，这个地址叫作 IP 地址。IP 协议就是使用这个

地址在主机之间传递信息。这是在 IP 层解决的问题。

传统的 TCP/IP 协议基于 IPv4 属于第二代互联网技术，是互联网协议的第四版，是构成当今互联网技术基石的协议。

在 IPv4 里，IP 地址是一个 32bit（共有 2^{32} 个 IP 地址）。为了便于记忆，分为 4 段，每段 8bit，用十进制数字表示，每段数字范围为 0~255，段与段之间用句点隔开，如 202. 116. 0. 1，这种书写方法叫作点数表示法。

最初设计互联网络时，为了便于寻址以及层次化构造网络，每个 IP 地址都包括两个标识码（ID），即网络 ID 和主机 ID。一般地，同一个物理网络上的所有主机都使用同一个网络 ID，网络上的一个主机（包括网络上工作站、服务器和路由器等）有唯一主机 ID。互联网委员会定义了 5 种 IP 地址类型以适合不同容量的网络，即 A 类~E 类（见表 5. 6. 2）。其中 A、B、C 三类由互联网 NIC 在全球范围内统一分配，D、E 类为特殊地址。

表 5. 6. 2　IPv4 地址

类别	最大网络数	IP 地址范围	最大主机数	私有 IP 地址范围
A	126（2^7-2）	0. 0. 0. 0~127. 255. 255. 255	16777214	10. 0. 0. 0~10. 255. 255. 255
B	16384（2^{14}）	128. 0. 0. 0~191. 255. 255. 255	65534	172. 16. 0. 0~172. 31. 255. 255
C	2097152（2^{21}）	192. 0. 0. 0~223. 255. 255. 255	254	192. 168. 0. 0~192. 168. 255. 255

D 类 IP 地址在历史上被叫作多播地址（multicast address），即组播地址。在以太网中，多播地址命名了一组应该在这个网络中应用接收到一个分组的站点。多播地址的最高位必须是“1110”，范围从 224. 0. 0. 0 到 239. 255. 255. 255。

另外，还有一些特殊的网址：

每一个字节都为 0 的地址（0. 0. 0. 0）对应于当前的主机；

IP 地址中的每一个字节都为 1 的 IP 地址（255. 255. 255. 255）是当前子网的广播地址；

IP 地址中凡是以“11110”开头的 E 类 IP 地址都保留用于将来和实验使用。

IP 地址中不能以十进制“127”作为开头，该类地址中数字 127. 0. 0. 1 到 127. 255. 255. 255 用于回路测试，如 127. 0. 0. 1 可以代表本机 IP 地址，用“http：//127. 0. 0. 1”就可以测试本机中配置的 Web 服务器。

网络 ID 的第一个 8 位组也不能全置为“0”，全“0”表示本地网络。

在一个局域网中，有两个 IP 地址比较特殊，一个是网络号，另一个是广播地址。网络号是用于三层寻址的地址，代表了整个网络本身；另一个是广播地址，代表了网络全部的主机。网络号是网段中的第一个地址，广播地址是网段中的最后一个地址，这两个地址是不能配置在计算机主机上的。例如，在 192. 168. 0. 0、255. 255. 255. 0 这样的网段中，网络号是 192. 168. 0. 0，广播地址是 192. 168. 0. 255。因此在一个局域网中，能配置在计算机中的地址比网段内的地址要少两个（网络号、广播地址），这些地址称为主机地址。在上面的例子中，主机地址就只有 192. 168. 0. 1 至 192. 168. 0. 254 可以配置在计算机上。

IPv4 基于电话带宽以及早期以太网的电气特性而制定，其分包原则与检验占用了数据包很大的一部分比例，导致了传输效率低。为适应网络朝着全光纤高速方向发展，IETF（互联网工程任务组，Internet Engineering Task Force）发布了 IPv6，用于替代现行版本 IPv4。与 IPv4 相比，IPv6 具有以下几个优势：

1. IPv6 具有更大的地址空间。IPv4 中规定 IP 地址长度为 32，即有 232-1 个地址，但现在已难以满足全世界的 IP 应用；而 IPv6 中 IP 地址的长度为 128，即有 2128-1 个地址。

2. IPv6 使用更小的路由表。IPv6 的地址分配从一开始就遵循聚类（Aggregation）的原则，这使得路由器能在路由表中用一条记录（Entry）表示一片子网，大大缩短了路由器中路由表的长度，提高了路由器转发数据包的速度。

3. IPv6 增加了增强的组播（Multicast）支持以及对流的控制（Flow Control），这使得网络上的多媒体应用有了长足的发展机会，为服务质量（QoS，Quality of Service）控制提供了良好的网络平台。

4. IPv6 加入了对自动配置（Auto Configuration）的支持。这是对 DHCP 协议的改进和扩展，使得网络（尤其是局域网）的管理更加方便和快捷。

5. IPv6 具有更高的安全性。在使用 IPv6 网络中用户可以对网络层的数据进行加密并对 IP 报文进行校验，极大地增强了网络的安全性。

目前这两个版本的核心知识产权均属于美国。中国有人研究 IPv9 的相关内容，具体发展情况有待科学和市场的进一步验证。

在 TCP 层定义了两种服务机制，一种是 TCP 服务，一种是 UDP 服务。

TCP 是面向连接的通信协议，通过三次握手建立连接，通信完成时要拆除连接，只能用于端到端的通信。TCP 提供的是一种可靠的数据流服务，采用“带重传的肯定确认”技术来实现传输的可靠性。TCP 还采用一种称为“滑动窗口”的方式进行流量控制，所谓窗口实际表示接收能力，用于限制发送方的发送速度。

UDP 是面向无连接的通信协议，UDP 数据包括目的端口号和源端口号信息，可以实现广播发送。UDP 通信时不需要接收方确认，属于不可靠的传输，可能会出现“丢包”现象，实际应用中要求程序员编程验证。

在真实的 IP 网络通信中，从数据链路接口看，传输的数据以特定结构的数据帧的方式进行传输。这个数据帧的结构如下：

数据帧：帧头+IP 数据包+帧尾（帧头包括源和目标主机 MAC 地址及类型，帧尾是校验字）。

IP 数据包：IP 头部+TCP 数据信息（IP 头包括源和目标主机 IP 地址、类型、生存期等）。

TCP 数据信息：TCP 头部+实际数据（TCP 头包括源和目标主机端口号、顺序号、确认号、校验字等）。

（三）网络规划和传输路由设计

选择适当物理拓扑结构以适应现场前端设备的空间分布特点，在安防应用领域出现最多的形式是多点对中心的物理星型结构、头尾级联的总线链型结构、自组织的互联结构和多级星型构成的树型结构。从可靠的角度看，多点对中心的物理星型结构更有利于通信的稳定度，以便于消除各个点的故障，但中心的可靠性要求更高。从现场实施的角度看，物理上一线型排列空间分布设备采用总线型更方便，但缺点也是显而易见的，就是总线中的任何位置线路断开都很容易导致后续节点的失联（见图 5.6.1）。

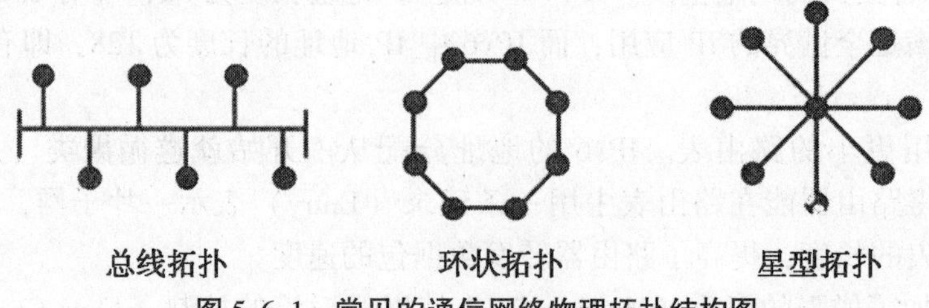

图 5.6.1 常见的通信网络物理拓扑结构图

通信网络的逻辑结构可以分为有中心仲裁结构、无中心的令牌结构、自组织结构。为确保通信的快捷和可靠控制管理，我们优先选择有中心仲裁的结构。

合理规划各个通信终端的逻辑地址，以便于寻址汇聚和算法收敛，同时还能确保系统的通信可靠。应有合理快捷的方法确定逻辑地址和真实身份地址的关系。逻辑地址也就是需要通信的安防设备的通信用身份标识符，在 IP 网络中就是上述定义的 IPv4 为 32bits、IPv6 为 64bits；在 RS485 总线中，一般为 5bits，有的能够支持 8bits；电话号码也是一种逻辑标识，根据国情不同，而表现完全不同的规则形态（以十进制数字为主）。

各个子系统之间，各个设备间的通信网络在规划设计时应考虑可靠、高效和安全、经济原则。

当安防系统存在多层管理控制结构时，路由规划就显得更加突出了，这不仅仅是传输介质（如有限的线缆）消耗问题，还存在可靠性和可控性问题。信息数据的快速传递是传输系统的核心要求之一。

一般地，安防系统的传输网络在最基层的监控中心和前端设备之间的层级不超过两级。从物理空间分布上，以监控中心为中心，中间可设置多个传输汇聚点，从各个传输汇聚点连接到各个前端的配电箱或直接连接前端设备。

四、传输安全设计

一般来说，信息传输安全属于信息安全的范畴。信息安全对显式的信息（无论是加密还是非加密）给予更多的关注，但对于其他隐秘方式的信息泄露往往缺乏必要的关注，例如，利用设备指示灯的状态变化呼应系统内部某个不该披露的状态信息等。

作为人为故意对抗过程中的信息传输，不仅需要确保信息的可靠和信号完整，还要更多地从防人为攻击和窃密的角度来增强传输的安全性，初步梳理出下列内容：

1. 根据系统保护的区域和内容，对攻击风险作出合理评估，并确定传输环节如传输设备、传输线路等安全等级要求。

2. 在上述工作的基础上，进一步做到防物理破坏和人为破坏的相关措施，如采用较厚的钢管、良好屏蔽、隐蔽安装等。

3. 在通信链路的管理上采取实时监视的策略和方法。

4. 在传输的信息上，通过静态加密、动态加密和暗号约定等方法，防止数据的被窃听，为避免数据的不可靠和被篡改，还要对通信终端设备的身份作出验证等。

5. 尽可能采取防接入干扰的措施，对数据通信提供一定的校验方法。

6. 各子系统间应适度隔离，关键通信设备应考虑设置冗余备份，甚至是热备份等，避免单点失败导致全局瘫痪的局面。

7. 与其他不同性质的网络互联时，应充分考虑网络的安全接入措施。

第七节　信息汇集记录

信息汇集是信息传输的结果，但又区别于传输。信息汇集，可以快速、及时、准确地将各种实时信息收集在一起，进行记录和处理，为信息融合等工作提供基础。

一、信息汇集原则

信息即时传递：应在靠近现场的指定层级上及时汇集前端采集探测的信息。在监控中心的指定层级上应是无阻塞汇集，且可以实现简单有逻辑地自动联动控制。

信息的全面收集：系统不应出现类似 DDOS 的拒绝服务的故障。只要是系统可探知的信息均应能完整汇集，用于记录和处理。

二、数据记录和保存

数据记录的内容通常包括时间、地点、人物、事件等内容。其中的人物是指该记录的发起或承担主体，可以是人也可以是设备。事件可以是现场探测信息的发出，可以是现场场景过程的描述，还可以是互动关系——操作控制内容、发送或接收内容的记录。

对于存储数据记录的设备，通常会用一些指标描述它们的性能：存储的速率、带宽、存储容量、保存时间（存储周期）。

系统或设备应对存储好的记录具有适当的检索能力，如即时输出能力，其查询或者检索速度和数据导出速度要足够快，以满足实际使用的需要。

随着记录的数据规模越来越大，数据类型越来越复杂，目前形成了一种新的数据技术——大数据技术。其实这些大数据本身与存放在纸质上和保存在古董上的众多信息数据相比，最大的不同是被比特化，所谓信息化，也就是用计算机二进制系统进行了统一的表示，同时，可以用计算机工具进行访问处理。

大数据技术是相对人类目前的认知能力和计算机直接处理能力而言，有“大”的特点，根据百度网站等提供的资料介绍，大数据（big data），是指无法在一定时间范围内用常规软件工具进行捕捉、管理和处理的数据集合，是需要新处理模式才能具有更强的决策力、洞察发现力和流程优化能力的海量、高增长率和多样化的信息资产。它具有如下几个特征：

容量（Volume）：数据的大小决定所考虑数据的价值和潜在的信息；数据量巨大；

种类（Variety）：数据类型的多样性；来源多渠道；

速度（Velocity）：指获得数据的速度很快，增量巨大；

可变性（Variability）：以上特征变化随着时间变化大，内容杂，妨碍了处理和有效管理数据的过程。

从传统数据库的观点看，大数据包括结构化、半结构化和非结构化数据，非结构化数据越来越成为数据的主要部分。现在人们用是否可以直接采用传统数据库的方式存储检索，而将数据类型区分为结构化、非结构化和半结构化数据。目前以点阵化描述的视频和音频数据被称为非结构化数据，而对这些数据进行分析识别后的描述和视频音频内容的语义内容（文本表述）就是结构化数据，这也就是所谓视频结构化的过程。在安防领域，配置型和日志型数据的内容是结构化数据的主要来源。

人们为了系统地认知社会的大数据，提出了三个维度的理解：

第一维度是理论，理论是认知的必经途径，也是被广泛认同和传播的基线。这里从大数据的特征定义理解行业对大数据的整体描绘和定性；从对大数据价值的探讨来深入解析大数据的珍贵所在；洞悉大数据的发展趋势；从大数据隐私这个特别而重要的视角审视人和数据之间的长久博弈。

第二维度是技术，技术是大数据价值体现的手段和前进的基石。这里分别从云计算、分布式处理技术、存储技术和感知技术的发展来说明大数据从采集、处理、存储到形成结果的整个过程。

第三维度是实践，实践是大数据的最终价值体现。这里分别从互联网的大数据、政府的大数据、企业的大数据和个人的大数据四个方面来描绘大数据已经展现的即将实现的景象。

不过，大数据在经济发展中的巨大意义并不代表其能取代一切对于社会问题的理性思考，科学发展的逻辑不应被湮没在海量的数据中。著名经济学家路德维希·冯·米塞斯曾提醒过："就今日而言，有很多人忙碌于资料之无益累积，以致对问题之说明与解决，丧失了其对特殊的经济意义的了解。"这确实是需要警惕的。

这些研究成果有助于我们更加科学地认识安防大数据。在安防领域中，随着系统建设规模的扩大，以视频为主要内容的数据形成了典型意义的大数据，如何合理使用这些数据，发掘其中的线索、证据，提升发现异常的效率，提升安全管理的效能，是安防人追求的目标。目前基于视频智能分析所谓结构化处理的方式就是提升数据检索效能的方法之一。

三、数据安全性设计

数据安全性是一个广义的概念，我们这里只强调了安防领域中数据存储的物理空间的安全性、数据自身完整性的内容。

（一）存储空间的安全性

在直接采集或产生数据的设备和数据汇集设备两级进行分布式存储数据，进行互为备份，互为支撑的一种数据策略。一般地，在数据汇集存储设备上会采用软件和硬件的方法如 RAID,[①] 来避免单点失败导致数据丢失的发生。

为了加强数据的可靠性和容灾或抗攻击能力，还可以考虑进行异地灾备的数据策略。当然，这种措施会较大地提高系统的建设成本。

由于安防系统是一个实时的系统，尤其是视频数据的增量还很大，保证异地备份数据的实时同步还需要更加有效合理的方法。

(二) 数据完整性设计

人们通常从数据的传输层面就做出了数据的基本校验纠正的方法，以确保数据不会因为干扰而出现错误。在存储数据时，还可以进行多重数据的标记复核，报警复核是一种非直接数据方式的复核方法。人们还大量采用数据库内部的完整性校验方法。

第八节　集成应用与人机交互

一、集成

集成是从应用和工程的角度提出的概念，它包含了信息的汇集和人机交互的集中统一，也包含了通过工程的方法将各类不同功能系统或设备互联或组合，形成一个更加有效、快速响应的整体。常见的集成方式有三种：一是在系统信息融合和资源协同上的集成联动合成，强调的是自动化的能力。二是在人机交互上的数据集中显示和控制，强调的是人机协同的能力。三是前二者的综合。四是近些年来，利用所谓大数据和云计算技术进行的实时分析协同和历史数据的挖掘分析——如案（事）件的综合研判等。

常见的集成数据应用有三个方面，即基于数据的分析判断、基于数据的内部联动和外部协同。

(一) 信息融合分析

以固定时空下多源信息的综合分析——对单一目标的多角度多探测手段分析、对同一空间条件下的多目标分析，是最常见的数据分析手段。以目标为中心的动态轨迹分析——对单一目标的时间空间分布分析、对多目标的时空聚合分析是常见的空间分析手段。在上述分析的基础上，形成了更多的指定时空条件下的密度频次分析、趋势分析等。

在上述分析下，进一步还可进行类似条件不同时空或不同目标的类比分析，可方便用于各类案件侦破、故障判断等。

上述的分析可以人工和自动方式进行，若数据汇集的条件好，还可以进行大数据建模分析。

---

① RAID：Redundant Arrays of Independent Disks 的缩写，指独立磁盘构成的具有冗余能力的阵列，常简称为磁盘阵列。RAID 技术有多种配置方式，主要包含 RAID 0~RAID 50 等数个规范，它们的侧重点各不相同。在安防领域常用 RAID5 等模式。

（二）预案设计、联动设置与协同指挥

结合此前的风险分析和综合目标识别判断，结合自身的资源能力，作出合理有效的预案规划。预案是可执行的，并经过演练的。

狭义的预案就是在电子防护各子系统间，以及与其他手段间采用触发条件下的集中指令方式的串行或并行地控制各种操作和控制相关输出，形成快速高效的联动。

广义的预案则是通过信息化条件和互联网条件下信息安全高效的采集和运用、各功能系统的协同，实现电子防护系统的持续探测和发现、控制，实现与其他资源的及时协同，人防的处置和导分等，最终确保保护目标的有效安全。

二、人机交互

人机交互主要体现为数据信息的即时展示与操控。在这个环节，尤其需要体现系统各类数据的原始完整性和实时性。不能出现“卡顿”，不能更新甚至替换数据。

（一）数据展示

最常见的数据展示方式是日志式的记录弹出和视频画面式的实时展示。

对安防的相关数据进行检索，应具有信息的可达性和可用性的相关提示。

数据分析后的结果输出展示有报表展示、可视化展示（电子化展示、3D 展示）、实体化模型的展示。

可视化展示可方便地完成单目标时空轨迹、多目标的时空聚合、密度（频次）图表、趋势分析（同比和环比）、类比展示等。

（二）系统的操控

无论是对系统的操作还是对系统的数据信息调取与操控，对于可以即时或实时响应的可直接给出结果，对于需要较长时间等候的，应提供响应提示和最终操控结果。

第九节　信息标识及其时空协同

信息标识及其时空协同是安全防范集成管理平台需要重点关注的内容之一。它包括时空的协同标定和各种设备或者信息源的标识 ID 等规划。这也是探控空间规划设计的重要内容。

一、各设备和各子系统的时钟同步

应搞清各设备和子系统的时间标准，通常可以有绝对标准时钟（如北京时间和/或 UTC 时间，具有年、月、日、时、分、秒）、本地时钟、相对时间（计时器）等。应结合设备和子系统的互联的情况，合理确定同步策略和方法：校时周期、时钟精度和偏差策略等，根据精度要求，合理确定事件标记时间的方法，以满足安防系统内各种事件的协同配合和数据分析。

二、探测器安装空间和探控空间的协同标识

应结合探测器等设备的具体情况，确定合理的地址编码，进一步规划和对应好编码

地址与事件安装位置，安装位置与实际探控空间的对应关系。这是降低信息化的误操作和误判断的重要环节。

对设备，特别是计算机行业和 IP 视频行业采用 UUID① 进行设备标识，具有较好的一致性。UUID 解决了资源编码，但没有合理明确探控空间的表达。

不同的探测原理的探测器对应的探测空间存在较大的差异，且存在时间和空间变化的问题。

三、设备安装空间和功能空间的协同标识

根据各种设备的实际空间分布，对传输设备、集中存储设备、显示设备等进行类似固定资产的核查标识，进行标签化管理。在 IP 网络上的设备，还需要根据通信和管理的策略，合理确定 IP 地址的分段和设置，后者还要考虑地址分配的自动化方法，以提高管理和维护保障效率。

传输设备特别是三层网络交换机，具有“扳道岔”的功能效应，中心的存储设备、显示设备等具有相对固定的功能空间。功能空间既可以是实体的，也可以是虚拟的。

四、各类目标的标识和时空跟踪

合理确定防护目标的空间分布和安全底线，设定纵深防护空间和重点区域部位，形成全面的边界标记。

对于监控目标的跟踪识别，形成合理的目标标记方法，并给出目标出现的时空关联记录。

合理确定防范目标攻击底线的原则，确定守护效果判别规则。

五、操控人员的标识和管控

对系统的操作控制人员和外接的系统外的用户设备或人员采用统一的策略进行标识，并利用适当的安全策略和权限策略进行统一管理。

统一管理的方式可以是集中式，也可以是分布式，但最终是集权式的。这是安全的根。

六、时空展示方式

人机交互的时空展示，要求人们可以方便、全面地感知应该得到的安全防范中的各类状态信息，对未来的操控可方便地得到提示或警示。

---

① UUID，Universally Unique Identifier，即通用唯一识别码。在计算机系统中，UUID 是由一组 32 位 16 进制数字所构成，它在一台机器上生成数字，这组数字保证对在同一时空中的所有机器都是唯一的。按照开放软件基金会（OSF）制定的标准计算，用到了以太网卡地址、纳秒（1ns = 10-9s）级时间、芯片 ID 码和许多可能的数字。

第十节　信息控制与执行

对各类目标的导分，是信息控制与执行的核心内容。在出入口控制系统中，对于监控目标的放行和拒绝的动作，是由信息执行装置完成的。对攻击目标直接的类军事对抗，有的属于预案处理的范畴，有的不属于本书讨论的内容。

信息执行装置是指能够将控制数据转变为可以进行机械活动、可闻可视信号的机构，如电控锁、红绿灯、栏杆机、信息发布指示装置等。这些装置与门、闸机、隔离带、引导丝带等共同完成了对各类目标引导分隔的作用。信息执行装置的动作操控直接影响到安全防范的保底效果，因此对这些装置的控制线路的安全性要求通常不能低于一般安防设备的自身防护要求。

信息执行装置的加电初始态、断电瞬态、电磁脉冲冲击瞬态、控制编码等都需要有明确的安全可控状态，否则就会出现最近利用特斯拉线圈成功攻击开启智能门锁的情况。

信息执行装置的执行能力，还需要与放行或者阻止的目标相适应：放行的情形，需要考虑响应时间（一次通过时间）、通行流量、通行目标的特征（汽车、自行车和人等的区别）；阻止的情形，需要考虑对目标的阻挡响应时间、对目标的阻挡能力或分流能力，等等。

无论是通行还是阻止情形，都需要考虑对目标控制的合法合理性，不要产生额外的不必要的伤害，除非处于战争状态或者暴恐对抗状态。

第十一节　供电及其保障

本书着重关注了目前以建（构）筑物或者固定区域的安防系统建设的供电问题。建议按照 GB/T15408-2011《安全防范系统供电技术要求》推荐的方法，开展安全防范系统的供电设计。随着社会经济的发展，以移动互联网为载体的各类安防应用越来越多，以非有线方式联网或单独运行的设备也出现了不少，如移动巡逻的对讲机，这对设备的供电也提出了更多要求。如何选择一种电源，既能满足安防设备运行电能的容量要求和工作时间保证的要求，又能很好地具有便携性、安全性和可靠性的特点，特别是不应成为新的安全隐患，如电池爆炸问题，是个长期的过程。当然，人们积极探索在这种应用场景下的低功耗和适当性能的功能安防设备。这也是本书的理念，既要不断开发更加高效高能的供电设备，又要在满足安全防范功能的前提下，不断提高设备自身的能效比。

一、基本概念

该标准中从安防系统的抗攻击特性出发，从如何确保在外来攻击破坏电源的可能性下保证安防系统的必要运行的角度，给出了很多概念和规定。

（一）系统构成

安防系统的供电系统（以下简称供电系统）由主电源、备用电源、配电箱（柜）和供电线缆、电源变换器、监测控制装置等组成。其中备用电源、配电箱（柜）、变换器和监测控制装置等，可根据需要灵活配置。供电系统框图如图 5. 11. 1 所示。

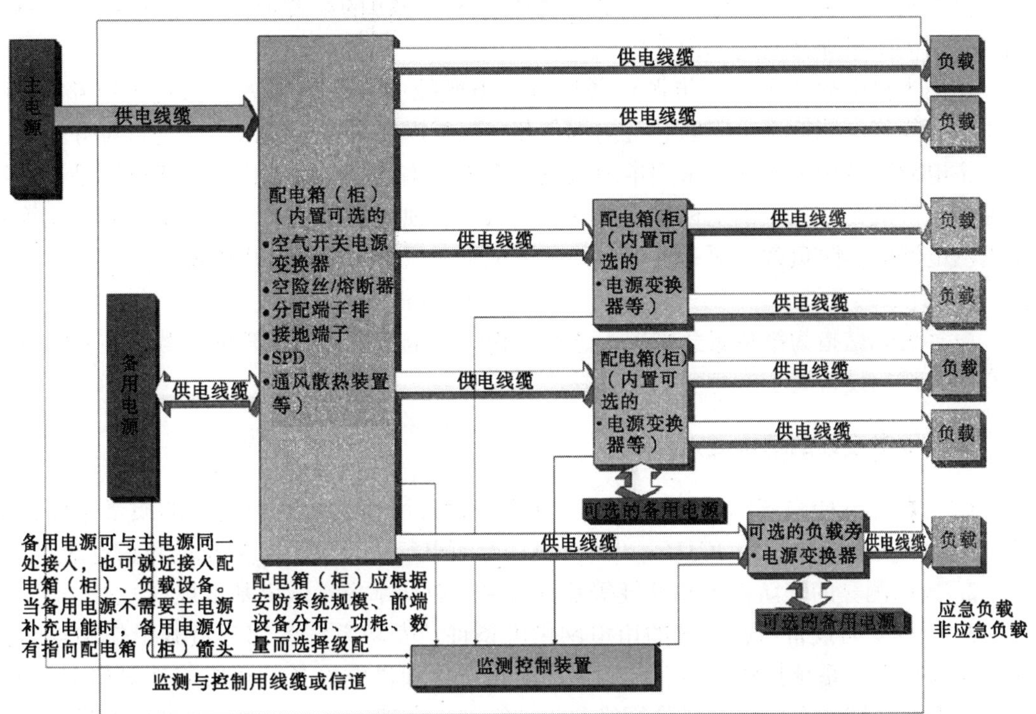

图 5. 11. 1　供电系统框图

（二）主电源

主电源是指支持安全防范系统或设备全功能工作的电能来源。主电源通常来自安防系统外，也可以由安防系统自备。系统主电源包括监控中心主电源和前端设备主电源等。主电源可以是以下形式之一或组合，或其他类型：

1. 本地电力网（通常称市电网——城市供电网）（通常为 AC380V/220V@ 50Hz）；
2. 原电池或燃料电池（用于微功耗系统或移动设备的供电）；
3. 再生能源如光伏发电装置、风力发电装置。

（三）备用电源

备用电源是指当主电源出现性能下降或故障、断电时，用来维持安全防范系统或设备必要工作所需的电源。备用电源应由安防系统自备。当非安防系统自备的 UPS 或发电机/发电机组电源为安防系统供电时，该电源视作安防系统的主电源。备用电源可以是以下形式之一或组合，或其他类型：

1. UPS；[①]

2. 蓄电池；

3. 发电机/发电机组。

（四）供电模式

供电模式分为集中供电、本地供电两种。备用电源的配置形式，可与主电源一致，也可根据需要增加必要的局部配置。

在集中供电模式下，主电源或备用电源由监控中心统一接入，通过配电箱（柜）和供电线缆将电能输送给安防系统前端负载，根据需要可在各局部区域进行再分配。

主电源和备用电源均可采用本地供电的模式。主电源的本地供电模式可以是市电网本地供电模式，或独立供电模式，或其他类型。在独立供电模式下，通常由原电池等非市电网电源对安防负载一对一地供电。此类配置一般不再配置备用电源。

（五）应急负载

应急负载是指为维持紧急情况下连续工作，供电需要连续保障的负载。在安防系统中有些关键的设备属于应急负载，如核心传输设备、NVR 等。

二、供电设计的基本要点

1. 应根据安防系统的建设需要，调查安防设备所在区域各类电源的质量条件，并特别了解本地市电网按照 JGJ16-2008《民用建筑电气设计规范》要求的负荷等级。

2. 按照测算的安防系统总功耗等数据对主电源功率容量做出基本规划。

3. 根据安防设备所在区域的市电网供电条件、安防系统各部分负载工作和空间分布的功耗特点、系统投资成本、控制现场安装条件和供电设备的可维修性等诸多因素，并结合安防系统所在区域的风险等级和防护级别，合理选择主电源形式及供电模式。

4. 根据应急负载的功耗分布情况，主电源的供电质量和连续供电保障能力，确定是否配置备用电源、备用电源形式及其供电模式，高风险等级单位或部位宜配置备用电源。

5. 根据应急负载的分布和抗破坏能力即安全等级的要求，选择适当的供电保障方式。当安防系统要求增强供电系统的自我防护能力时，宜选择具有互为热备、多重来源的主电源，备用电源宜多级本地配置。

6. 供电系统根据需要可配置适当的配电箱（柜）和可靠的供电线缆。供电设备和供电线缆应有实体防护措施，并应按照强弱电分隔的原则合理布局。

7. 供电设备的供电能力应与所供电的安防功能子系统或设备的功能性能用电需要相适应。

---

① UPS，Uninterruptible Power System/Uninterruptible Power Supply，不间断电源，通常 UPS 在主电源供电时，主机通过的充电模块对蓄电池充电，同时对负载供电；当主电源出现供电状态无法满足负载供电要求时，UPS 将通过主机的逆变器等模块电路将蓄电池的直流电转换成等效的交流电，接管主电源供电对负载供电。

三、供电保障

1. 高风险单位或部位宜按照 JGJ16-2008《民用建筑电气设计规范》规定的一级中特别重要的负荷进行主电源配置。普通风险单位或部位宜按照 JGJ16-2008《民用建筑电气设计规范》规定的二级负荷（含）以上的负荷进行主电源配置。当二级负荷（含）以上的负荷配置中含有外配 UPS 电源作为主电源，且市电网与该 UPS 电源的切换满足主备电源切换要求时，可适当降低供电系统备用电源的配置。

2. 根据安防系统负载的重要程度、使用条件和运行安全需求，确定负载的类型，进而选择相应的负载供电保障方式。常见的负载供电保障方式如表 5.11.1 所示。

表 5.11.1　常见的负载供电保障方式

类型号	供电保障方式	适用的负载类型
1	从监控中心或前端安防设备附近输送来的单一市电网的主电源	非应急负载
2	从监控中心或上级配电箱（柜）处输送来的具有应急连续供电能力的市电网主电源	非应急负载和应急负载
3	从监控中心或上级配电箱（柜）处进行主电源和备用电源互投后的电源	应急负载
4	从监控中心或上级配电箱（柜）输送来的主电源和另一配电箱（柜）输送来的备用电源在本级配电箱（柜）互投后的电源	应急负载
5	从监控中心或上级配电箱（柜）输送来的主电源和本地配置的备用电源互投后的电源	特别重要的应急负载，或供电安全保障要求特别高的应急负载
6	独立供电的主电源	无市电网供电条件的负载，或应独立供电的低功耗负载

3. 应根据安防系统的功能需要、主电源的条件和投资状况，确定合理的系统供电模式组合。常见主电源和备用电源供电模式组合如表 5.11.2 所示。

表 5.11.2　常见主电源和备用电源供电模式组合

序号	主电源	备用电源	适用场所	适用负载保障类型
1	市电网集中供电	备用电源集中供电	规模较小建筑中的安防系统，供电简化管理的场所	表 5.11.1 中的类型 3、4
2	市电网集中供电	备用电源本地供电	规模较小建筑中的安防系统，备用电源必须本地配置的情形	表 5.11.1 中的类型 4、5

续表

序号	主电源	备用电源	适用场所	适用负载保障类型
3	市电网本地供电	备用电源集中供电	规模较小建筑中的安防系统，备用电源集中管理的情形	表 5.11.1 中的类型 3、4
4	市电网本地供电	备用电源本地供电	规模较大建筑中的安防系统，或前端设备非常分散的安防系统的情形和备用电源必须本地配置的情形	表 5.11.1 中的类型 4、5
5	市电网与外配 UPS 切换后集中供电	选配	利用建筑物已有 UPS 资源的安防系统，且只能单点汇接市电网的情形	表 5.11.1 中的类型 2
6	市电网与外配 UPS 切换后本地供电	选配	利用建筑物已有 UPS 资源的安防系统，且市电网与外配 UPS 切换后的供电网络配置较好的情形	表 5.11.1 中的类型 2
7	原电池、燃料电池、蓄电池本地供电	选配	离线式、移动式或间歇式工作的安防设备的供电情形	表 5.11.1 中的类型 6
8	光伏、风力发电装置集中或本地供电	选配	野外和其他市电网无法供电的，或绿色供电情形	表 5.11.1 中的类型 6

4. 主电源、备用电源切换要求如下：

（1）主电源切换到备用电源时，主电源的输出跌落到输出电压标称值的 80%时到备用电源动作恢复输出电压标称值 90%以上时的切换时间宜小于 10 毫秒。若负载蓄能续流能力强，或间歇工作，其切换时间宜不超过 2 秒。当备用电源为发电机/发电机组，电源切换时应有保证连续供电的其他措施。

（2）采用独立供电模式工作的设备，其主电源如电池需要更换时，应有保持原有安防系统防护能力或对防护目标进行安全加固或转移的措施。

（3）市电网作为主电源恢复正常供电时，备用电源即自动退出供电，无切换时间。

（4）主电源与备用电源的切换动作不应产生明显的电磁干扰。

5. 备用电源应急供电时间要求如下：

（1）安防系统的主电源断电后，备用电源应在规定的应急供电时间内，保持系统状态，记录系统状态信息，并向安防系统特定设备发出报警信息；

（2）规定的应急供电时间由防护目标的风险等级、防护级别和其他使用管理要求共同确定；

（3）当市电网按照 JGJ16-2008《民用建筑电气设计规范》所规定的一级及其以上级别的用电负荷配置时，根据系统外配置发电机等的受控能力，可适当降低安防系统备用电源的应急供电时间。

四、供电线缆的路由和选型

安防系统的电能输送主要采用有线方式的供电线缆。按照路由最短、汇集最简、传输消耗最小、可靠性高、代价最合理等原则对供电的能量传输进行设计，确定合理的电压等级，选择适当类型的线缆，规划合理的路由。

供电线缆的路由设计要求如下：

1. 应根据负载的分布情况，合理确定各级配电箱（柜）的位置布局；当主电源采用市电网供电时，还应遵循同建筑体内同区域同相电原则确定配电箱（柜）的上级电源来源。

2. 室内供电线缆宜由上级配电箱（柜）或本地配电箱（柜）以短程线段放射敷设到下级配电箱或安防设备。配电箱（柜）的位置宜低于所连接的下一级配电箱（柜）或其他安防设备负载。供电线缆不宜长距离沿建筑物外墙附近敷设。

3. 室外供电电缆宜采用以建筑物为中心的放射状结构的地下直埋或地下排管方式敷设。

安防系统的部分设备工作需要无线激发的方式，如 RFID 卡（射频标识卡）的工作电源就是这样的。此种情况，应积极探索高能效和低无线泄漏，以及保证信息安全的方法。

五、供电管理与能效

1. 应做好安防系统的供电设施的各类安装标识和运行标识，既要便于使用和维护，又要防止对供电设施的非法接近和破坏。做好系统的能效管理和环保配置（如降低噪声等），应选择具有较高能效比和高功率因数的负载、变换器。

2. 供电设备的供电能力应满足所供电的安防功能子系统或设备的性能需要。

六、供电设备的选型与安装

供电设备应遵循安全、可靠、经济、适用、可管理、认证的原则进行选型配置，具体地讲，供电设备的容量、稳定性、可靠性和环境适应性指标应满足现场的负载用电和环境条件的要求。

供电设备与线缆的连接应牢靠，应有防止人为破坏的保护措施，如配电保护箱等，应有防止火灾的措施，对于为可直接接触人体的安防设备供电的供电设备应采取低压供电或防止漏电的保护措施。

当然，供电设备也存在一个与安防设备之间的能量供应匹配和信息泄露的问题，对于特别敏感的设备有必要采取滤波屏蔽等措施，进一步降低携带内部安防信息的能量泄漏。

第十二节　防电磁干扰和抗雷击

电子防护系统本身的电子化属性，对电磁干扰的敏感和雷击造成的危害常常是灾难性的，很容易导致电子防护系统的功能失效或性能下降，甚至设备损坏。

一、电磁干扰的来源和传播途径

电磁干扰的来源很多，来自自然界和人类社会的各类无线发射设备，来自于各类普通电器设备，来自于电网的各类干扰等。电磁干扰通常会以电磁波的耦合（电耦合、磁耦合、电磁感应耦合等）、沿金属材料（金属导线或金属外壳等）导入等，放电类高功率或高能量直接导入还会造成直接的破坏作用。

二、电子系统抗干扰的常见做法

电子设备常用的抗电磁干扰的方法有屏蔽，脉冲抑制或者能量吸收（如 SPD），在设备内部的软件设计层面上，考虑对信号完整性进行检验和补偿，如采用“看门狗”，冗余校验等方式。

三、安防系统的常见干扰和处理方法

对于输入/输出端口的脉冲干扰，通信的误码干扰，通常采用屏蔽线缆、屏蔽金属外壳和传输校验纠错等方式进行处理。

对于电源脉冲干扰通常加装电源滤波器或者用高抑制比的动态电源模块进行隔离。

在差分通信模式中的电源地电位偏移引发误动作等干扰现象，通常采用降低干扰源的强度、隔离干扰源或者采用电气隔离的通信方式等。

早期的显示设备因为模拟扫描方式产生的网纹干扰，通常与外界的强无线电发射源或者临近的故障设备有关，近些年来，由于大量采用数字点阵式显示方式，所谓的人机界面干扰得到了改善。

四、雷电的发生原理、破坏作用和雷电流特征

根据研究，[①] 地球大气层在接近海平面大约 15 千米的高度内，是与地面的人类活动最密切的大气环境。在这个高度以内，宇宙射线、工业排放等导致的空气电离，空气对流形成的静电积累、大气水汽团移动导致的地磁场的发电效应（上层为正电荷，下层为负电荷，与当地常年的季风方向所在区域位置有关）等因素，逐渐形成了积雨云（见图 5. 12. 1）。积雨云是目前已知的最主要的大气雷电来源。可以在积雨云内部放电，可以在积雨云之间放电，也可以在积雨云与地面之间放电。在大气层中的飞行物有可能飞到积雨云旁或进入其中，从而发生飞行物的雷击事件。与人类活动密切的是积雨云与地面突出物之间的放电现象，这也是建筑物或者地表突出物的防雷主要面对的问题。

---

① 区健昌主编：《电子设备的电磁兼容性设计》，电子工业出版社 2003 年版。

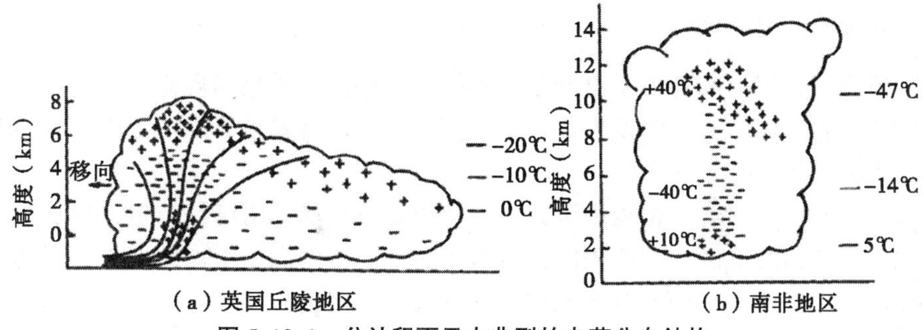

图 5.12.1 公认积雨云中典型的电荷分布结构

雷电作为大气放电物理现象，是气体自激导电或自持导电，其出现的状态受随机因素的制约，有很大的或然性，具有在极短的时间（几十微秒）内释放出极高能量的特点。一次闪电释放的能量就有几万千焦耳。一次闪电平均向地面输送 25 库仑的负电荷，闪电时云到大地间的电位差上升到几千万伏特，闪电通道中的电流平均可达几万安培，最大可达 200 千安以上。闪电通道的直径一般只有几厘米到几十厘米，强大的闪电电流把通道烧成白炽，通道中气体温度约为 2 万摄氏度。主要有如下几种效应：产生高温热量、产生极大的冲击波（激波、次声波）、在放电时的金属导线间的瞬时安培力、放电前的静电感应和放电时的电磁感应，以及放电时接地点的地电位反转抬升，进而发生的闪击和跨步电压等。通常这些效应都不会单独出现，而是电、磁、热、机等多重迭代的效应。这些效应都会不同程度地对建筑物、人类等造成火灾、机械性破坏、电击等的直接或间接的伤害。

与地面放电时的雷电流典型波形描述如图 5.12.2 所示。

图中，曲线峰值的左边部分称为波头，波头时间 T1 是电流从峰值电流的 10%上升至 90%的上升时间，峰值右边部分是从峰值下降至半峰值的时间，称为波尾。电流从峰值电流 10%上升至 90%，又从峰值下降至半峰值的时间称为半值时间 T2。常见的波形参数有 8/20μs、1.5/40μs、10/700μs。由这些模型计算，90%以上的雷电能量都分布在十几千赫兹以内。

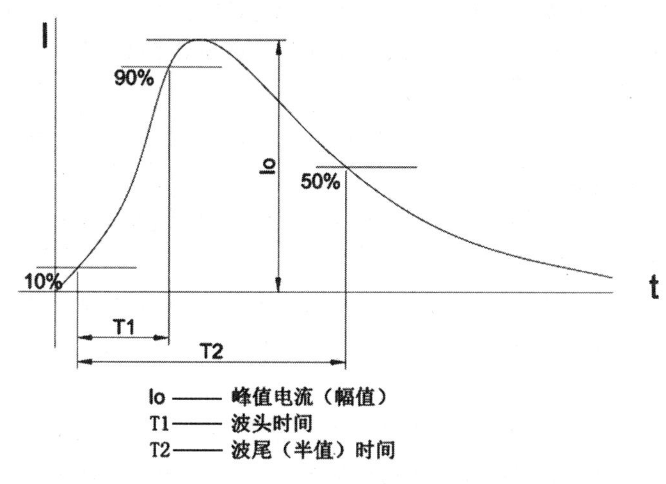

图 5.12.2 修正后的雷电流波形

五、雷电的时空特征

人们研究了地球上的各种雷电现象，总结了一些较为明显的规律：

从时间分布上看，雷电的发生概率夏季高于冬季，盛夏季节的一天中 14 点到 22 点是发生雷击的高峰。

从地理空间分布上看，根据中国对电力和电信系统的雷击统计分析，发现东南沿海的雷击频次高于西北地区。湿度大的地方发生雷击的概率高于干燥的地方。风速大且风速变化梯度大、湿度大且四周湿度偏低的区域易遭受雷击。

从局部空间上看，建筑物或者地形的最高处附近的突出形状位置的雷击概率较高；因地面和地下的导电体和绝缘体的不均匀分布，电阻率低的地方比周围电阻率高的地方更易遭受雷击，等等。

这些特点可以帮助人们更好地认识雷电的规律，从而因地制宜地进行现场踏勘，而不是简单地抄写各地的大区域（城市级）的雷暴日等气象数据，因为建筑物（如古建筑）自身位置的雷击情况往往不是城市级气候的典型场景，不可出现建筑原有状态是低雷击概率，却因为新增引雷装置的设置而大大增加了遭受雷击的伤害，当然，合理的引雷可以将产生的雷击能量及时吸收化解。这需要一个综合均衡考虑的过程。

六、抗雷击的基本策略和方法

（一）雷电保护区的划分

从建筑物防雷的角度，按人、物和设备对雷电灾害的感受强度不同，人们雷电防护区 LPZ（Lightning Protection Zones）的概念把被保护的建筑物或构筑物划分为不同雷击环境区，有利于根据被保护对象的不同，采取不同的保护措施。

根据需要保护和控制雷电电磁脉冲环境的建筑物，从外部到内部划分为不同的雷电防护区（LPZ）：直击雷非防护区、直击雷防护区、第一防护区、第二防护区、后续防护区。

直击雷非防护区（LPZ0A）：电磁场没有衰减，各类物体都可能遭到直接雷击，属完全暴露的不设防区。

直击雷防护区（LPZ0B）：电磁场没有衰减，各类物体很少遭受直接雷击，属于充分暴露的直击雷防护区。

第一防护区（LPZ1）：由于建筑物的屏蔽措施，流经各类导体的雷电流比直击雷防护区（LPZ0B）区进一步减小，电磁场得到了初步的衰减，各类物体不可能遭受直接雷击。

第二防护区（LPZ2）：进一步减小所导引的雷电流或电磁场而引入的后续防护区。

后续防护区（LPZn）：需要进一步减小雷电电磁脉冲，以保护敏感度水平高的设备的后续防护区。

（二）直击雷的防护

对于直击雷的防护，通常设置引雷装置，即所谓接闪的措施，实现先导放电，降低放电能量，使得建筑物或其他设备不是直接处于直击雷的攻击范围内。

（三）感应雷的防护

对于感应雷的防护，则常采用引雷装置、屏蔽、均压和接地等措施。在设备保护的层面，一般在设备的信号或能量的输入/输出端口附近设置 SPD 等器件对过度浪涌能量进行吸收。

电力系统防雷与电信系统防雷可作为强电防雷与弱电防雷的代表，前者主要考虑高电压大电流，所以对避雷器的容量要求较高，要耐得住大电流的续流。而后者则因设备灵敏、耐压耐流能力低，所以一般需先由前级防雷设备把雷电的过电压削弱。

（四）综合防护措施

我们应积极在设备工作区和人类的活动区域内降低雷电发生的概率，降低雷电发生时的能量级别，降低雷电发生后次生的电、磁、热、机等多重迭代效应的再次发生或发生的能量级别。

雷电电磁脉冲传播的途径主要有传导和辐射两大类。针对其传播的途径，合理疏导不良的过能量，截击大电压、大电流对后续的建筑物、设备、人员的伤害，人们建立了一套综合性的建筑物防雷体系（见图 5.12.3）。详细内容，读者可参照国家标准《建筑物防雷设计规范》《建筑物电子信息系统防雷技术规范》等。

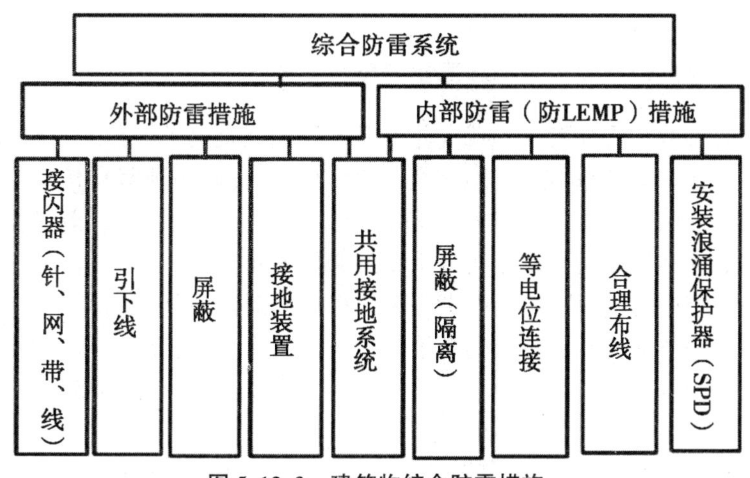

图 5.12.3　建筑物综合防雷措施

鉴于雷电电磁脉冲的传导和辐射的途径，与电子防护系统的传输系统和供电系统的线缆部分，尤其是电缆部分有很强的耦合度。为此，人们提出了合理布线的做法。实际上，合理的布线不仅不会增加工程建设成本，还会简化防雷器件的增补，起到事半功倍的效果。

各类安防设备从一开始，就应在保证探测效果的前提下，尽可能设计安装在 LPZn（n>0，且越大越好）等的区域内。必须设置在 LPZ0 区内，也要通过建立接闪和浪涌抑制的措施变成 LPZ1，使设备安装区成为 LPZ1 或数值更高。切不可使安防设备成为接闪器的一部分，或者直接位于引下线的强电磁感应区内。

第十三节　信息安全性设计

一、信息的类型和信息安全性

电子防护系统中的信息主要是指系统的配置和采集信息。配置信息涉及系统建设和运行的全过程，不是一个简单的技术过程，还需要广泛的安全保密管理和符合实际安装情况的数据保持。采集的信息是系统运行从采集、传输、存储和显示等各个环节都重点关注的信息。这里介绍的信息安全性设计一方面需要各种信息安全的措施，另一方面重点强调安防信息的原始完整性和实时性设计。

针对不同的信息类型，采取不同的技术路线：软件型和硬件型。要研究不同的信息系统类型的可能漏洞和后门问题，有针对性地采取适当的防护方式。当前普遍存在的CPU[①] 的 Bug[②]，OS[③] 的 Bug 可直接导致使用该硬件或软件的操作权限升级和泄密问题，是首先需要警惕的内容。而应用软件或数据库中存在的 Bug 也需要全面地评估。

本质安全是安全性的根本方法，其前提是自身具有相当的能力，支持系统安防功能的实现和性能的保持。

二、安防信息的信息安全对策和原始完整性

通过我们的实践和研究发现，安全防范系统，尤其是电子防护系统越来越是一个安全信息系统。因此在安防系统的建设和运行管理中，我们必须坚持信息安全的基本规则，确保安防系统的自身安全。安全防范系统又是一个实战系统，兼具指挥调度的功能。系统的实时性和原始完整性是实战系统的必然要求。

安全防范系统中的电子防护系统就是要以极小的时延和极高的可靠度，将现场的信息及时、准确、完整地呈现给系统的后续环节或值机人员等，以便进一步进行各资源的协同配合和及时处置。这其中也包含了传输和存储的数据不可篡改的要求。简单地说，安防信息就是首先要在实时运行中保持其原始完整性和实时性。

从信息安全专业的角度看来，信息安全主要包括以下五方面的内容，即需保证信息的保密性、真实性、完整性、未授权拷贝和所寄生系统的安全性。其根本目的就是使内部信息不受外部威胁，因此信息通常要加密。为保障信息安全，要求有信息源认证、访问控制，不能有非法软件驻留，不能有非法操作。信息安全天然具有攻防对抗的含义。

信息安全学是一门涉及计算机科学、网络技术、通信技术、密码技术、信息安全技术、应用数学、数论、信息论等多种学科的综合性学科。

所有的信息安全技术都是为了达到一定的安全目标，其核心包括保密性、完整性、

① CPU：Central Processing Unit 的缩写词，计算机中的中央处理单元、目前市场上常见的 CPU 主要来自 Intel/AMD 和 ARM。

② Bug：原意是臭虫，专指计算机系统中存在的漏洞、缺陷等。

③ OS：Operating System，（计算机系统）操作系统。

可用性、可控性和不可否认性五个安全目标：

1. 保密性（Confidentiality）是指阻止非授权的主体阅读信息。它是信息安全一诞生就具有的特性，也是信息安全主要的研究内容之一。更通俗地讲，就是说未授权的用户不能够获取敏感信息。对纸质文档信息，我们只需要保护好文件，不被非授权者接触即可。而对计算机及网络环境中的信息，不仅要制止非授权者对信息的阅读，也要阻止授权者将其访问的信息传递给非授权者，以致信息被泄露。

2. 完整性（Integrity）是指防止信息被未经授权的篡改。它是保护信息保持原始的状态，使信息保持其真实性。如果这些信息被蓄意地修改、插入、删除等，形成虚假信息将会带来严重的后果。

3. 可用性（Usability）是指授权主体在需要信息时能及时得到服务的能力。可用性是在信息安全保护阶段对信息安全提出的新要求，也是在网络化空间中必须满足的一项信息安全要求。

4. 可控性（Controlability）是指对信息和信息系统实施安全监控管理，防止非法利用信息和信息系统。

5. 不可否认性（Non-repudiation）是指在网络环境中，信息交换的双方不能否认其在交换过程中发送信息或接收信息的行为。

信息安全的保密性、完整性和可用性主要强调对非授权主体的控制。信息安全的可控性和不可否认性恰恰是通过对授权主体的控制，实现对保密性、完整性和可用性的有效补充，主要强调授权用户只能在授权范围内进行合法的访问，并对其行为进行监督和审查。

除了上述的信息安全“五性”，还有信息安全的可审计性（Audiability）、可鉴别性（Authenticity）等。信息安全的可审计性是指信息系统的行为人不能否认自己的信息处理行为。与不可否认性的信息交换过程中的行为可认定性相比，可审计性的含义更宽泛一些。信息安全的可鉴别性是指信息的接收者能对信息发送者的身份进行判定。它也是一个与不可否认性相关的概念。不可否认性以及后面的可审计性、可鉴别性，与保密性从内容的表达上感觉有点矛盾，因为不可否认性要求授权双方的相互开放和认可，潜在期待第三方的公正认可，而保密性则强调了授权各方相互保守秘密的义务。无论如何，都是从不同的侧面提出了信息安全的要求。

为了达到信息安全的目标，人们还总结了各种信息安全技术的使用必须遵守的一些基本的原则：

最小化原则。受保护的敏感信息只能在一定范围内被共享，履行工作职责和职能的安全主体，在法律和相关安全策略允许的前提下，为满足工作需要，仅被授予其访问信息的适当权限，称为最小化原则。敏感信息的“知情权”一定要加以限制，是在“满足工作需要”前提下的一种限制性开放。可以将最小化原则细分为知所必须（need to know）和用所必须（need to use）的原则。

分权制衡原则。在信息系统中，对所有权限应该进行适当地划分，使每个授权主体只能拥有其中的一部分权限，使他们之间相互制约、相互监督，共同保证信息系统的安全。如果一个授权主体分配的权限过大，无人监督和制约，就隐含了“滥用权力”“一言九鼎”的安全隐患。

安全隔离原则。隔离和控制是实现信息安全的基本方法，而隔离是进行控制的基础。信息安全的一个基本策略就是将信息的主体与客体分离，按照一定的安全策略，在可控和安全的前提下实施主体对客体的访问。

在这些基本原则的基础上，人们在生产实践过程中还总结出一些实施原则，它们是基本原则的具体体现和扩展。包括：整体保护原则、谁主管谁负责原则、适度保护的等级化原则、分域保护原则、动态保护原则、多级保护原则、深度保护原则和信息流向原则等。

以上这些目标和原则具有很强的通用性，在安防系统，特别是电子防护系统的建设和运行方面需要与信息安全要求保持较好的吻合度。

我国对计算机信息系统的安全保密性提出了法规性的要求，实施计算机信息网络安全等级保护制度。当然这主要是针对涉密系统而言。国外许多国家也建立了类似的体系。非涉密的安防系统可以不必完全按照等级保护的要求配置。

信息安全无论采用哪种叙述，目前所表达的内容都没能很好地说清传感器，特别是摄像机等对现场信息采集的真实性、可行性和可靠性、信息变换的投影关系等特性对信息的真实性的影响。在信息系统中，数据的真实性、完整性往往是指传统的人工采集和系统交换而来的数据的来源真实和数据与最初的表示内容完全一致。而我们提出的原始完整性和实时性有助于解决这一困扰，从安防信息的源头和系统自身的响应上得到保证，使得电子防护系统作为一个实际攻防空间的系统，能够真实地反映实际现场状态和控制现场设备。

三、系统的操控权限的有效控制（多重控制）

系统的操控权限的有效控制（多重控制）是信息安全的老话题，在安防系统的建设和应用过程中也有一些独特的或者常见的特点：

安防系统是一个应用性很强的专用系统，其操控权限的设置一般采用矩阵式集中管控方式，但在编程上可能存在某种漏洞。有的采用某类设备或用户的操控权限配置成专门控制模块，进而集中对特定登录用户的隔离控制，以避免操控权限模块本身的控制被恶意攻破。有的采用各安全域进行各自的操控权限管理，各安全域之间采用上下级继承或者指定策略传递或者转移的方式形成更大规模的设备操控，这在联网系统的权限管理上表现突出。

最典型的登录安全问题有登录用户的集中存储的用户名和登录方式、密码等的数据被偷盗，或加密方法被破解，操控权限模块与各个操控执行设备模块间的指令被破解。目前常见的系统或设备登录方式，如一人一口令（密码）、模拟图像的验证码、生物特征登录、硬件凭证、单点登录跨域操控等，各有利弊，但都不完美。因为登录方式需要兼顾安全性和方便性两个方面，需要在二者之间取得一个平衡，当然也还有效率和代价的问题。

在安防系统日益成为安全信息系统的过程中，IT 的登录方式和控制模式的漏洞缺陷等，也同样反映在电子防护系统的设置和运行使用中。比较典型的是许多安防设备和系统存在登录和操控权限的弱口令。简单地说，弱口令就是人们不需要特殊方法容易想到和破解的口令和方法，目前较为常见的弱口令有：设备出厂默认的密钥或编码、顺序升序或降序的数字、相邻相同数字使用两次以上，或与操作人员相关的生日、电话号码、登录账号和密码完全一致等。这些问题需要更多管理策略和技术策略的加入和完善。

随着安防系统和社会治安攻防对抗状况的变化，甚至升级，操控权限的有效控制方法也会不断地改进升级。

四、系统信息的防泄密保护

作为保护防护目标的安防系统，显然其所涉及的信息数据具有天然的保密要求，或者换个说法，具有防泄密的要求：一方面，要按照信息安全的策略确保设计文件和系统运行的信息知悉范围；另一方面，还要增强防泄密的措施，如关键数据的加密保密措施、敏感数据泄密快速发现跟踪机制、系统展示的“隐私（秘密）”遮挡、系统运行的日志记录和防篡改措施等。

五、系统的数据信息的安全完整性保护

这里介绍系统的数据信息的安全完整性保护的方法，主要是指信息安全技术中常规的方法，通常包括数据的逻辑校验、数据源的认证、数据的加密、数据摘要等。

在真实的信息系统中，还应包括系统内部各个功能模块之间，甚至是函数之间准确信息的可靠传递，也包括各类存储和执行器件的信息执行的有效合法控制，而不是出现所谓的缓冲区溢出的错误，无论是在 CPU 还是在 RAM 中。

六、系统或设备的物理防护

系统或设备的物理防护主要是考虑攻防对抗中需要抗击暴力破坏/机械破拆和防止非破坏性接入窃取/控制信号信息的方法。在《入侵和紧急报警系统技术要求》等标准中，对此作了较为详细分类分级的描述，如对传输线路的短路、断路的防护监测保护等。

对于存储信息等设备防止火灾损毁、防止水淹和强腐蚀液体的损毁、防强电磁攻击的物理防护，应根据实际情况，做出风险评估后进行相应配置。

第十四节　安防系统或设备的对外安全性设计

在最新的 GB 50348−2018《安全防范工程技术标准》和有关标准中，在安防系统和设备对其周围的人身、环境和防护目标的损害方面，给予了较多关注。

1. 系统所用设备及其安装部件的机械结构应有足够的强度，能防止由于机械重心不稳、安装固定不牢、突出物和锐利边缘以及某些设备期间的爆裂、设备的活动零部件等，对接触或靠近的人员造成机械类的伤害。

2. 系统所用设备，所产生的气体、X 射线、γ 射线、激光辐射和电磁辐射等应符合

国家相关标准的要求，不能损害人体健康。

在安全防范系统中，涉及气体的设备主要是烟雾喷射设备，涉及 X 射线、γ 射线辐射的主要是防爆与安全检查系统设备，涉及激光辐射的主要有入侵和紧急报警系统设备、视频监控系统设备，涉及电磁辐射的主要是入侵和紧急报警系统以及传输系统设备。

安防设备产生的气体不应对人体造成腐蚀、中毒的效果，所造成的暂时性影响（如麻醉、看不清）不应造成永久性伤害。

X 射线、γ 射线以及其他射线危害主要是电离辐射，长时间照射对人体有损伤，射线剂量越大，致癌的危险性越大。对此，现阶段的标准有 GB 18871《电离辐射防护与辐射源安全基本标准》。

激光辐射对人体的伤害主要是由激光热效应、光压效应和光化学效应所致，防护重点是眼和皮肤，有激光的工作场所应张贴醒目的警告牌。现阶段主要标准有 GB 10435《作业场所激光辐射卫生标准》、GBZ/T 189. 4《工作场所物理因素测量第 4 部分：激光辐射》、GB 7247. 1《激光产品的安全第 1 部分：设备分类、要求》、GB/Z 18461《激光产品的安全生产者关于激光辐射安全的检查清单》等相关标准。人们也在积极采用安全剂量的激光光源应用于安防探测领域等。

理论和实践已经证明，电磁辐射量过大会导致人患疾病，会对中枢神经系统、机体免疫系统、心血管和血液系统、生殖系统（遗传）、视觉系统等造成危害和影响，还会对内分泌系统、听觉、物质代谢、组织器官的形态改变产生不良影响，电磁辐射也能致癌和产生致癌作用。现阶段的标准主要有 GB 8702《电磁辐射防护规定》。

安防设备除了要符合以上标准的规定，还要符合安全防范行业的相关产品和系统工程标准，主要包括：防爆与安全检查系统相关 X 射线、入侵和紧急报警系统的激光及微波等产品的标准，如 GB 12664《便携式 X 射线安全检查设备通用规范》、GB 15208. 1《微剂量 X 射线安全检查设备　第 1 部分：通用技术要求》、GA/T 1158《激光对射入侵探测器技术要求》、GB 15407《遮挡式微波入侵探测器技术要求》、GB 10408. 3《入侵探测器第 3 部分：室内用微波多普勒探测器》、GB 10408. 6《微波和被动红外复合入侵探测器》等相关标准以及它们的最新版本。

3. 系统和设备应采取有效措施，在保障系统和设备正常工作的前提下，确保电气安全，消除火灾隐患。防人身触电一般要求设备外壳、机柜等要采用接地、绝缘或保护等技术措施，防火一般要求设备外壳或传输材料要采用阻燃的材料，防过热一般要求设备要通风、降温或具有排热设施等措施。

4. 需避免设备对人体易接触部位的防热灼伤。

5. 应避免某些设备发出的超声和次声波，以及某些工作时产生的强噪声对人体和保护目标的伤害，应有合理的限值。

6. 特别是安防设备及其所使用的供电设备应具有好的隔离方式，不对电力网产生过大的谐波干扰等。

7. 系统选用的设备以及设备的安装方式，不应引入安全隐患，不应对保护目标造成损害。

第六章　监控中心设计

安全防范系统的监控中心（Surveillance Center）是安防系统的核心，是接收处理安全防范系统信息、处置报警事件、管理控制系统设备的中央控制室，是系统的神经中枢和指挥中心。监控中心的设计要在选址、布局、环境和自身防护等方面做出综合考虑。

第一节　选址

监控中心的选址应考虑在防护区域靠近几何中心的位置、靠近防护区域的重点区域和部位的区域，应考虑远离产生粉尘、油烟、有害气体、强震源和强噪声源以及生产或储存具有腐蚀性、易燃、易爆物品的场所，应考虑避开发生火灾危险程度高的区域和电磁场干扰区域，为安防监控中心的核心设备和值机人员提供一个相对安全的环境。

监控中心的选址还应考虑设在纵深防护体系的禁区内，设置在重点区域内，设置在某个高安全等级的防区、监控区和受控区内。

第二节　布局和功能设计

监控中心从功能上通常划分为值守区和设备区，实际设计上，应考虑两个分开的区域，以便针对不同的工作条件给出不同的风、水、电等的配置等。监控中心的面积应与安防系统的规模相适应，应有保证值班人员正常工作的相应辅助设施，如有可能，配置必要的卫生间，为连续值机倒班人员提供临时休息区。

设备间重点突出了设备运行的稳定性和安全可靠性，尽可能减少不必要的人为干扰，可以采用机房型空调，可以封闭防尘散热，考虑节能减排、防雷、供电保障等。值机区则从人机工程学和环保职业安全等方面提出要求，旨在贯彻“以人为本”的原则，为值班人员创造一个安全、舒适、方便的工作环境，以提高工作效率，避免或减少由于疲劳导致的误操作或误判断而造成系统的误报、漏报或其他事故，同时建立必要的通信设施，以便与安防系统内的用户和人力巡逻、上级主管人员和公安机关等保持通信通畅。

值机区的人机工程学需要合理布局信息展示和人机交互的设备布置，合理设计室内的照明、温湿度、新风配置等。

第三节　安全性设计

从攻防对抗的角度看，监控中心是关键核心部位，其安全等级在安防系统中应是最高的。因此自身防护设计要考虑外部人力和机械的各种攻击，以及安防信息的有效保密（避免非授权人员直接观察到内部信息）。当然，我们也要采取对策，以避免内部人员的疏忽或操作失误而直接导致外来攻击效果放大提升的可能。

监控中心应充分考虑抗雷击和浪涌电压电流冲击的危害，对出入监控中心的所有金属线缆做出相应的防浪涌防护等。

做好监控中心的新风保护，避免人为破坏。做好人机工程设备的人体接触的安全措施，如防机械蹭刮、触电保护等。

做好监控中心防水、防火的安全，避免设备被水浸泡和引发电气火灾等。监控中心应禁止吸烟和饮酒。

第七章　安防系统建设与运行维护

这里的安防系统建设与运行维护主要关注的是电子防护部分的建设及其运行中的维护保养，物防方面的也可以参照采用。本章从系统的建设程序、规范角度予以阐述。

第一节　建设程序

观点一，在安防界，人们通常将安全防范系统整个建设使用过程分为以下几个部分：

风险评估—系统规划—设计任务书的编制—现场勘察—初步设计—方案论证—施工图设计文件的编制（正式设计）—施工（深化设计、设备采购、现场工程安装调试）—初验—试运行—竣工检测验收—运行、使用与维护—风险再评估和系统效能评估（废弃或更新）。

其中：设计阶段包括：设计任务书的编制—现场勘察—初步设计—方案论证—施工图设计文件的编制（正式设计）。

施工阶段包括：施工（深化设计、设备采购、现场工程安装调试）—初验—试运行—竣工检测验收。

设计任务书的编制是建设使用方向工程设计人员提出的法定设计依据。

方案论证是建设使用方对设计方案的法定确认的重要环节。

检测验收是建设使用方法定接收所建成的安全防范系统工程的重要标志性环节。

这是较为传统的观点，但风险评估和效能评估的内容是最近几年人们强化的内容。

观点二，安防系统建设使用建立全生命周期的概念，粗略地可以分为规划阶段、设计阶段、实施阶段、运维阶段。前一阶段的输出可作为后一阶段的输入。具体地讲：

项目建议书的编制→可行性研究→设计任务书的编制→初步设计→方案论证→施工图设计→工程施工→工程检验→工程验收→系统运行使用（系统维护保养）→系统更新或废止。

其中，设计任务书的编制→初步设计→方案论证→施工图设计，归为设计阶段。工程施工→工程检验→工程验收，归为实施阶段。

而项目建议书的编制→可行性研究和系统运行使用（系统维护保养）→系统更新或废止中则隐含了风险评估和效能评估的过程。

上述这些过程步骤的设置，不是形式主义。无论是行政化的管理还是市场化的运作，都是安防系统的各参与方责权利合理划分的重要途径。

第二节　工程预算、支付与审计

这是安防系统的经济学问题，从安全主体的角度看，安防系统的效能，不仅要关注防护效果，还要关注付出的代价——经济代价的合理性。这里面首先需要考虑安防系统作为一项工程的建设费用的计算（概算/预算和决算），其次还要考虑安防系统运行所需要的人力和电力等配置消耗的费用，最后还要考虑安防系统的设备维修和更新的成本费用。这个观点也就是与全生命周期相对应的总拥有成本（TCO）的概念。有的单位采用“以租代买”（安全观点的另谈）的形式，在上述测算的基础上，建设方（项目甲方）还要考虑付息和出租方自身可持续发展能力带来的风险费用问题，而承担方（项目乙方）则需要考虑资金流转压力，以及自身发展的队伍稳定性问题等。

有人考虑承建方免费为安全主体建设和运维安防系统，然后从系统运行后的其他收入中进行提成等方式，对承建方进行补偿，有点“羊毛出在狗身上，猪埋单”的意味，但问题是其他收入的提成或补偿的合法合理性如何界定，尚需要更多的政策法规和实际可行的操作做支撑。安全主体的这种隐性债务拿什么做保证，也是金融层面需要深入研究的风险问题。这类风险之于安全主体自身的安全防范所面对的风险，往往不是一个简单的线性关系，需要安全主体深刻认识。

本节重点关注了安防系统建设和运行维护中的预算、支付和审计三个环节。

一、预算

对安防系统所需的设备、材料和安装人工（设备的安装、系统调试和运维等）的费用成本，应合理评估，计算费用可采用多种归类划分，建议预算编制人员按照安防系统的系统划分和建设使用环节深刻理解，确定费用计算基准：一方面避免漏项计算，另一方面也要避免重复计算，再一方面还要避免估算误差过大（如线缆长度过长或者过短）。此外，还要遵从会计的合同流、资金流、货物流（服务流）、发票流的“四流一致”原则，合理定义计费名称，避免无谓的税负风险。

在安防系统所需的软件、硬件和服务中，项目乙方有的需要直接购买定型的产品，有的需要自己定制开发，有的需要外包定制服务。这些过程有的需要货比三家，有的需要深度融合，有的需要项目管理机构精心组织。从预算的角度看，需要用不同的工具方法进行计算，定型产品可以简单的单价乘以数量合计总和，外包定制按照人工费或者设备台班费乘以工时，或者一次性约定，或者与有关方达成其他计费计价方法。

目前，我国发布了一个安防工程的概预算编制办法，目前有效版本为 GA/T 70-2014《安全防范工程建设与维护保养费用预算编制办法》。标准中，采用我国建设工程常用的术语和概预算编制方法，可以较好地与政府财政部门进行对接。

近些年，市场上也流行国际上通行的工程量清单自主报价方法。预算编制人员需根据企业自身实际和我国的预算人工、设备和材料等成本情况，合理确定对外的报价，以确保企业获得合理合法的利润。企业的健康发展需要在其业务开展中获取相应的合法利润，以维持企业的正常运转和更好的发展。

二、支付

支付是指安全主体或者安全防范系统的建设者或使用者为安防提供产品、服务的厂商或个人支付费用或者报酬的过程。在安防系统的工程建设中，应特别注意支付条件前置内容的表述，一般为产品交付并验收合格后的多少个工作日内，或者为工程竣工验收合格后的多少个工作日内支付款项，再有就是质保期满后的多少个工作日内支付尾款等。支付条件的确定，应坚持合法合规、当期与远期、风险可控与底线承受相结合的原则。

款项或尾款应是符合市场常规理解的支付方式，如可直接支取的现金或支票、普通汇票或其他等价物，但显然不是具有强制延期支付效果且存在支付风险的承兑汇票类，除非合同中特别声明。支付方账户应是合同约定的、合法有效的。

在支付方和收款方（项目甲方和乙方）之间的票据和收到款项的时间点上应有约定，至少两个活动时间点的间隔不宜超过一个月，且不跨双方的财务年度。

三、审计

这里讨论的审计是经济审计，有两类：一个是针对项目乙方的经济审计，也可以叫作项目审计；一个是针对项目甲方内部的经济审计，也可以叫作责任审计。

针对项目乙方的审计一般为事后审计，应坚持客观性、合理性和公平性、合规性原则，不能造成强买强卖的效果。为此，可在合同中提前约定，如约定单价和总价调整的原则和方法。这种审计应以双方的合同为基本依据。

针对项目甲方的审计应理解为针对项目使用资金情况的内部责任检查，本质上不是价格谈判。审计时机可以分为事前、事中和事后。事前审计，可以做出对单价、数量甚至原始方案合理性的再评估，但应在与项目乙方签订合同前完成，并将有关结果反映到合同中。事中审计主要是考虑项目规模很大或者周期很长，对其中的一些阶段性成果做出的经济审查，其操作流程与事后审计是一致的。事后审计，则是检查项目资金使用情况的合规性，以及与真实合同执行情况的一致性。

我们不建议以针对项目甲方的内部审计替代针对项目乙方的审计。这是公平交易的基本前提。

第三节　设计规范性

在工程和产品设计中，设计规范性应把握以下要点：

一、建设目标的科学合理性和可操作性

建设目标应是可实现、可控制和可靠使用的，不应以设备的档次高低和造价高低为最高目标，应以安全效能目标和系统的使用寿命为设计基线。

二、设计的合规性

设计流程和审批过程应符合国家有关标准规范和法律法规的要求。在设计文件中，应确保图、文、表数据的一致性；在单一文件中，应注意对同一事物的称呼前后一致，避免产生误解；系统图和平面图设计应符合规范，图中的表达要素如图形符号，应清晰可辨，便于沟通交流，会签部分应清楚地签认责任人的姓名等。

系统图中，通常应体现系统的互联关系、传输网络拓扑结构和各类设备总数量等，平面图中根据需要，应注明地理方向、平面尺寸、建筑轴线、立体高度、实体形状/材质/结构特点、通道上的目标活动方向等。

三、设计方法的科学有效性

（一）防护总体思路和配置档次

针对防范目标、开放业务特点和建设目标，明确防护思路。防护思路不是技术思路，而是如何划分防护空间和配置探控空间，是体现探控空间如何有效覆盖防护空间的内容，是体现综合防控的攻防对抗理念的内容。要确定监控中心的准确位置。

在此基础上，提出采用的电子防护和实体防护的功能性能与档次。提出值机人员或者安防设备操控人员的能力水平等要求，进而提出培训和训练招募计划等。

（二）技术路线

技术路线应体现实用、成熟和经济的原则，尽可能吸纳当前市场上先进成熟的产品和方法。

按照第五章的内容，合理确定系统的构成模式，进而确定传输网络的配置策略和空间布局。

根据现场的供电条件和安防设备的工作特点，合理确定安防设备的供电方式及其保障模式。

（三）设备与管线布置

根据上述思路，确定设备的前端配置分布和传输管线的布局策略，合理确定线缆的保护方法。

（四）监控中心的设计

按照规范要求，确定监控中心的内部功能区划分和空间设备布局。

四、建设过程和建成后系统的经济实用性

要结合设计的内容，做出合理的造价测算，形成概算/预算书。

针对系统的运行使用、人员招募培训做出合理的概算评估。

五、设计过程中常见错误举例

（一）理念和理论错误

1. 设计目标偏离。安全防范工程的建设目标是以安全防范为终极目标的，具体防范目标可以是防人为破坏、防盗窃等。安全防范是一个管理过程，在安全防范系统的建

设使用中，安全防范技术是为安全防范管理服务的。但在系统建设布防过程中，有的人却一味地追求高新技术和新产品的应用，为技术而技术，缺乏安全防范纵深体系建设，进而导致过高的系统造价，出现华而不实的设计效果。

2. 关键概念错误。

（1）防范目标模糊，随技术指标任意指定。不知自己是谁，搞不清安全主体是谁？安全目标是什么？风险和底线在哪儿？把智能当成防范目标，以为只要智能化就能达到防范进攻目标和进攻手段的效果。

在视频监控系统配置上，只要高清和 3D（三维立体），不管摄像机的观察范围和灵敏度水平。或者只强调高灵敏度，没有考虑其他场景下的光照度变化情况等。只强调压缩比和某种压缩标准，不管视频的原始完整性和实时性等。

（2）防护目标和监控目标的混淆。防护目标是被保护的核心，而监控目标则可以是被保护的核心，也可能是需要防范的入侵者或特定行为。在出入口控制系统中，由于是全员管理的理念，故在对目标的管理上，更多采用的是被控制目标（监控目标）的概念。在安全策略上，监控目标应采用不明或可疑即风险的策略进行控制，而不是当成保护目标进行放宽管理。

（3）防护区域和监视区域的混淆。监视区域是防护区域的其中一种。监视区域是纵深防护体系中的重要区域，是保护防护目标的关键缓冲空间。监视区域的合理设置，是提高预警效能的重要途径。

（4）禁区及其防护措施的关联。禁区是不允许未授权人员出入（或窥伺）的防护区域或部位。禁区与采用什么样的防护措施没有直接的关系。所谓“按照禁区进行防护”的说法是不确切的。但一般地，禁区对应的防护措施应首先建立必要的物理隔离措施。

（5）防护区和受控区的混淆。防护区域是以防护对象为中心的周围空间区域，是防护空间的组成部分；而受控区则是在对物品、人员流动控制流向时所建立的严格隔离且可以控制出入的区域，是探控空间的组成部分。通常受控区与防护区域没有完全对应的关系，但受控区往往是更高安全要求的防护区域。

（6）指标的误区。在规模指标上，有许多设计案例，对技防系统的表述仅简单地表述为前端探测点的数量、终端的数量，其实还应包含信息存储时间、相应的存储规格以及能够运行的保障水平。

在性能指标上，应针对不同的应用系统，建立必要的技术数据，特别是针对安全防范要素提出明确的指标化内容：如防护区域的分布范围（百分比）、探控空间中的探测率和误报警率、视频分辨力及其帧率（采集、显示和记录），系统各类响应时间等。

高的视频采集分辨力不等于对目标的有效识别，短的响应时间不代表可以及时发现和制止犯罪行为，但过长的视频编码时间却可以直接影响对现场图像的实时跟踪等。

（7）技术系统各自为战，缺乏协同性。入侵和紧急报警系统、视频监控系统和出入口控制系统各自独立设置，且对于同一防护空间的探控手段互相缺乏必要的协同机制，不能快速有效地对现场状态做出综合信息研判。

（8）建成预期效果和使用效果。在文物保护行业中，经常会描述建成后的预期效果为：常备不懈，防范严密。笔者认为，最应该表达的是建成后与建成前的防范能力差异所在，究竟把风险降低了多少。理论的沙盘推演的防范效能应是可具体量化的。

使用效果则是建设使用方在系统建成后通过积极的制度和机制配套，将系统真正运行起来，及时地发现入侵行为或提高防护能力，避免原来的安全漏洞等。从而在最终结果上，保证防护目标的安全，不被偷盗、不被破坏，合理受控。

3. 原则与策略错误。

（1）物防替代技防。在文物博物馆系统安防项目中，常有因为防护目标的防护隔离板或墙防护强度足够高，而放弃技防设施的配备。较为典型的场景是安装了防炸弹玻璃的展柜不再设计对重要目标的保底报警。

（2）技防替代物防。在一些安防项目中，常有人因为设计了多重报警探测手段，同时在各所谓的必经通道上设置了全程全天录像的摄像机，而认为可以不必进行高强度的物防（如展柜）防护，只要用简单的围栏隔离一段距离就行。

（3）机器替代人工值班，值班制度形同虚设。采用了安全管理平台和智能视频管理平台的系统，完全让机器替代人工，而不是让值班员或巡逻人员在特定时间或定期对特定设备进行必要的巡检。安防系统各种手段的使用不是谁替代谁，而是相互支持协同、互相补充，因为各种手段在攻防对抗的过程中各有所长、各有所短。

有的监控中心工作机制不健全、预案准备不充分，值班人员没有受到必要的训练，遇到警情手忙脚乱，无法应对。

（4）开放远程维护。有的厂商为了便于售后服务的开展，方便维护人员远程维护，而在互联的公众网上开放通信端口，进行安全防范系统的简单接入。这无形中将安全防范系统向外面开设了一个弱安全的“后门”。

（二）防护和探控空间规划不合理

在设计防护区域时，不考虑周界的抗入侵能力，不考虑监视区的空间纵深条件，而是简单地将监控中心设置在局部纵深防护体系之外，或者说建立两个局部纵深防护体系，但是却忘记了监控中心与防护区域的传输线缆的安全防护问题，它们没有属于任何纵深防护体系，至少可能裸露在高等级的防护区域外面。而这成为了技术防范的薄弱环节，从而导致了防护的不均衡性。

在出入口控制系统的设计过程中，会遇到把高权限受控区的控制器放到了低权限受控区的空间内，允许低权限受控区的人员可以通过控制器的操作而直接到达高权限受控区的情况。

（三）设备配置错误

1. 设备选型错误。没有很好地考虑气候环境（雨、雪、雾）和周围电气设备等的影响，安装一些无法适应该条件的前端设备，从而导致大量误报警或漏报警。

选用一些过度灵敏的设备也会导致误报警过多，在使用过程中会令值机人员焦头烂额，导致懈怠，容易产生厌倦。

但如果选用的设备很不灵敏（可能仅对特定场景做出报警或其他探测响应），则会

无法及时准确地发出报警，导致漏报警过多，同样会使人懈怠，容易产生麻痹思想，

没有很好地评估安全防范的实际应用目标，而随意选择一些特定技术的设备，特别是 IT 类设备，结果导致造价过高，在性能上一方面一些指标过高属于浪费，另一方面又无法满足安全防范应用的需要。

2. 安装工艺设计错误。设备的工作条件与现场不一致，或冲突，存在导致无法满足正常探测或者探测范围不足的问题。

3. 设备防护不足。探测设备和现场控制设备在现场必须进行相应水平的自身防护措施，如防水、防晒、防暴力冲击、抗破坏、加锁等，有的采用极简单的通用钥匙方法进行控制箱的管理，结果非系统人员很容易开启保护箱等，达不到应有的物理保护效果，从而无法保护现场设备的安全可靠运行，也无法保证信号的有效性。有的在前端设备旁采用明线方式过渡进入金属管方式，使得明线部分极易被人或动物破坏。

更严重的是，出现断电和信号线缆被切断，使得现场设备根本无法及时向监控中心传递相应的探测信息，失去了设备应有的功能。在设计之初就应充分考虑这部分的配置和预算。

4. 设备的供电保障设计不合理。安防设备的供电及其保障方式不能很好地满足设备的功能和性能要求，尤其是不能达到抗破坏的水平，甚至时常还会受到外来供电断电的威胁。详细可以参见供电设计的相关内容。

（四）设计内容缺乏针对性

1. 照抄照搬范本。不是认真调查分析现场防护目标的特点，调查日常管理运行的安全漏洞、当前和历史上的案件特点，而是拿来范本，简单概念堆砌，缺乏针对性。这在有的行业中是较为普遍的现象。优秀的范本成了真正的八股文底版，成了一些人不想动脑的工具。这会给安全防范系统运行带来极大的次生风险。

2. 技术资料汇编。有的设计方案只是系统设备性能的描述堆砌，安全防范含义却模糊不清。

（五）设计基本功不到家

1. 图、文、表数据不一致。在实际设计文件中，原始数据的表达多种多样，但图纸、文字说明和统计表格不一致的情况却时有发生，严重影响了设计数据的完整性和准确性。一般来说，图、文、表的数据可以完全相同，也可以相互补充，但不能相互矛盾。

2. 图纸表达不清。在实际的设计文件中，以下情况也会经常出现：

（1）在系统图中，系统内的逻辑关系交代不清、规模交代不清，有的前后矛盾。

（2）在平面图上，前端设备分布特点让人无法看清，令人费解，无法准确表达纵深防护体系等相关信息。

（3）平面图上没有方向或指北针、没有标注尺寸或比例尺或者比例失调、高低错落的地区没有标高，难以对物防的地形地貌或建筑结构做出合理的描述交代，无法判断前端设备的探测范围与现场防护区域的一致性问题。

第四节　施工规范性

安防工程的施工有时也被叫作工程实施，这个阶段是安防系统从无到有，建成一个可加电运行、实时发挥作用的系统的过程。施工过程应包括施工准备、施工现场实施、施工验收三个环节。有些过程如隐蔽工程需要随工验收，可以采用建筑行业的“三控两管一协调”的方法进行现场管理。

一、施工依据、准备

施工依据是项目的设计文件和国家颁布的具体施工规程规范等。通常表达是照图施工。

安全防范工程的施工，首先应执行安全防范的有关规定，在实施过程中注意严格执行保密措施，同时还应按照建筑安装工程和电子工程的相应规范进行。

进场施工前，应对施工现场认真检查，对施工图纸、资料认真领会，确保管线设备等的安装位置符合设计要求、符合规范要求、满足使用要求。认真准备施工工具，设备材料应准备充足，总体应满足施工进度和质量要求，才能达到可以施工的条件。

工程施工应按批准的设计施工图纸进行，不得随意更改。若确需局部调整和变更，须填写“更改审核单”或监理单位提供的更改单，经批准后方可施工。

二、施工过程控制

设计方、施工方管理技术人员和现场施工人员应在管线敷设和设备安装前进行必要的技术交底，明确工作重点和质量要求，协调各工序配合。

管线敷设或进行其他隐蔽安装的设施（如立杆基础浇筑）时，建设使用方或监理单位应会同设计、施工单位对现场施工质量进行随工验收，并填写“隐蔽工程随工验收单”或监理单位提供的隐蔽工程随工验收单。

按照质量管理体系的方法，从进度总体安排、人员安排、设备材料准备、工艺质量控制和成果检查保护等多个环节进行管理和控制。

三、施工工艺控制

（一）基础结构施工和线缆敷设工艺

室外立杆基础等施工严格按照建筑结构的施工规范进行。各类与建筑主体结构连接的构件（如混凝土立柱上的膨胀螺栓、与钢筋焊接的螺栓）应符合施工规范和结构安全要求，并满足后续设备的安装要求。

各类电缆和光缆敷设除了遵守正常的建筑电气工程安装规范实施，还应特别注意符合安全防范的自身安全要求。特别是应避免线缆的直接无强化保护的裸露安装、敷设。

（二）设备安装工艺

各类设备安装则要从以下几个方面进行全面把关：

1. 设备与附着物机械固定牢靠、防护到位，外观与周围环境保持协调（该醒目的醒目，该隐蔽或者伪装的不显眼)。

2. 供电可靠安全，能够抵御外来的供电不稳定和切换等。

3. 信号连接可靠，设备的采集信号和控制信号能够被稳定地实时发出和收到。

4. 设备功能性能发挥正常。例如，不具有逆光抑制能力的摄像机不要直接面对强光源的照射，设备安装位置的现场环境是否存在影响设备正常工作的变化，如送风口紧邻被动红外探测器的探测空间内。

5. 各类必要标识清晰永久，且在合理的区域内。例如，摄像机监控区域的标识牌应是公开的、醒目的，而安防前端设备电源线的来源去向标识应设置于外人不易发现的地方（如在前端设备附近的配电箱内)。

（三）设备调试工艺

为保证设备和系统正常的功能和性能发挥，现场进行各类参数的调整是十分必要的。调试工作应由专业人士主导，并按照相应的操作与调试规程实施，既要做好设备级的局部调试，又要做好系统级联调，二者缺一不可。

设备或系统调试前，应科学拟订调试大纲和计划，根据现场情况和系统运行特点，合理规划设备级和系统级的参数（如 IP 地址分配、通信速率控制、协议约定等)，合理规定管理员、调试员和值机员的授权等。

按照计划和调试规程，合理配置设备级和系统级参数，使得系统在有限的配置下可以得到较优的系统级性能。

整个调试过程，特别是调整到位后的参数标定应记录在案。

四、强、弱电施工规范

在工程实践中，目前在建筑电气安装领域形成了较为著名的强、弱电能量和信号传输空间分隔的原则，这是出于电磁兼容性（强的能量信号对弱的能量信号的干扰）和电气安全的考虑。但这也不是绝对的。随着绝缘材料和结构的完善，以及对漏电保护的加强，高电压和大电流对人体和环境危害的程度也在下降。随着电缆结构的优化，电磁性质的强能量信号的辐射在降低，弱能量信号的抗干扰水平也在提高，更有光纤型的信号传输结构，在目前一般的电磁场强条件下，基本不会产生明显的干扰现象。

合理采用金属性的管槽，可以有效隔离各类信号之间的干扰。

五、安全性规范

国家提出了著名的安全生产法规，对施工过程中的各类不安全性因素进行严格限制，强化安全操作规程，尤其是要避免施工器械对施工现场人员的伤害，以及消除施工现场的消防隐患。

在施工过程中，安全性规范还包括在隐蔽工程中涉及的消防封堵、防小动物咬等措施的实施，应避免在大型综合管廊中产生附加的额外的人员通行能力，对此应在设计时考虑相应的安防措施补充、完善。

六、常见的错误工艺或容易忽略的做法

（一）设备自身防护不够

设备没有按照设计要求进行现场安装，缺乏必要的防护措施，直接导致设备被破坏的风险。如摄像机或报警探测设备随意安装到没有防护措施的位置，设备的工作状态可以随意被人调整，甚至拆掉，系统也没有提供必要的巡检手段。

（二）管线路由和设备不在对应的防护区内

管线路由因为施工复杂等原因，而随意更改位置，没有在相应的防护区内部署，或者在离开规划的防护区后缺乏加强的物理防护措施，也没有备用的安全措施。管线的保护隐蔽性和抗破坏措施缺失。

控制类设备的安装位置不在相应的受控区或防护区内。有时因为安装条件的限制，而把出入口控制系统的控制类设备安装在低级别受控区内，或把入侵报警系统的控制器放到了不是自己防区或更高级别的防区，甚至设在了没有必要防护措施的公共区域。

（三）线缆和供电施工工艺不到位

在工程现场，前端设备的连接没有相应防护措施的暗藏或强化的物理防护，现场设备的供电连接采用普通插座方式且明露在人们触手可及的地方，从而可能随时被人剪断线缆，或者拔掉电源插头，导致设备功能失效。

（四）设备调试不到位

在工程现场，缺乏必要的手段将参数调至最佳；没有将现场设备或系统的调试状态及时切换到正常工作状态；故意留有调试备用条件，保持“后门”常开。

（五）施工现场留后手

在管线施工和设备安装、调试时，没有按照设计要求进行完整施工，同时在一些环节上留有不该有的检修孔、线端和配置条件等。

第五节　系统运行的维护

安防系统的运行是系统发挥效能的基本前提，而对系统运行的保障方法就是系统运行的维护，也称作系统的维护保养，简称维保。维保的内容主要包括以下要点：

1. 日常维护与常规保养；
2. 一般性故障维修与应急保障；
3. 系统的业务优化。

一、日常维护与常规保养

1. 应定期或不定期地查验操控空间与预定的设计初始防护空间的一致性，特别是及时发现人为因素导致的不一致现象，以确保防护效果的有效性。

2. 应区别考虑各类设备，通过在线方式或在现场实验观察的方式查看设备外观，检查验证性能，特别是探测性能和控制性能的保持问题，甚至包括断电再加电的验证等，对于出现明显偏离状态的设备，应首先考虑采用校准方式调整，若校准方式无法满

足预期，或者调整后设备接近性能极限的 80%（如机械性磨损严重的设备，其他类设备老化），则应考虑采取预防性维修，采取更换设备或其部件的措施。验证设备或系统的性能或者更新替换设备时，应有相应的保护措施，确保该设备的原有探控空间处于安全可控的状态。

3. 应定期或不定期检查系统的完整性：及时检查系统整体的抗破坏和防篡改措施是否保持，若出现变化，核查出现的原因，并进行及时纠正，检查安全策略是否继续有效，若更新，是否得到验证和记录；检查防病毒等信息安全策略更新能否保持对最新病毒攻击的抵御。

4. 要定期或不定期检查安防系统中的数据完整性：利用专用工具或者系统自身提供的方法对系统中的配置数据、日志数据进行检查，校核其数据的一致性和完整性，并按照预先的策略（短期、中期和长期，分空间、分类等），手动或自动的方法形成数据备份和数据导出。

5. 对安防系统中的所有设备进行基本的清洁处理，是设备保养的基本要求和方法。特别是对可直接影响探测器传感效果和透镜等部分的清洁，不仅要表面整洁，还要确保内部的电路、零部件中的灰尘和中间润滑阻尼的溢出废料被及时清除。

6. 可利用系统自带方法对系统中的数据或利用专用工具对导出数据，或借用专门的测试工具，进行运维目的的实时监视和数据分析，如设备在线率、丢包率等。

7. 检查系统或设备的安全审计，是否存在权限的重大扩展和未经批准的登录账号和操作等。

二、一般性故障维修与应急保障

在对系统运行及其维护保养的过程中，值机人员或运维人员应熟悉适当的方法，及时发现和识别故障，并向有关人员及时报告，使设备得到帮助和维修。

对于存在故障的设备应及时从系统中抽离，并及时替换或修复，以确保系统的正常功能和性能发挥。

根据设备的重要性和故障带来的影响范围大小（对探控空间、功能、性能和整体性），对设备故障进行分类分级，局部性的和非直接导致功能失去的故障属于一般性维修保障。可根据具体情况给予临时的忽略或者调整。对于特别关键的不可中断工作的设备应从设计之初给予重视，考虑采用双机、双路由热备份等方式。

通常对易出现故障的设备和关键设备采用备品备件的方式进行冷备份，一旦发现故障，能够第一时间替换故障设备或者模块，快速恢复系统的正常工作。当没有条件快速恢复工作时，应针对故障影响的防护区域做出合理的防护补充措施，如文物博物馆中可采用关闭对外开放区域的方式。

故障的出现和受到攻击破坏具有同样的随机性和突发性的特点，安全主体和其委托的运行维护机构应建立必要的应急处置预案，从故障和事件的类别、紧急程度划分，从技术支持、设备运行、人力保障、部门协同等多个角度进行规划和训练。

三、系统运行的业务管理优化

在系统运行和维护保养的过程中发现系统和管理的问题，安全主体和运行维护机构结合自己的经济能力和业务需要，在系统能力范围内改进优化操作界面和逻辑。提升系统使用人员的体验水平，保证系统的使用效率，从而最终保证系统安防功能的正常发挥。

毕竟安防系统的工作目标是为了安全主体的主体或者叫作核心业务（通常不是安全保卫工作，如金融业务）的正常开展，安防系统的业务优化，势必需要与主体业务密切配合，主体业务系统自身的安全便捷、舒适、要求，需要与安防系统的防护手段有机整合，形成一种非常自然流畅的流程融合。

第八章　安防系统的使用、人防与应急处置

第一节　系统的使用

在系统的运行中，正确使用该系统是发挥系统功能和性能的基本前提。系统的正常运行不等于系统能够正常发挥效能，还需要各种业务开展的配套管理，需要值机人员的到岗值机。

系统的使用通常是安全主体根据需要，指派专门人员进行的日常安全防范管理。这些专门人员需要专门的培训和训练，能够熟练掌握系统运行的基本流程和交互模式，能够对发现的现场情况及时作出判断和处置，包括对现场设备的控制和对外的指挥调度。系统使用最典型的方式就是系统值机。

系统的值机使用需要结合安全主体自身的业务特点、安防重点和防护能力等多个方面综合考虑，确定值机的基本流程和工作重点，既要常规核查工作，又要在保证各类报警信息和过程数据有效完整记录的前提下，及时、快速地响应现场的突发事件。

第二节　值机

一、值机人员配置和制度

安防系统的值机人员是人机结合的关键环节，一群训练有素的值机人员可以大大提升安防系统的使用效果，直接提高系统的防范效能。

一般地，值机人员要从以下几个方面进行综合考察：

1. 政治素质高，能够忠于职守，保守安防秘密；

2. 道德素质高，责任意识强，有底线；

3. 业务素质高，训练有素，及时发现问题，灵活处置，现场跟踪和记录指挥两不误；

4. 心理与身体素质好，能够很好地适应日常和紧急情况下的工作状态，平常不懈怠，战时不慌张，上班时精神饱满，下班后积极休整、学习。

确定值机人员后，应根据具体情况，确定值机人员的值班安排和责任机制，明确交接班制度、记录制度、报告制度等。

安全主体应根据具体情况，适时组织值机人员的培训、训练和考核，保持值机人员处于有效工作状态。

二、值机规范

（一）值机准备

1. 熟悉设备和防护区域；
2. 明确系统功能的设定；
3. 明确技防系统内的联动、操作预案编制；
4. 明确紧急预案。

（二）工作规范

1. 精神饱满、业务熟练；
2. 关注安全焦点和重点；
3. 及时记录；
4. 突发事件按照预案和制度，及时报告、指挥、调度；
5. 设备和系统故障及时发现，报告并跟踪维修结果；
6. 做好交接。

（三）处理警情事务

针对各类突发事件，按照制度和预案进行分类处置。做到有序进行，注意轻重缓急，不可忙中出错，贻误时机。

三、操作规程

1. 定期或不定期手工或自动巡视各关注点（前端设备状态、现场实时状态），发现异常；
2. 对报警事件及时按照规定要求复核现场，确定警情；
3. 按照预先规定进行有关控制操作（指挥、记录、开关有关装置）；
4. 向上级和有关部门报告情况。根据严重程度报告当地的公安机关。

四、处置

按照预案和法定程序，联络支援力量进行现场处置或制伏，提供各类现场的全面信息，形成指挥调度协同的效果，最终达成妥善处理的效果。

五、安防业务的常见做法

安防系统的使用涉及如何发现异常，发现防范目标，控制恶性事态发展，妥善处理安防事件的善后工作。从专业的角度看，这就是安防业务。安防业务不同于设备本身的操作控制，但需要建立在设备或系统的操作控制之上，是高层次的事务处理过程。此前，我们在第二章提到的各类目标、手段、策略等，都是这里要面对的内容。这在警务工作中经常被称作技战法：

1. 现场实时型。常见操作有按照权限许可实时观察，根据线索实时识别与跟踪，警务联动如报警联动、多摄像机协同、关闭或开启部分权限如放行特别安全人员等。

2. 线索发现型。根据预先的规则（可以来自是其他途径的案件线索，如嫌疑人的照片，某时间段的可疑动作等），对日志信息或保存的视频数据进行比对分析、数据挖掘，形成线索和证据。

3. 综合研判型。根据情况和日志等综合数据，形成数据融合归集，手工或者利用工具自动产生一些分析结果，如目标时空轨迹分析、频次统计、锁定证据（所谓形成案件集）等。

第三节　保卫力量与应急预案

一、保卫力量

保卫力量是安全主体进行自我防护和内部安全管理的基本力量，是人力防范的核心，强调政治和业务素质同等重要。

应根据安全主体的安防系统规模和安全管理范围等，合理确定保卫力量的规模和组织机制。应建立战训目标，建立训练、管理与应急管理制度，并在外援与第三方联动上做出预先的沟通协同保障机制。

二、应急预案

应急预案是一个广泛的概念，包括的内容很多，小至一个部件的更换，大到系统的协同和保卫力量的组织介入等。这些过程都包含了针对特定场景的紧急响应机制。应急预案的目标就是要以最短的时间、最快的速度，达到对突发事件的有效控制，恢复相关场所的正常秩序。至于突发事件发生的更深层次原因（非安防系统自身）和消除方法则属于另外范畴的题目，不在本书中讨论。

应急预案应明确对应对场景分类分级，并在此基础上提出应对作战方法、响应优先级别、通信联络方法、资源配置与准备，以及时空协同的分布要求。

第九章　安防系统的建设和使用过程中应注意的问题

第一节　安防信息的安全保密与系统的本质安全

这里的安防信息首先是指安防系统运行过程中采集的信息、控制的信息等；其次是指与安防系统建设和使用管理相关的信息；最后是与防护目标直接相关的各类信息和风险识别分析的信息。这些安防信息在针对具体项目或者安全主体时，其安全保密性尤为关键，是防止安全防范系统自身被破坏的必要条件。

要加强对监控目标信息的合理管控：生物特征信息存在的不可复制性和高度稳定性，也导致了一旦复制不可用其他方法替代的问题。

安全保密天然与本质安全密不可分。保密制度是必要的，但保密效果却不是必然的。本质安全是安全的基本出发点，但安全效果也不是必然的。将安全保密和本质安全联合起来，才可能达到更加安全的效果。

在生产安全领域，本质安全主要是考虑电子控制系统内部元器件在工作中可蓄积的能量不足以引发爆炸的问题。研究表明，安全是有根的、有界的，如同我们的计算机信息系统或目录结构总是有根的，有其基本的出发点一样，这个出发点才是我们的本质安全基础。在商业规则下，利益不同和信仰不同不可能有完全相同的安全诉求。

为此，安全主体应深刻地认识到，自己的安全只能自己做主，应从系统规划、产品设计或选型、施工安装、系统运行、使用维护管理等各方面给予关注和控制，靠简单的租赁服务是租不来本质安全的。从国家层面上，本质安全就意味着在技术能力、产品设计生产、系统设计实施等方面追求自主可控的理念和效果。

第二节　安防信息的原始完整性和实时性

安防信息的原始完整性和实时性是确保安全防范系统可靠运行、充分发挥效能的基本前提。这是因为安防系统或设备的自身状态和现场探测与控制的状态直接影响到安全防范系统在人为对抗博弈条件下的有效探测和及时应对。

这里的原始完整性，与前文所述的视频、音频的原始完整性本质一致，都是强调安防信息所携带的信息是代表了信息最初发送者的本来数据内容和意义。信息最初发送者可以是按照二进制发出数据的设备，也可以是以光学成像方式变换为电子数据的设备。

实时性正如前文描述的定义一样，体现了后端设备能够及时跟随现场变化情况，保持节奏同步，确保后端的相关人员或设备能够及时对变化动态作出反应和控制。

第三节　安全有价亦无价

当社会组织间以相互服务的方式进行安全防范方面的交易时，需注意相互依存的条件。

商业模式需要探讨，从事安防行业的人们需要生活，他们的专业的知识和技能是有价的。我们不希望安防行业中的某些人成为蒙骗客户的“专业者”，这会使安防行业失去客户的信任。失去信任、失去了专业的精神，安防行业还如何健康发展下去？

安防的价值到底体现在哪里？我们认为就是安全本身。有谁知道安全的价值呢？人们也许会说可以用损失与否来计算，但安全的社会环境、政治环境、经济环境等可以使人们积极高效地进行活动，这种安全又是无法估价的。

我们认为安防行业的价值就是帮助客户提高安全防护水平，保障社会环境和业务环境平稳有序，这才是安防行业的本色。

第四节　安全与合法权益

安全从来就与利益、代价直接相关，安全的尺度也会因安全主体的不同而面临一些矛盾。例如，在监控目标的过程中，这个问题尤为突出。一个人的行踪、行为或人脸数据属于隐私，是我们应该保护的合法权益，但对于案件侦破来说，则是必须采集并使用的信息。为此，在安全防范的过程中，我们应当依法进行各种数据的采集、措施的使用，以合理、合法的方式解决安全与权益的问题。既要防止信息的无法准确采集，也要避免个人信息的任意扩散、传播、滥用，影响个人的正常生活，影响社会的正常秩序。特别是视频监控系统、出入口控制系统和其他个人信息识别应用系统，应尤为重视。

由于移动互联网、视频监控系统和社会信息化的广泛互联，使得任何合法机构、单位和个人都面临着大量信息的合法和不合法、适当和不适当的披露，而这些信息的披露具有明显的“双刃剑”效应，哪些信息在什么场景下必须披露？哪些信息在什么场景下不能披露？以及如何区分公共场景和隐私场景，信息披露的准则是什么？这些尚需要立法和司法的理论和实践的深入研究和验证。

第十章　对安防行业发展的观察

第一节　安防市场的管窥

中国安防行业，尤其是技术防范领域的技术和产品、市场，经过三十多年的发展，特别是近十几年的高速发展，已经形成了一定的产业规模和技术实力。

正如我们在开篇提到的那样，安防技术是“不择手段”的技术。人们在解决具体的业务需求和工作痛点时，技术和产品的研发速度一直快于安防理论的研究速度。技术和产品供应商的观点和安全主体的认知差别是很大的，有经验的安全主体的管理人员和缺乏经验的安全主体的相关人员认知差异也很大。准确地讲，安防行业似乎应是信息产业、装备制造和建筑安装等多方面的结合体，或者叫作针对安全防范的跨传统行业的领域。而且未来的行业发展，还会随着社会形势和技术进步的变化而呈现出更加多样的表现形态。

有的安防产品制造商从幕后制造转到安防解决方案提供商，有的安防工程的工程商从简单的劳务输出、咨询设计，变成专业承包或者总承包的系统集成商。系统建设从以报警系统和出入口控制系统为主，扩展到大规模部署视频系统，构成天罗地网的架构，到更进一步的智能化前置，提升识别现场目标特征的效率的再升级和数据融合互联。市场发展从早期高风险单位的集中建设，扩大到大规模的政府引领驱动，各方投入走向全社会的建设。安防产品从高投入的建设到平常百姓的简单防护购置使用。即使这样，安防市场的体量也仍然在国民经济体量中占很小的比重。

目前，视频监控技术正从原来的安防技术的现场观察复核作用，越来越成为公安工作在社会管理和案件侦破中的重要手段。在国家九部委发布的文件①中对社会公共安全视频联网系统建设的要求达到了很高的高度，“到2020年，基本实现‘全域覆盖、全网共享、全时可用、全程可控’的公共安全视频监控建设联网应用，在加强治安防控、优化交通出行、服务城市管理、创新社会治理等方面取得显著成效”。作为最直观的连接真实世界和虚拟世界的工具，视频正发挥着越来越大的作用，不仅用于安全防范，还包括交通秩序管理、生产安全、食品安全等社会公共安全其他各个方面。以视频监控系统建设为核心的“雪亮工程”建设社会覆盖面继续扩大。

---

① 国家九部委（国家发展改革委、中央综治办、科技部、工业和信息化部、公安部、财政部、人力资源和社会保障部、住房和城乡建设部、交通运输部）于2015年5月联合发布《关于加强公共安全视频监控建设联网应用工作的若干意见》（发改高技［2015］996号）。

执法记录仪作为视频/音频监控技术的延伸，也成为执法人员进行现场执法的重要工具，这既为执法规范化打下了基础，也维护了公民和执法者的合法权益。

智能手机的广泛使用，为互联网视频/音频应用提供了极大的便利，成为了自媒体的重要来源，这既是社会扁平化管理的重要途径，又是社会状态信息容易变动的条件之一。智能手机强大的多功能使得它的应用越来越多，如移动支付、移动终端、地理定位、咨询服务，反而是通话占的比例越来越小。许多厂家都能提供安防 APP 为客户提供近身服务。

第二节　行业生态的观察

一、技术与产品研发

在产品研发方面，许多从事电子产品研究的人员和 IT、通信类人员纷纷涉足安防产品领域，用自己的理解诠释安防产品的类型和应用效果，如数字化、信息化（IT 化）、智能化和自动化，还有绿色环保化、便捷化、互联网化等。

在数字化和信息化的征途中，人们对电子芯片方式给予了更多关注，甚至有人认为这是安全防范产品制高点，应该说，传感器的高灵敏度、宽响应范围和低误响应输出一直是人们努力追求的目标。在这个过程中，人们不断丰富传感器的种类，不断完善信号处理分析的方法策略，不断提升输出信号的准确率和减少响应时延。而产品的稳定可靠工作则是通用性的要求。再进一步，通过算法、技术可行化、产品成套化、工程实用化等方式不断扩大提升安防电子产品的应用范围和使用效能。

人们通过研究新材料新工艺，不断提高防护装具的机械对抗（抗爆炸、冲击）等能力。目前已有一些企业推出了系列化的物防产品。

集传感（感知）、通信和智能分析于一体的安防电子产品、光机电一体化的安防设备不断推出，机器人和无人飞行器的应用在特定领域也全面铺开。人们不断增强产品和系统的智能化水平，有人指出向着自主意识的人工智能会更加提升安防行业的应用水平。

大数据技术的应用也在社会管理层面上大规模展开。在电子商务、金融服务方面的应用也很典型，但在安防领域自身的应用上，尚需要进一步印证。由于互联网条件下的大数据应用，在世界各地，随着第三方机构的不当使用和黑客活动对数据的披露，直接带来了许多隐私数据泄露的问题。如何在社会管理、学术研究和安全保护之间取得科学合理的均衡，恐怕是一个长期的问题。

依笔者的观察，人工智能、大数据和许多技术一样，对于安防行业的技术产品研发和市场发育具有“双刃剑”效应。我们要时刻提醒自己，任何技术的进步都要从风险和助益两个角度进行分析，更进一步是采用 SWOT 分析法等，绝不可忘记初心，贻害后世。

中国加入 WTO[①] 以来，对部分安防产品做了 CCC[②] 认证的工作。主要是从产品的安全性和电磁兼容性方面做出了强制性要求。

二、工程建设

在安防工程建设领域，人们不断地提高整合水平，有许多厂家可提供一揽子的整体解决方案，目的是让自己的产品更好地满足用户的需要。其实这也可以换个方向描述，这些厂家从自己的角度深入研究顾客的需要，从而提出自己的解决思路和产品配套方案，引导顾客接受自己的方案和产品。这不失为更好地连接沟通顾客的快速有效方法。

本书开篇所提到的情况显示，有的安全主体责任人没有搞清问题的本质，没有认识到自己的真实需求，有的厂家没有理解自己的真实能力，而是靠一时的新名词、新概念、新技术“忽悠”各方。也许这些厂家可以赢得一时的收益，但长期的效果却让人难以接受。工程设计中，有许多抄来抄去的产品说明书替代了真正的顾客安全需求的案例。如何在通用性应用和个性化需求方面得到更加科学合理的对接满足是个长期的题目。工程检验也在逐步市场化，但许多第三方检验机构主要还是从功能性和规模性指标进行现场查验，缺乏对安全效能的可行的评估方法。

在市场中，如何让人们保持一份责任和一份使命，在政府“放管服”和竞争环境里更好地坚持安全初心也是一个长期的过程。专业的人做专业的事，不断提高安防行业的专业化水平，准确地说，是不断增强安全主体和安防系统的设计、实施和运维者的能力水平，提升安全效果，这需要各方的共同努力。

人们在市场中努力营造双赢（多赢）的态势，积极提升相互的信任度。在口口相传的熟人关系到广告宣传的陌生人关系中，如何建立更加优质的信任关系，这本身不是由安防工程本身能够直接解决的。

正如有的良心人士所呼吁的，医疗中若没有爱，那就是交易。同样，安防工程若没有了安全，那就是交易。近些年，一批有识之士在大力呼吁安全主体的安全本质要求，将安全作为出发点和归宿，研究有针对性的解决方案，而不是产品的堆砌和投标中标。

三、系统运行与维护

由业主自己或其委托的第三方进行运行、维护和保障，是目前政府机构、事业单位经常采用的方法，开展所谓市场化第三方服务的模式。这对于短期调动个人或者企业的积极性起到了一定的促进作用，但对系统使用效能的发挥，对系统数据信息的使用和合法管控方面还有许多需要改进完善的地方。这个环节同样也涉及本质安全的人员问题。

从安全主体的角度看，任何的外包都会增加一些不安全因素和环节。但从人类命运共同体来看，所有这些都是内部的，关键是如何让各方都有积极性参与其中，保持热情

---

① WTO：World Trade Organization，世界贸易组织。

② CCC：China Compulsory Certificationd 的英文缩写，中国强制认证，又称“3C”认证，是中国政府按照 WTO 有关协议和国际通行规则，为保护广大消费者人身和动植物生命安全，保护环境、保护国家安全，依照法律法规实施的一种产品合格评定制度。

和责任感，具有使命感，如何创造公平和正义的氛围，达到自我实现的多层次满足。

设备更新的机制大多基于风险评估和工作需要的表达，但目前也存在技术产品更新迭代加速，安全主体何去何从的问题，是否可以像更换智能手机一样简单，笔者认为，既要与时俱进，适应最新的安全管理挑战，又不能唯先进而先进，追求过度的单项技术高指标。

在系统运行与维护中，有一个重要内容，就是特别时期或特别状态下的应急保障和预案要求。有的单位停留于纸面上，各方对紧急状态下的协调反应止于文字，没有真正落实的措施对应，有的单位将安全责任完全依赖于第三方，而且经常采用所谓的服务外包和设备租用方式进行质押资金方式（所谓质保金）的交易，这些现象令人担忧。

四、安防的经济发展模式和资本作用

在产品提供和工程实施方面，实体经济模式发挥了主导性作用。近些年，随着互联网模式经济的凸显，一些人开始谋求强化安全服务的半实体半虚拟的经济模式。有的厂家为了占领市场不惜血本，打击竞争对手，按照“赢者通吃”的IT业市场规则，寻求体内损失体外补，对后续服务的可持续性乐观估计，缺乏对安全本质的深刻认识，某些政府机构也做了有意无意的低价推手。要知道按照中医理论，体内的元气受伤，体外补充再多也难以有效恢复。因为安全不是靠钱能买来的，而且此种情况很容易成为资本大鳄的狙击对象。

共享单车没有将各家的自行车共享出来，而是大规模地制造了一批新自行车投放到了车站、路旁，在给人们带来了骑行方便的同时，也产生了车辆随意停放的结果，严重影响了人们的交通和安全。通过押金方式可以应对早期的资金回收，却无法规避自行车使用上的长期损耗和用户押金不能随时退回的窘境。目前，“共享安防”还没有人提出。有的安防企业采用互联网方式对产品进行销售，将安防业务当作菜市场交易一般。这对于还未或刚刚进入安防行业的人来讲，是个不错的浏览、学习的机会，但对于安全要求高的企业，这种方式远达不到要求。采用互联网方式提供所谓的运维和服务，如智能门锁、手机APP，将方便、快捷作为首选，而将安全作为可选项。有的广告宣传，一再表达用手机可以管理一切，一再表达用指纹、人脸就可以不用带钥匙开门，可以不会再弄丢钥匙等，如果基本安全人们都懒于管理而用手机管控一切，手机出问题了怎么办？所以就必须有其他的途径来建立必要的安全可控的恢复信息机制来恢复数据。

近些年，人们不断地研究互联网条件下的资源共享问题。互联网解决了部分信息互联问题，但没有解决人与人之间、人与物之间的信任问题。马云先生和马化腾先生分别用电子商务交易和社交等的数据为他们提供了原始的大数据，这为他们平台锁定人或机器提供了可信的资源。但其他方面的互联，缺乏权威、高效的可信机制。信息采集和交换本身还存在我们此前研究的原始完整性和数据完整性不充足问题。

以视频应用为主要特征的数字化、智能化引发了众多风险投资机构一波又一波的追逐，特别是视频压缩和视频理解（所谓视频结构化描述），更是将人工智能推向了高潮。但科学基础研究和人们的工作需要、生活期待之间还有很大的鸿沟难以弥合，所谓关键技术远没到能够解决一切的地步，而且随着人工智能的深入研究和推广应用还带来了其他的安全隐患，谁能预测人工智能机器人的下一个行为或者想法是什么？对人类是安全的还是不安全的？对安全主体是安全的还是不安全的？如何管控？人类有信仰把控，有生命的极限限制，但人工智能机器人用什么把控？

如何保持安防行业的健康发展，除了安防技术自身的演进，尚需要安全防范的各个环节，如何在经济上也构成一个相互激励、有效协同、价值合理体现的可持续发展机制模式，这不仅需要经济人士的关注，也需要安防界同人们开拓思路，公平竞争。

五、行业组织与行业管理

各地出现了一些安防行业的协会组织。在这些组织中，各个企业相互交流，在融资和行业规划等方面做了些推动。

作为安防行业的标准化机构，主要是全国安全防范报警标准化技术委员会(SAC/TC100)。它承担了安全防范中除行业管理和人防组织管理外的其他标准化的工作内容。各个企业踊跃参加，试图通过标准化展示自己在安防产品和技术的主导地位。

长期以来，作为安全防范管理的主管部门——公安机关，主要从两个角度对安防行业进行管理，一个是以安全主体为主，也包括部分的物防措施，以治安管理部门为主，对各治安重点单位进行统一管理；一个是以技术防范管理为主，特别是电子防护技术和设施，以科技信息化部门为主。

随着国家反恐法的颁布，反恐部门对各反恐重点单位的安防工作加强管理；装备部门对可列为制式装备的单兵装备和安防反制设备深入管理。针对信息化和互联网发展引发的信息安全和舆情监管，以网络安全和监察部门为主，但并未对安全防范行业的信息安全等作出更多的规定。

针对网络虚拟世界的管理和网络信息安全的管理要求，国家还成立了国家网络与信息安全领导机构，强化了国家整体安全观，但人们对安防系统的信息系统特征的认知尚需要时日加强。

作为建筑工程的主管部门住房和城乡建设部对建筑行业中安防行业的工程建设的定额管理、施工规范和质量管理作出要求和市场规范，作为工业和信息化部对技防系统即电子信息工程的定额管理等作出要求和规范。

各部门各机构各有侧面、各有重点、各司其职地承担着自己的责任。

六、人力资源

人力资源和社会保障部的前身原劳动部曾按照涉及国家安全、社会安全和人民生命财产安全的职业，对安全防范设计评估师、安全防范安装调试员作出了管理要求，后来由于种种原因又撤销了。但这类人员的作用是不可忽略的。有的地方采用保卫师称谓对安全保卫（特别是安全防范系统）的管理人员进行强化培训。

一些高等院校专门开设了安防专业，希望培养更高级别的专业人才，以满足安全防范行业发展的需要。但也存在安全泛化的问题，将消防安全、生产中的安全防护和安全防范简单地混为一谈。参与到安防行业中的专业人士大多是来自理工科类，如电子工程、通信、自动化、计算机、软件工程、物理专业、机械设计等专业背景的人，对安全防范大多缺乏安全底线的认知。

在安防系统的运行过程中，需要以下几种角色：安防值班员、安防系统管理员、系统运维人员。

从前文的介绍中，读者可以理解这些角色、职业都需要很多的专业知识、技能训练和职业素养要求。显然不是随便找一个高中或者普通大学生就能胜任的。而且安全底线，还需要区别人自身的更多因素，如社会关系、性格特点、信仰理念等。

担任这些角色的人员直接涉及安全防范的本质安全问题，在目前商业间谍案频发的环境里，这个问题显得更加突出。因为再高级和严密的安防系统假如被不负责任的人甚至是攻击者的潜伏者控制，或者只是部分控制，都可能成为攻击者的“肉鸡”，成为攻击者的帮凶。

内部的管理措施不应因为技术的先进而忽视人的操控水平，也不应因为对某人的信任而放纵其可以任意权限登录操控安防系统。一方面要提高人员的基本素养，另一方面还要强化管理制度的有效建立和执行，再一方面还要积极完善技术的管控机制。

第三节　质量管理、项目管理与安全管理

在进行安防产品设计生产和系统工程建设的过程中，人们广泛采用了国际和国内流行的质量管理体系的方法和项目管理的方法，并且在安全管理体系中嵌入这些方法，逐渐成为一些标准化的流程方法。例如，所谓“三控两管一协调”的办法，进行项目质量、成本和进度控制，合同和资料管理，多方协调，等等。安全管理融合在安防系统的建设和使用的全过程。例如，安防信息的保密管理、人员的保密管理和流程的保密控制。

质量管理和项目管理两大体系领域是当今国际上先进的管理方法，是人类管理智慧的集合凝炼，在诸多概念上是存在交叉的，二者之间也在相互借鉴，前者强调工作方法的一贯性、严谨性和一致性，保持环节上的工作连贯性；而后者则强调针对临时性目标各方面活动的协同性和条件实现的有效性。二者的终极目标是一致的：满足顾客需要，达成成果交付。最新版的 ISO9001-2015 也在 PDCA① 循环的基础上强调风险的管理理念。最新版的 PMBOK② 也进一步强化质量控制的理念。二者在风险管控这一点上与安全管理、安全防范管理是高度一致的。因此我们强烈推荐在安全防范中积极采用最新的质量管理和项目管理的研究和实践成果。

---

① PDCA：Plan（策划）、Do（实施）、Check（检查）、Act（处置）的缩写，是质量管理体系中最重要的管理工作循环流程。

② PMBOK：Project Management Body of Knowledge 的缩写，项目管理知识体系，是由美国项目管理协会提出的在国际上具有较大影响力的体系。目前最新版为 2016 年版。项目管理知识体系包括了十大知识内容：整体（整合）管理、范围管理、成本管理、时间管理、质量管理、人力资源管理、采购管理、沟通管理、风险管理、项目干系人管理。

附录 1　传统电子防护各子系统及其设备介绍

第一节　入侵与紧急报警系统和设备介绍

一、系统构成

（一）系统基本组成

入侵和紧急报警系统通常包括前端设备、传输设备、处理/控制/管理设备和显示/记录设备等。入侵报警系统的组建模式按用户需求的不同，可有多种组建模式，但不管有几种构成模式，各种不同入侵报警系统都有其共同部分，其基本构成如附图 1.1.1 所示。

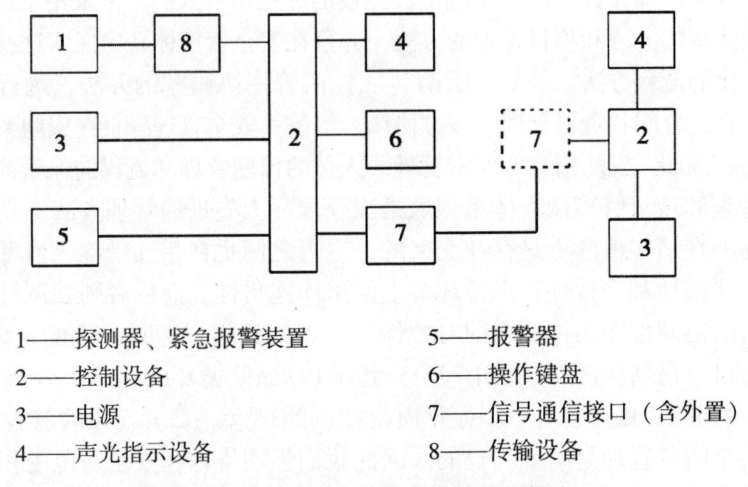

附图 1.1.1　各种入侵报警系统的共同部分

由于行业、所需防护的部位、各方面条件等的差异，报警系统组成的模式最终会有较大的差异。根据系统传输方式的不同，国内传统上将入侵和紧急报警系统分为以下四种基本模式：

1. 分线制。探测器、紧急报警装置通过多芯电缆与报警控制主机之间采用一对一专线相连。

分线制也称多线制，通常用于距离较近、探测防区较少并集中的情况。该构成模式最简单、传统，报警控制设备的每个探测回路与前端探测防区的探测器采用电缆直接相连。多用于小于 16 防区的系统。

2. 总线制。探测器、紧急报警装置通过其相应的编址模块与报警控制主机之间采用报警总线（专线）相连。

总线制模式通常用于距离较远、探测防区较多并分散的情况。该模式前端每个探测防区的探测器利用相应的传输设备（俗称模块）通过总线连接到报警控制设备。多用于小于 128 防区的系统，巡检时间 10ms，模块响应时间 10ms。

3. 无线制。探测器、紧急报警装置通过其相应的无线设备与报警控制主机通信。

无线制模式通常用于现场难以布线的情况。前端每个探测防区的探测器通过分线方式连接到现场无线发射接收中继设备，再通过无线电波传送到无线发射接收设备，无线发射接收设备的输出与报警控制设备相连。其中探测器与现场无线发射接收中继设备、报警控制主机与无线发射接收设备可为独立的设备，也可集成为一体。目前前端多数产品是集成为一体的，一般采用电池供电。

4. 公共网络。探测器、紧急报警装置通过现场报警控制设备和/或网络传输接入设备与报警控制主机之间采用公共网络相连。公共网络可以是有线网络，也可以是有线—无线—有线网络。

公共网络包括局域网、广域网、电话网络、有线电视网、电力传输网等现有的或未来发展的公共传输网络。基于公共网络的报警系统应考虑报警优先原则，同时要具有网络安全措施。

以上四种模式可以单独使用，也可以组合使用；可单级使用，也可多级使用。一般来说，入侵报警系统结构可以是以上四种基本模式的组合，也可以单独使用。

（二）系统应用构成

国际标准和最新的国家标准对入侵和紧急报警系统的应用构成模式做了新的划分。按系统的组成方式不同，可分为单一控制指示设备模式（简称单控制器模式）、多控制指示设备本地联网模式（简称本地联网模式）、远程联网模式和集成模式。

单控制器模式具有一个控制指示设备，在本地联网模式下，系统由一个或多个入侵报警系统和一个本地报警接收中心组成。在远程联网模式下，系统由一个或多个入侵报警系统和一个或多个报警接收中心组成，至少具有一个远程报警接收中心。在集成模式下，当入侵报警系统与视频监控系统、出入口控制系统等应用系统集成时，入侵报警系统的功能性能要求应首先保证，其他应用系统的故障不应影响入侵报警系统的正常工作。

二、常用设备

（一）入侵探测器

入侵探测器的种类很多，分类方式多样，常见的分类方式有以下几种。

1. 按用途或应用场合分类。可分为室内型探测器和室外型探测器。常用的室内型探测器有：被动红外探测器、微波/被动红外双技术探测器、微波多普勒探测器、玻璃破碎探测器等。常用的室外探测器有：主动红外探测器、振动电（光）缆探测器、电子围栏、被动红外探测器（室外型）等。

2. 按警戒范围分类。可将探测器分为点控制式探测器、线控制式探测器、面控制式探测器和空间控制式探测器。

点控制式探测器的警戒范围是一个抽象点，它通常是通过触发开关的闭合或断开而发出报警信号的，多用于重要物体、重要部位或区域的警戒。主要产品形态有紧急按钮、脚挑开关、磁控开关、微动开关、压力垫开关、水银开关、短导电体的断裂原理等。应用最多的有紧急报警装置（如紧急按钮、脚挑开关等）和磁开关探测器。

线控制式探测器的警戒范围是一条或多条平行线，当处于警戒状态的有形或无形的“线”被破坏时，即可发出报警信号。线控制式探测器主要有两种形态，一种是对射型探测器，其结构通常由独立的发射装置、接收装置及其信号分析处理装置组成，它是通过发射装置发射空间能量，通过接收装置接收能量的变化，并通过信号分析处理装置产生报警信息。该种类型通常是主动式探测，常见的探测设备主要包括主动红外入侵探测器、激光对射入侵探测器等。另一种是分体型探测器，通常由传感器装置/传感介质、发射/接收装置及其信号分析处理装置组成，常见的探测设备主要包括泄漏电缆探测器、静电场感应电缆探测器、脉冲电子围栏、张力式电子围栏等。

面控制式探测器警戒范围是一个面，当这个警戒面上任一点的变化传至探测器时，即可发出报警信号。面控制式探测器也有两种形态，一种是对射型探测器，由独立的发射装置、接收装置及其信号分析处理装置组成，是通过发射装置发射空间能量，通过接收装置接收能量的变化，并通过信号分析处理装置，产生报警信息。目前主要的探测设备是遮挡式微波入侵探测器。另一种是基于实体防护的探测器，通常由传感器装置/传感介质及其信号分析处理装置等组成，基于实体防护型入侵报警系统是依附于实体的物理结构、地形或埋设于实体防护的物理结构内（包括围墙内、建筑实体内等），可用于实体防护的周界，也可依据空旷的周界地形埋设在地下的探测设备，常用的主要有振动入侵探测器、振动电（光）缆探测器、声控振动双技术玻璃破碎探测器、地音探测器等。振动入侵探测器也可用于保护箱（柜）等器具，如 ATM、公共设施设备箱、保险箱等。

空间控制式探测器警戒范围是一个空间，当这个空间范围内的状态发生变化时，即发出报警信号。常见的探测设备主要包括室内外被动红外入侵探测器、室内外微波和被动红外复合入侵探测器、超声波多普勒探测器、微波多普勒探测器、声控探测器、次声波探测器等。

3. 按探测器的工作方式分类。按探测器工作方式可分为主动式探测器和被动式探测器。

主动式探测是通过探测器发射能量（声波、无线电波、红外光波等），在防护范围内建立一个可监测的环境或状态，并通过接收能量参数的变化来实现探测。也就是说，在主动式探测器工作时，探测器中的发射器向防护区域发射某种形式的能量，并在接收传感器上形成有规律的信号，一旦出现入侵行为，这个有规律的信号将发生变化，经处理后形成报警信号。这类探测器有两种结构方式，一种是发射和接收置于同一机壳内的，如微波多普勒探测器，警戒时形成稳定变化的微波场，一旦入侵者侵入，稳定变化的信号将被破坏，传感器接收这一变化后即输出报警信号；另一种是发射和接收分置两个不同机壳内的，如主动红外探测器，警戒时在发射机和接收机之间形成人眼看不见的红外脉冲束，一旦脉冲束被遮挡（稳定变化的信号被破坏），即输出报警信号。被动式探测器在担任警戒期间本身则不需要向所防范的现场发出任何形式的能量，而是直接探测来自被探测目标自身发出的某种形式的能量。

被动式探测是通过在防护区域内由于发生入侵行为而引起自然环境、环境物理参数等的变化和入侵者本身发出带有特征信息的辐射来实现探测的。也就是说，被动式探测器工作时，探测器本身不向防范区域发射能量，而是接收自然界或者环境中各类的能量（信息），即来自被防护区域的目标自身发出的某种形式的能量（信息），在探测器的接收传感器上形成稳定变化的信号，一旦出现入侵行为，稳定变化的信号将被破坏，并产生携有报警信息的探测信号，经处理形成报警信号。例如，被动红外探测器，警戒时固定目标（墙体、保险柜、被防护目标等）发出的红外线，在被动红外入侵探测器的接受传感器形成稳定变化的热信号，一旦有人入侵，这个稳定变化的信号将发生突变，传感器提取这一突变信号经处理后，便发出报警信号。

4. 按传感器工作原理分类。目前，入侵报警系统所用的各种探测器中的核心部件就是传感器，它是一种物理量转换器件，将入侵时所产生的物理量（力、位移、速度、加速度、振动、温度、光强等）转换成相应的、易于处理的电信号和电参量，如电压、电流、电阻等。我们可以从目前各类探测器的名称看出其原理的不同，如磁开关探测器、振动入侵探测器、声控探测器、被动红外入侵探测器、主动红外入侵探测器、微波多普勒探测器、激光对射入侵探测器、静电场感应电缆探测器等。

把两种不同探测原理的传感器用一个封装结合在一起组成混合式探测器，一般称为双技术探测器，可提高探测的准确性。以双技术入侵探测器为例：在一定的防区内有人体移动，只有当两种探测传感器共同检测到活动目标时，才发出报警信息。在双技术探测的基础上再加入微处理器。由探测器探测的信号，不是原封不动地直接输出，而是由微处理器对过去的数据、周围的环境条件进行判断后输出报警信息，如常用的超声/被动红外入侵探测器、微波/被动红外入侵探测器。

5. 按传输信道分类。按探测信号传输的信道可将探测器分为有线探测器和无线探测器。

探测器和报警控制器之间采用有线方式连接的为有线探测器，采用电磁波传输报警信号的为无线探测器。

6. 按输出接口方式分类。探测器的输出通常采用无源电开关量方式，或者常开型，或者常闭型。这种方式支持通过增加末端电阻的方式，由控制指示设备实现与探测器的连接专线的断路和短路监测等功能。

（二）控制指示设备

1. 基本功能。控制指示设备传统上被称作报警主机，有的叫作防盗报警控制器。控制指示设备是在入侵和紧急报警系统中，实施设置警戒（布防/设防）、解除警戒（撤防）、判断、测试、指示、传送报警信息及完成某些控制功能的设备。它主要负责控制、管理入侵和紧急报警系统的工作状态，收集探测器发出的信号，按照探测器所在防区的类型与主机的工作状态（布防/撤防）做出逻辑分析，进而发出本地报警信号，提供声或光提示，同时通过通信网络向接处警中心发送特定的报警信息。

报警主机一般置于监控中心或用户端的值班中心，是入侵报警系统的主控部分，它可以向探测器提供电源，可以连接一个或多个键盘，用户可以在键盘上完成编程和对入侵报警系统的各种控制操作。

2. 分类。按信号传输方式来分，控制指示设备可分为分线制、总线制和无线制或其组合。

按照报警信号的接口方式不同，控制指示设备可分为有线接口的报警主机、无线接口的报警主机、有线接口和无线接口兼容的报警主机。

根据使用要求和系统大小的不同，控制指示设备可分为单路报警主机（只控制一路探测器，只有一路声响报警）、小型报警主机、中型报警主机、大型报警主机。

按布设位置来分，控制指示设备可分为现场（区域）报警控制器、监控中心报警控制器和远程报警控制平台。

依据安装方式的不同，可分为台式报警主机、壁挂式报警主机、柜式报警主机。

按控制功能来分，控制指示设备分为单一防范功能（如防盗、防入侵报警控制器、防火报警控制器）、综合安全防范功能（集防盗、防入侵、防火、电话拨号、监听、电子巡查、出入口控制、对讲、可视对讲、安全防范视频监控等于一体或其组合）。

3. 通信格式。目前，控制指示设备与上位机（接警中心）的通信格式主要有两种，一种是传统报警器专用通信格式：3+2、4+1、4+2、CFSKIII、4/2、1/3、MODEM II、MODEM III、CONTACT ID 格式等；另一种是通用格式：RS232、RS422、RS485 等。

三、几种常用入侵探测器

下面介绍的几种常用入侵探测器仅对磁开关探测器做了选型、安装和使用的较为详细的介绍，其他类型入侵探测器只介绍基本工作原理，其他内容不再详细说明，请有兴趣的读者参考相关资料。笔者想强调的是，磁开关的工作原理如此简单，都需要选型、安装和使用的诸多注意事项，其他类型的探测器也需要在具体项目中仔细对待，注意适用条件，而不是想当然。大家也可以举一反三，进一步开发或选用更加有效的探测器产品。

（一）磁开关探测器

1. 磁开关探测器结构与工作原理。磁开关入侵探测器是由开关盒（核心部件是干簧管，又称磁簧管或磁控管）和磁铁盒（永久磁铁块）构成，其中干簧管是磁开关探测器的核心元件。其工作原理是：当磁铁盒相对于开关盒移开至一定距离时，能引起开关状态发生变化，控制有关电路发出报警信号，磁开关入侵探测器又称磁控管开关或磁簧开关，俗称磁控开关或门磁开关。附图 1. 1. 2 左图是磁开关入侵探测器的两种实物图，左侧为暗装式磁开关探测器，右侧为表面安装式磁开关探测器。入侵报警系统中主要使用常开式干簧管，附图 1. 1. 2 右图是这种干簧管结构示意图。

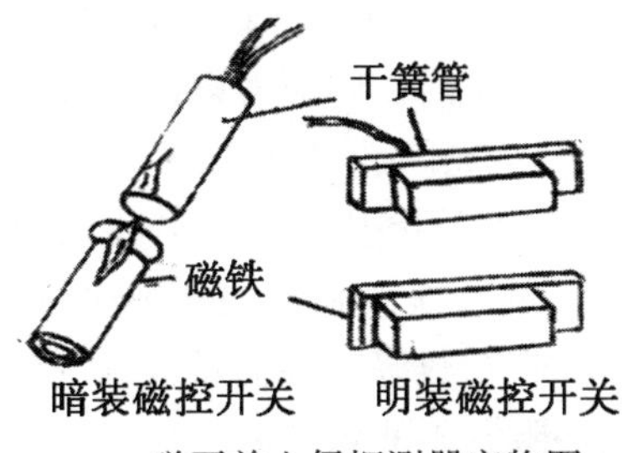

磁开关入侵探测器实物图

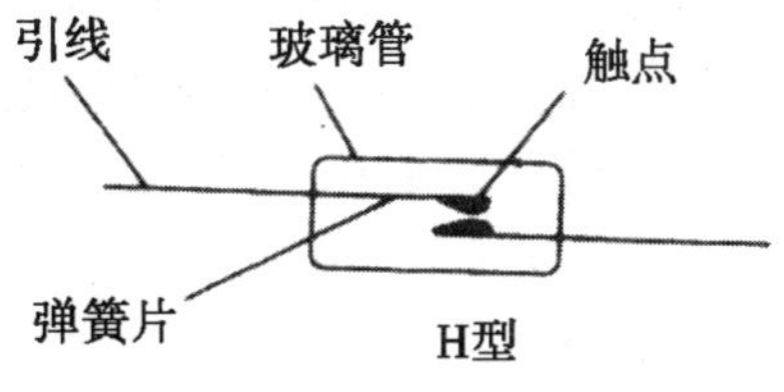

常开式干簧管结构示意图

附图 1.1.2　磁开关和干簧管

干簧管中的弹簧片用铁镍合金做成，具有很好的弹性，且极易磁化和退磁，它与玻璃管烧结而成。玻璃管内充惰性气体，防止触点氧化。弹簧片上的触点镀金、银、铑等贵重金属，以减小接触电阻。两触点间隙很小，吸合、释放的时间一般在 1ms 左右，吸合次数（寿命）可达 10^8 次以上。

这种干簧管的弹簧片烧结在玻璃管两端，在永久磁铁的磁场作用下，两触点产生异性磁极，由于异性磁极的相互吸引两触点闭合，形成警戒状态。一旦磁铁远离干簧管，即门、窗被打开，两触点立即退磁，在弹簧片弹力的作用下，触点分开，系统报警。

磁开关按分隔间隙（磁铁盒与开关盒相对移开至开关状态发生变化时的距离）将产品分为三类：A 类大于 20mm、B 类大于 40mm、C 类大于 60mm。

2. 磁开关入侵探测器的应用。

（1）设备选型。由于磁开关入侵探测器具有体积小、耗电少、使用方便、价格便宜、动作灵敏、抗腐蚀性能好、寿命长等优点，适用的场合较多，如商店、展览馆等与外界相通的门、窗，可选择暗装磁控开关，并将其嵌入门、窗框内，再将引线适当伪装，可有效地防止破坏；再如办公室、家庭，则可选择明装式磁控开关，可减少施工麻烦。

应根据所安装门、窗缝隙的大小，选择不同类别的产品。原则是：保证所选磁开关在门、窗被打开缝前报警。干簧管与永久磁铁的安装间距一般以 5mm 左右为宜，有时门、窗缝隙过大，特别是随风晃动的门、窗，不宜选用磁开关探测器警戒。

选用磁控开关时还应考虑所安装门、窗的质地和颜色，木制门、窗须选与其颜色协调、尺寸适宜的磁控开关；对于铁、钢、塑钢（塑钢内有铁骨架）门、窗除颜色协调、尺寸适宜外，普通的磁控开关不适用于金属门窗，因为金属门窗会使磁铁磁性减弱，缩短使用寿命，必须要采用专用的磁控开关，这种专用磁控开关已做了隔磁处理，能有效地防止磁能沿铁磁物质的损失，保证系统的可靠性。

（2）设备安装。开关状态检查。检查磁控开关状态及是否正常工作，常用的方法是将磁铁盒紧靠开关盒，用万用表低阻挡点接开关盒引线，对常开式磁开关来说，电阻值很小（如不大于 10Ω），则工作状态正常；若电阻值很大（如大于 10kΩ），则说明磁控开关已坏。

安装磁控开关时，一定要将磁铁盒、开关盒平行对准。开关盒安装在固定的门、窗框上，磁铁盒安装在活动的门、窗上。对于平开门，安装位置离门轴太近可能会漏报，太远又容易出现误报，最好安装在门轴 2/3 处；对于推拉门，则应考虑磁铁盒和开关盒之间的分隔间隙。木制门、窗两者间距在 5mm 左右，金属门、窗在 2mm 左右。安装应隐蔽，避免被破坏。安装时要避免猛烈冲击，防止干簧管受损。安装暗装式磁控开关时，应用开孔器先打出适合的孔洞，放入少量黏胶，将磁铁盒和开关盒分别嵌入即可。磁控开关的引线接头要用锡焊牢，并用专用密封件或胶布封好。根据具体情况将导线穿入线管或穿入线槽中，走线应远离交流线路，受条件限制不能远离时，应穿金属管，以防电磁波的干扰。在室外，若有架空线，应用钢丝作为吊线，再用钢质扣环将报警线固定，必要时须加避雷装置。室外金属管定要做好接地，防止感应雷烧毁整个系统。

（3）设备使用。磁开关入侵探测器属于点控制式探测器，只要该警戒点不被触动，或磁铁盒与开关盒相对位移小于分隔间隙，系统就不会报警，它的误报警很少，这是可靠性高的具体表现，也是磁开关探测器的优点。但是也应注意到其明显、典型的缺点，如不是开启门、窗，而是打碎玻璃或破门、窗而入，磁开关就显得无能为力了。

对于设置磁开关入侵探测器的门、窗，在布防前要关、插固定好，否则刮风时门、窗的晃动有可能会造成设备的误报警。还应注意不要让任何能产生磁场的物体或仪器设备靠近磁开关，否则会影响磁开关的正常工作。

定期（如三个月）检查磁开关探测器工作状况。重点检查的内容有：木制门、窗是否形变，磁铁盒与开关盒距离是否发生变化；固定磁控开关的螺丝是否松动或脱落或是黏胶失效；永久磁铁的磁性是否减弱，传感器的灵敏度是否降低。谨防漏报警的现象发生。导致设备漏报警、误报警发生的原因除距离改变、螺丝松动、黏胶失效等表面现象外，还可能是触点的“冷焊”现象，“冷焊”会导致常开式磁控开关的漏报警。

（二）被动红外探测器

在自然界中，任何高于绝对零度的物体都是红外辐射源，如室外的建筑物、地形、树木、山和室内的墙壁、家具等都会产生热辐射，但因这些物体是相对固定不变的，其热辐射也是相对稳定的。物体的温度越高，辐射红外线波长越短；反之，辐射红外线波长越长。不同波段的红外辐射在大气中传播时被吸收和散射的程度不同。人体热辐射的主波长为 8μm～14μm。

“被动”是指探测器本身无专门用于探测的能量发射源，只靠接收自然界中物体的辐射能量完成探测目的。被动红外探测器只有红外线接收器，当探测区域内有人体类目标移动时，将引起该区域内红外辐射的变化，经菲涅尔透镜（光学系统）的汇集和调制，红外传感器（热释电传感器）能探测出这种红外辐射的变化，经内部电路分析判断后发出报警信号。在使用中，红外探测器一般用在背景不动或防范区域内无活动物体的场合（见附图 1.1.3）。

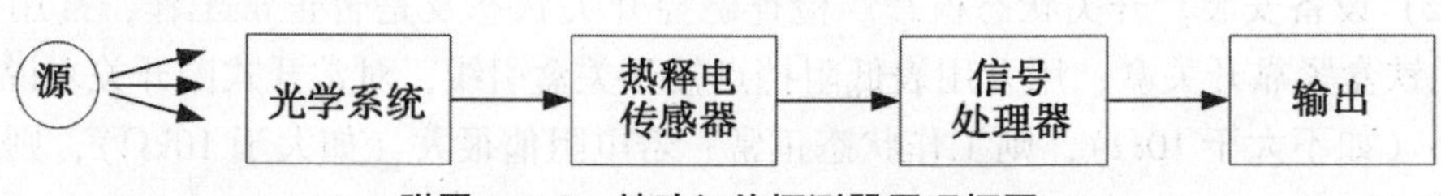

附图 1.1.3　被动红外探测器原理框图

被动红外探测核心部件是热释电传感器，其主体是一薄片铁电材料，该材料在外加电场作用下极化，当撤去外电场时仍保持极化状态，称之为“自发极化”。自发极化强度与温度有关，温度升高，极化强度降低；当温度升到一定值时，自发极化强度突然消失，这时的温度称为“居里点”温度。在居里点温度以下，利用极化强度与温度的关系制成热释电传感器。当一定强度的红外辐射照射到已极化的铁电材料上时，引起其温度上升、极化强度降低，表面极化电荷减少，这部分电荷经放大器转变成输出电压，如果同一强度辐射持续稳定地照射，则该材料温度稳定在某一点上，不再释放电荷，即没有电压输出。

由于热释电传感器只在温度升降过程中才有电压信号输出，被动红外探测器的光学系统不仅有汇集红外辐射的能力，还应让汇集在热释电传感器上的辐射热有升降变化，以保证被动红外探测器在有人入侵时有电压信号输出。为此，目前绝大多数被动红外探测器的光学系统采用多组、数十片菲涅尔透镜组成（用透红外材料一次压膜成型），如附图 1. 1. 4 所示为某种型号的壁挂式被动红外探测器的光学系统。

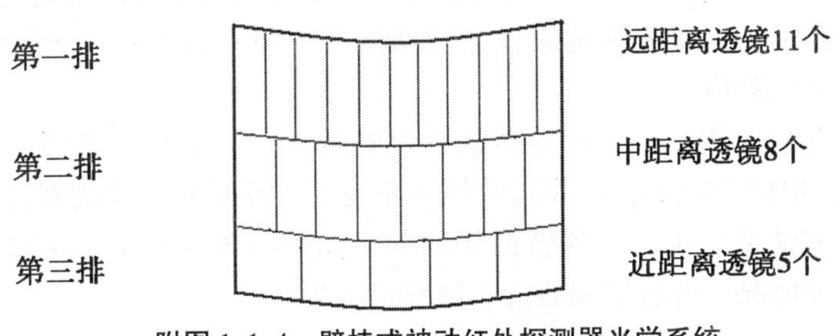

附图 1. 1. 4　壁挂式被动红外探测器光学系统

附图 1. 1. 5 展示了探测器的水平视场和垂直视场，即探测范围。

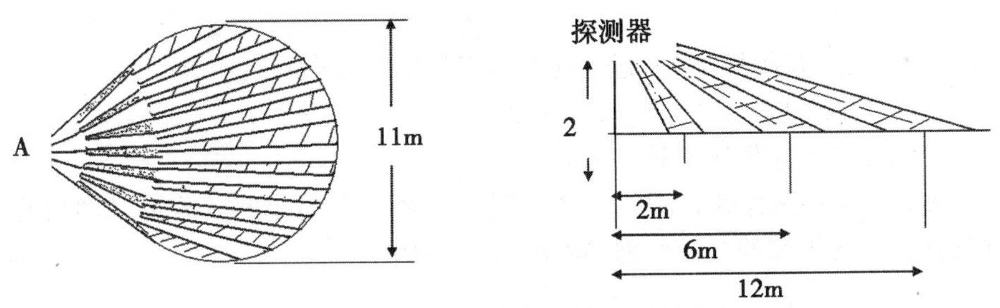

附图 1. 1. 5　壁挂式被动红外探测器的视场

需要说明的是，图中阴影带不是探测器的发射波束，仅表示在阴影带内的辐射热才能传至探测器，阴影带以外的辐射热探测器接收不到。若入侵者在探测区内的垂直阴影带移动时，探测器接收到的辐射热变化率最大，探测器的灵敏度最高；若沿阴影带或在带外移动，探测器接收到的辐射热变化率最小，探测器灵敏度最低。当然探测器的灵敏度还与其他因素有关，如移动速度，按 GB 10408. 5-2000《室内用被动红外探测器》标准规定：被动红外探测器速度灵敏度范围是 0. 3m/s~3m/s。

在数字化被动红外探测器中，热释电传感器输出的微弱电信号直接输入到微处理器上，所有信号转换、放大、滤波等都在一个处理芯片内进行，从而提高了被动红外探测器的可靠性。

（三）微波多普勒型入侵探测器

微波是一种频率很高的电磁波，其频率范围从300MHz到300GHz。微波探测器所用波长有X-波段和K-波段之分，现多选用K-波段频率（24.1GHz~24.2GHz）为工作波长。

微波多普勒型探测器是一种主动式探测器。其探测原理是，其发射器不断发出高频电磁波，在探测空间建立三维的电磁场。接收器与发射器安装在同一机壳内，用于接收从探测区域内返回的反射波，并将反射波的频率与发射波频率进行比较而作出判断。若是活动物体进入探测区域则会导致反射波出现多普勒效应（反射波与发射波存在频差），从而引发报警。

所谓多普勒效应就是这样一种物理现象：当一列鸣笛的火车向你驶来时，你会感觉到笛声的刺耳；若鸣笛的火车离你远去时，你会觉得笛声发闷。这实际上是一种频率的变化过程。设火车静止时笛声的频率是 f_o，那么火车向你驶来时你听到的笛声频率就是 f_o+f_d，即频率升高了；火车离你远去，你听到笛声的频率是 f_o-f_d，即频率降低了。电磁波同样具有多普勒效应。

在微波多普勒型探测器中，探测器既发射电磁波，也接收电磁波。若发射频率是 f_o，遇固定物体反射后，探测器接收到的频率还是 f_o，若遇朝向探测器运动的物体的反射，接收到的频率就是 f_o+f_d；若遇背向探测器运动的物体的反射，接收到的频率就是 f_o-f_d。归纳这两种情况，可将探测器接收频率表示为

$$f=f_o \pm f_d$$

式中：f_d 为多普勒频移。

物理学公式告诉我们

$$f_d=2V_r f_o/c$$

式中：V_r 为运动物体的径向运动速度（以发射源为中心）；

c 为电磁波在真空中的传播速度；

f_o 为探测器发射频率。

微波多普勒型探测器就是通过探测入侵者的径向运动速度或分量（即由此产生的多普勒频移）实现报警的。其原理如附图1.1.6所示。

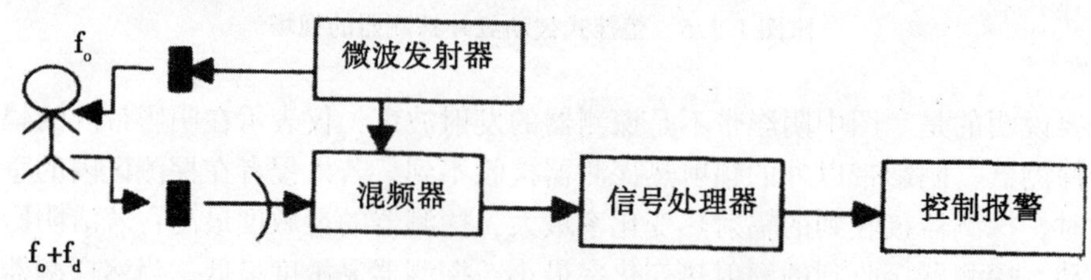

附图1.1.6　微波多普勒型探测器原理框图

由于微波具有一定的穿透力，将微波器用薄木板或塑料板罩上不会影响微波的辐

射，所以容易隐蔽和伪装。它的特点是当高频电磁波遇到金属表面或坚硬的混凝土表面时特别容易反射。它对空气的扰动、温度的变化和噪声等均不敏感。它能够穿透砖墙、大多的隔墙及玻璃板等。

微波多普勒入侵探测器也会受气候变化和自然环境因素大变化的影响。如探测空间附近的运动物、氖灯、转动的风扇。如果探测区域是开阔地，则下雨、下雪、树枝摇动和树叶下落均可引起报警。

（四）微波和被动红外复合入侵探测器

1. 工作原理。将微波多普勒探测技术与被动红外探测技术组合在一起，构成微波和被动红外复合入侵探测器（又称微波/被动红外双技术探测器）。这种双技术探测器将两个探测单元的探测信号同时（或几乎同时）送入“与门”电路触发报警。“与门”电路的特点是：只有当两输入端同时为“1”（高电平）时，输出才为“1”（高电平）。换句话说，只限于当两探测单元同时（或几乎同时）探测到入侵信号时，才可能触发报警。

这种双技术的应用，克服了单技术探测器各自的缺点，减少了误报警，提高了探测器的可靠性。常见的墙外移动对微波多普勒效应和强光照射对被动红外的误报警被大大抑制。曾有人作过统计，微波和被动红外复合入侵探测器的误报率是其他单技术探测器的1/421，在此误报率的基础上，有些产品又对其作了一系列改进，增加了许多新的技术，使这种探测器性能更加可靠，是目前安全防范领域中应用最多的一种探测器。

2. IFT技术。IFT技术即双边浮动阈值技术。普通双技术探测器的触发阈值是固定的，而IFT技术的触发阈值是浮动的。若检测的信号频率在0.1Hz~10Hz范围内（人体移动信号频率），则触发阈值固定在某一数值；一旦超出此值即报警。若检测的频率不在此范围，则视为干扰信号，其触发阈值将随干扰信号的峰值自动调节，这样就不会引发报警信号，由此进一步减少误报警。

3. 智能化处理技术。普通的双技术探测器在红外与微波两种探测技术都探测到目标时就发出报警信号，这种处理方式在微波受到干扰的情况下还是容易引起误报警的。而采用微处理技术，不仅能分析由两种探测技术探测到的波形，而且能对这两个信号之间的时间关系进行分析，即根据红外与微波触发的先后次序、时间间隔等判断警情，极大地减少误报警。还可以通过调节脉冲计数，使红外探测器灵敏度适当，可以减少老鼠、蝙蝠等引起的误报警。当任何一种可能触发红外和微波探测器的信号被探测到之后，经过转换处理，将其传送到微处理器。在微处理器中，这些信号与电脑芯片中所储存的模拟入侵者信号数据进行比较，如果与电脑单芯片中所存储的信号相同或相近，经微处理器判断后就会发出报警信号，否则就不报警。

另外，内置微处理器后，还可以用自适应式探测门限处理技术。其工作原理是：微处理器对防范现场的信号进行分析，自动合理调节探测门限，以降低各种噪声干扰的影响，使探测器能够准确地识别人体入侵与噪声信号，从而提高抗误报警能力。例如，微处理器可在非常短的时间内对某些固定噪声（如风扇、空调等产生的带有重复尖峰）信号进行采样，经滤波分析后不产生误报警。对某些低能量的没有明显峰值的干扰信号经分析判断后，将报警的临界值提高，以减少突发干扰信号可能触发的误报警。

4. K-波段微波技术。K-波段是比 X-波段频率更高的微波。普通微波/被动红外双技术探测器使用的微波频率多在 10.525GHz 附近，而 K-波段的微波频率在 24.1～24.2GHz 之间。

K-波段微波和 X-波段微波受到墙壁和窗户阻挡后的典型衰减值如附表 1.1.1 所示：

附表 1.1.1　两段微波受到不同物体阻挡后的衰减值

阻挡物 / 波段	实体墙	带框架的玻璃墙面
X-波段	85%	20%
K-波段	96%	60%

显然 K-波段的微波被墙壁、玻璃等阻挡的百分比较 X-波段微波高得多。采用 K-波段的微波/被动红外双技术探测器优点如下：

（1）容易将微波信号限制在室内。室外移动的人体、汽车等，就不易引起室内 K-波段微波探测器或微波/被动红外双技术探测器的误报警。

（2）当调节 K-波段微波的探测灵敏度时，微波探测区形状始终保持不变。

（五）振动入侵探测器

将各种破坏活动时所产生的振动信号作为报警的依据（振动频率、振动周期、振动幅度）。振动入侵探测器是以探测入侵者的走动或进行敲击、撬动等行为为目标的探测器。

常用的几种振动探测器：机械式振动探测器、惯性棒电子式振动探测器、电动式振动探测器、压电晶体振动探测器、电子式全面型振动探测器。机械式振动探测器是一种振动型的机械开关，可安装在墙壁、天花板或其他能产生振动的地方，适用于室内或室外周界。惯性棒电子式振动探测器是将一根金属棒架在两组交叉的镀金金属架上，金属棒与金属架之间构成闭合回路。压电晶体振动探测器是利用压电晶体的压电效应，可以将施加于其上的机械作用力转变为相应大小的电信号，其电信号的频率及幅度与机械振动的频率及幅度成正比，当信号值达到设定值时就发出报警信号。以下对常用的两种振动探测器进行介绍。

1. 电动式振动探测器。在探测范围内能对入侵者引起的机械振动或冲击信号产生报警的装置，叫振动入侵探测器。电动式振动入侵探测器的结构组成如附图 1.1.7 所示。

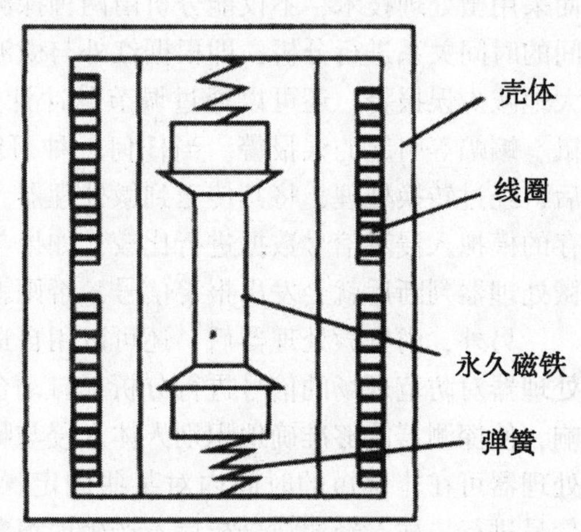

附图 1.1.7　电动式振动探测器结构图

电动式振动探测器由永久磁铁、线圈、弹簧、壳体等组成。在使用中探测器外壳与被警戒部位刚性连接。当有入侵行为发生时，被警戒部位（如地面）与探测器外壳（线圈）一起产生微振动，由于永久磁铁与探测器外壳是弹簧连接，于是固定在探测器外壳上的线圈与永久磁之间就产生了相对运动，即产生感生电流。对此变化电流经处理，即可产生报警信息。

电动式振动探测器在室外使用时可以构成地面周界报警系统，用来探测入侵者在地面上走动引起的低频振动信号，因此通常又称这种探测器为地音探测器。

2. 电子式全面振动入侵探测器。这种探测器可以探测爆炸、锤击、钻孔、锯钢筋等引发的振动信号，在探测区内人员的正常走动不会引起报警。

这种探测器包含了对振动频率、振动周期和振幅的分析，从而能有效地探测出各种非法行动产生的振动信号。其信号分析原理如附图1.1.8所示。

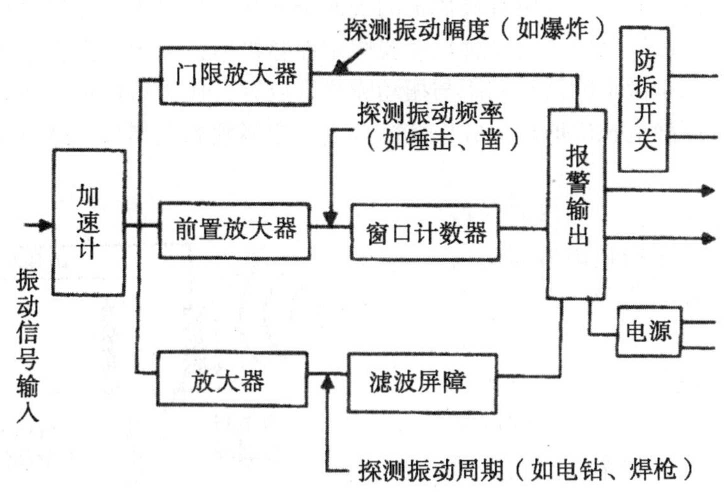

附图1.1.8 电子式全面振动探测器原理框图

这种探测器探测范围与传播介质及振动方向有关，一般是3m~4m（半径），最大可达14m。灵敏度可调，以适用于不同的环境，如银行金库、文物库房等。

振动入侵探测器也适用于不同结构的ATM、保险柜、墙体、门、窗及铁护栏等物体的防范，可以有效地防止被防护物体的砸、打、撬等的破坏活动。

（六）声音探测器

当入侵者进入防范区域时，总会发出一定的声响，如说话、走动等。能响应这些由空气传播的声音，并进入报警状态的装置称为声音探测器。入侵报警系统中声音探测器常配合其他探测器使用，在系统中的作用是报警复核，即报警系统报警后监听现场声音，以鉴别报警真伪，故声音探测器又称为声音复核装置或监听头。声音复核装置通常用于监听入侵者在防范区域内走动或进行盗窃和破坏活动（如撬锁、开启门窗、搬运、拆卸东西等）时所发出的声响。

声音探测器由声传感器、前置音频放大器两部分组成。声传感器把声音信号变成电信号，经前置放大送报警控制器处理后发出报警处理信号，也可将报警信号经放大推动喇叭、录音设备，以便监听和录音。其中声电传感器多用驻极体话筒，值班人员可根据声音（连续走动声、撬锁声等）做出判断和处理。

驻极体话筒即声电传感器，是声音探测器的主要器件，所用的驻极体材料是一种准永久带电的介电材料。这种材料和永久磁铁有许多相似之处。将永久磁铁分割成两部分，无论怎样分割，得到的仍然是一块具有N极和S极的磁铁，这就是磁铁的N极、S极的不可分割性。若把驻极体分割成两部分，总有两个相对的表面出现等量异号的电荷，即驻极体具有正负电荷的不可分割性。

目前所用驻极体话筒中的基本元件“驻极体箔”多是在聚四氟乙烯绝缘薄膜上采用的充电处理，使两个相对表面带有等量异号的电荷。而且这种电荷能长时间储存在驻极体箔上。

在制作驻极体话筒时，先将驻极体箔的表面金属化，如蒸镀上金属材料，再将其张紧在金属环上，形成振动膜。将这种振动膜固定在驻极体话筒内壁上，作为前电极。另用一块金属板以几十微米的微小间距与振动膜平行放置，作为后电极，前后电极构成平行板电容器。根据静电感应原理，驻极体箔分别在金属膜和金属板上感应出电荷，如附图 1.1.9 所示。

在声波的作用下，驻极体箔（振动膜）产生振动，平行板电容器两极板间的距离 d 也随之变化，变化的频率与声波的频率一致。根据平行板电容器两极板之间电压 V、电场强度 E 和间距 d 的关系（V=Ed），可知两极板间电压也随声波的频率而变化，通过外电路提取这一变化的电压信号，即可完成声电转换。

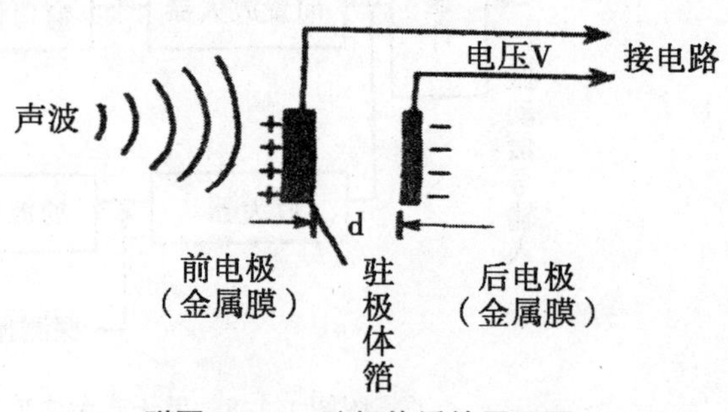

附图 1.1.9　驻极体话筒原理图

驻极体话筒在 20Hz～15000Hz 的音频范围有恒定的灵敏度，且有体积小、重量轻、经久耐用等优点。

（七）主动红外探测器

主动红外探测器由主动红外发射机和主动红外接收机组成，当发射机与接收机之间的红外光束被完全遮断或按给定百分比遮断时能产生报警状态的装置，叫作主动红外探测器。

主动红外发射机通常采用红外发光二极管作为光源，现在的主动红外探测器多数是采用互补式自激多谐振荡电路作为驱动电源，直接加在红外发光二极管两端，使其发出经脉冲调制的、占空比很高的红外光束，这既降低了电源的功耗，又增强了主动红外探测器的抗干扰能力。

主动红外接收机中的光电传感器通常采用光电二极管、光电三极管、硅光电池、硅雪崩二极管等。

有关标准规定：“探测器在制造厂商规定的探测距离工作时，辐射信号被完全或按给定百分比遮光的持续时间大于 40（1±10%）ms 时，探测器应产生报警状态。”

主动红外发射机所发的红外光束有一定的发散角，如附图 1.1.10 所示。为了减少由此引起的误报警，安装使用中应严格地让发射机与接收机红外光学轴线重合。

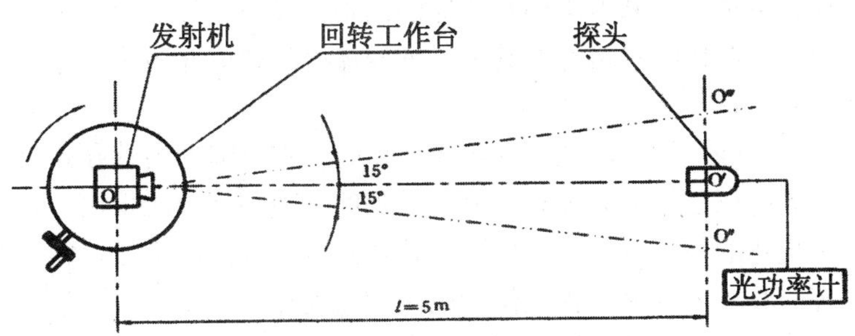

附图 1.1.10 发散角示意图

目前，主动红外探测器有单光束、双光束、四光束及多光束等多个型号。工作原理一般是：当两光束完全或按给定百分比同时被遮断时，探测器即可进入报警状态。这种主动红外探测器可以减少小鸟、落叶等引起系统的误报警。

（八）激光对射入侵探测器

激光对射入侵探测器与主动红外探测器在组成及外型上基本一样，所不同的是用激光光源取代了主动红外探测器中的红外发光二极管，用激光接收机取代了红外接收机，在发射机与接收机之间形成一束或多束经调制的不可见的红外激光，当该光束被完全遮断或按给定百分比遮断时能产生报警状态的装置。由于激光具有方向性好、穿透性高等突出优点，使得激光探测器在探测器距离、稳定性等方面均超过了主动红外探测器。

增大激光源的发射功率、增加光学系统透光率，减小发射装置的发散角可以加大作用距离。采用高灵敏度光电传感器，降低可靠报警所需接收的最小功率，也可以有效地加大作用距离。同时接收机采用的光电传感器的峰值灵敏度波长应与探测器激光波长尽可能一致。

（九）遮挡式微波入侵探测器

遮挡式微波入侵探测器是一种将微波发、收设备分置（天线分置）的利用场干扰或波束阻断式原理的微波探测器，较多用于室外。当接收与发射天线之间无阻挡物时，检波出的信号有一定的强度，发出正常工作信号；当接收与发射天线之间有阻挡物或探测目标时，由于破坏了微波的正常传播，使接收天线收到的微波强度有所减弱或消失，这样，就可利用接收机所收到的微波信号的强弱来判定是否有人入侵，并产生报警信号。

由于在微波接收机与发射机之间形成了一道无形的“墙”，因此这是一种很好的周界防范报警探测设备，它适用于比较开阔、平坦和直线性较好的外周界。微波探测器受雾、雪、风、雨等气候的变化影响很小，也不受热源、噪声及空气流动的影响。

遮挡式微波入侵探测器类似于主动红外对射式入侵探测器的工作方式，不同的是用于探测的波束是微波而不是红外线。这种探测器的波束更宽、呈扁平状，常有 0.5m～2m 宽、2m～4m 高，长达几十至上百米，像一面墙壁的形状，故而又称“微波墙探测器”。

（十）周界型入侵探测器

1. 驻极体振动电缆探测器。驻极体振动电缆是一种经过特殊充电处理后带有永久预置电荷的介电材料，利用驻极体材料可以制作驻极体话筒。驻极体电缆又称为张力敏感电缆或麦克风式电缆，其基本结构和普通的同轴电缆很相似，只不过是一种经过特殊加工的同轴电缆。在制作时对填充在其内、外导体之间的电介质进行静电偏压，使之带有永久性的预置静电荷。

当驻极体电缆受到机械振动或因受压而变形时，在电缆的内外导体就会产生一个变化的电压信号，此电压信号的大小和频率与受到的机械振动力成正比。与外电路相连就可以检测出这一变化的信号电压，并检测到较宽频域范围内的信号。由于驻极体电缆传感器的工作原理与驻极体麦克风相类似，故又称为麦克风电缆。

使用时通常将驻极体电缆用塑料带固定在栅栏或钢丝上，其一端与报警控制电路相连，另一端与负载电阻相连。当有人翻越栅栏、铁丝网或切割栅栏、铁丝网时，电缆因受到振动而产生模拟电压信号即可触发报警。

此外，由于驻极体电缆实际上就是一种精心设计的特制麦克风，因此利用它把入侵者破坏或翻越栅网、触动振动电缆时的声响以及邻近的声音传送到中心控制室进行监听，用来判断是否有人入侵。

2. 光纤振动入侵探测器。光缆振动入侵探测系统是由光纤传感单元、光纤传输单元、信号采集与处理装置、报警主控装置四大部分组成。光纤传感单元安装在网状围栏或者其他周界围栏上，当光纤传感单元受到外界干扰影响时，如翻越、挖掘、触碰、挤压、敲打等试图攀爬和闯入所引起的振动会改变传输光的模式，光纤中传输光的部分特性就会改变，光纤传感电缆将围栏上微小的振动转化成电信号传给信号采集与处理装置，经过信号采集与分析，就能检测光的特性（如衰减、相位、波长、极化、模场分布和传播时间）变化。光的特性变化通过报警控制器的特殊算法和分析处理，区分第三方入侵行为与正常干扰，实现报警及定位功能。

光纤中传输的光正常状态及受干扰状态传播方式的图形比较如附图 1.1.11 所示。

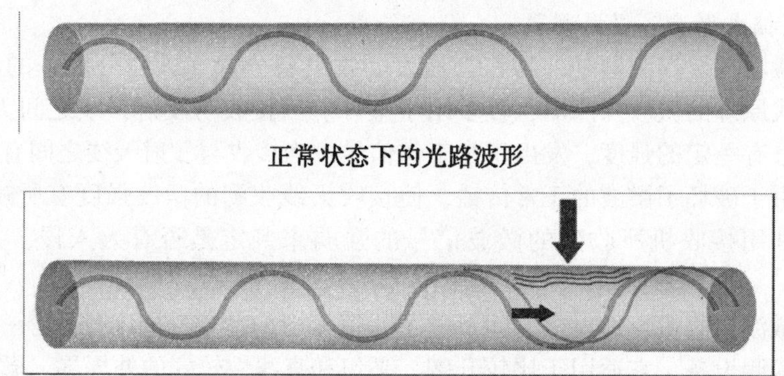

附图 1.1.11　受挤压、触碰等振动干扰后的光路波形光波状态变化示意图

光纤传感，包含对外界信号（被测量）的感知和传输两种功能。所谓感知（或敏感），是指外界信号按照其变化规律使光纤中传输光波的物理特征参量，如强度（功率）、波长、频率、相位和偏振态等发生变化，测量光参量的变化即“感知”外界信号的变化。这种“感知”实质上是外界信号对光纤中传播的光波实时调制。所谓传输，是指光纤将受到外界信号调制的光波传输到光探测器进行检测，将外界信号从光波中提

取出来并按需要进行数据处理，也就是解调。

光纤工作频带宽，动态范围大，是一种优良的低损耗传输线；在一定条件下，光纤特别容易接收被测量力场的加载，是一种优良的敏感元件；光纤本身不带电，体积小、质量轻、易弯曲，抗电磁干扰、抗辐射性能好，特别适合于易燃、易爆、空间受严格限制及强电磁干扰等恶劣环境下使用。根据被外界信号调制的光波的物理特征参量的变化情况，可将光波的调制分为光强度调制、光频率调制、光波长调制、光相位调制和偏振调制五种类型。由于现有的任何一种光探测器都只能响应光的强度，光的频率、波长、相位和偏振调制信号都要通过某种转换技术转换成强度信号，才能为光探测器所接收，实现检测。目前应用于安全防范领域的产品类型主要有：基于多模光纤模式干涉探测技术原理、基于“光纤干涉仪”原理、基于分布式光纤干涉定位技术等。

3. 泄漏电缆探测器。泄漏电缆与普通同轴电缆外形一样，不同的是：泄漏电缆在电缆外导体（屏蔽层）上沿着长度方向周期性地开有一定形状的槽孔，故又称带孔同轴电缆，如附图 1.1.12 所示。

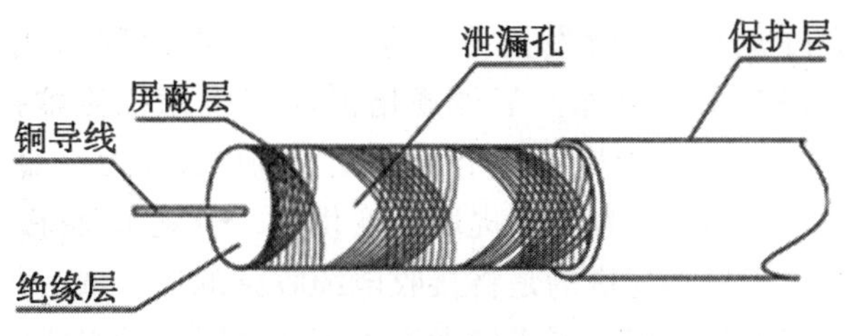

附图 1.1.12　泄漏电缆结构示意图

这种探测器由两根带孔同轴电缆及发射机、接收机和信号处理器组成，如附图 1.1.13 所示。

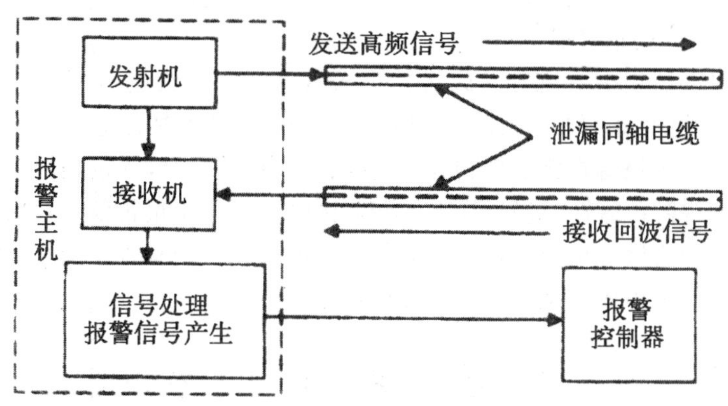

附图 1.1.13　泄漏电缆探测器原理框图

一根泄漏电缆与发射机相连，向外发射能量。另一根泄漏电缆与接收机相连，用来接收能量。发射机发射的高频电磁能经发射电缆向外发射，一部分能量耦合到接收电缆，收发电缆之间的空间形成一个椭圆形的电磁场探测区，如附图 1.1.14 所示。

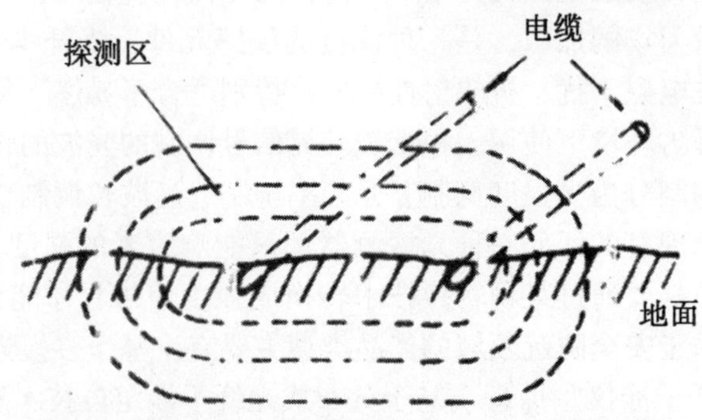

附图 1.1.14　泄漏电缆探测器形成探测区示意图

两根电缆之间的电磁耦合对扰动非常敏感。当有人进入此探测区时，会干扰这个耦合场，使接收电缆收到的电磁波能量发生变化。通过信号电路处理该变化量、变化率和持续时间等，就可通过电子电路触发报警。通常，两电缆之间形成的电磁场范围（探测范围）与产品的规格有关，例如，某种规格的泄漏电缆探测器探测宽度 4m、高度 1m。如果有人进入此探测区，干扰了这个稳定变化的电磁电场，使接收电缆收到的电磁波能量发生变化，通过信号处理电路提取其变化量、变化率及持续时间等，即可触发报警。在这类探测器中，较为先进的是将接收电缆收到的信号数字化，在无探测目标的情况下，将仿形曲线存入存储器，当入侵者进入探测区时，两电缆之间的电磁场分布发生了变化，通过与存储器的仿真曲线对比，实现报警。另外，也可对接收电缆收到的返回脉冲信号进行检测，通过对发射与接收脉冲信号的持续时间、周期和振幅进行严格对比，可立即探测出电场内的细微变化，甚至能准确地探测入侵者的位置（如可在显示器上显示出周界轮廓图并利用其上的指示灯来指示入侵者的位置）。

（十一）视频入侵报警器

视频入侵报警器是指入侵者（或物）进入警戒区（在视场范围内，能响应视频信号变化并产生报警信号的预先设定的区域）引起视频信号中的亮度信号发生变化，能响应这一变化，输出报警视频信号和发生光报警的装置。视频入侵报警系统是以摄像机作为探测器，监视防范区域，当目标入侵警戒区时，可发出报警信号并启动报警联动装置的系统。目前随着摄像机数字化和智能化水平的提高，内置入侵探测功能的摄像机比较常见。传统的模拟摄像机型的视频入侵探测器基本消失。

第二节　视频监控系统和设备介绍

一、系统构成

（一）系统构成

视频监控系统是人的视觉能力的延伸，是在使用者或者管理者与观察空间内的各种事件目标之间的中介物。目前的视频系统也可以向其他信息系统提供相关信息，如语义性的信息。它的构成是以视频信息为中心，确保系统可靠安全和信号的原始完整性。

视频系统通常由模拟和数字硬件、软件组成。按照视频信息流的应用观点，安全防范视频监控系统（以下简称“视频系统”或“系统”）由视频采集、视频传输、视频处理、视频存储、视频显示和相应控制管理等部分构成（见附图 1.2.1）。其中由视频采集、视频传输、视频显示和相应控制管理部分构成的系统可构成最小规模系统。

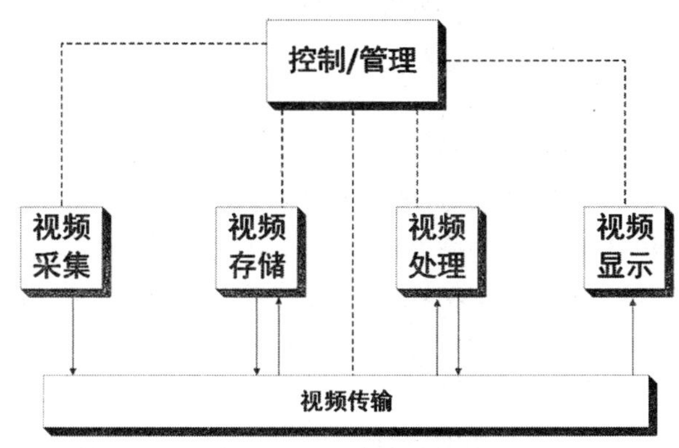

附图 1.2.1　安全防范视频监控系统结构框图

由于视频系统设备及其功能、技术发展变化很快，单一的设备及其要求无法统一规定。为此，这里所描述的视频系统描绘成多个功能模块，它可能对应了不同系统部件和系统功能。

1. 视频采集部分。视频采集部分的功能是用于采集关注场景的现场的光学信息或相关数据而生成系统后续可处理的视频信息。包括视频成像的光电转换设备，或可从其他视频系统中获取视频信息的接口。

2. 视频传输部分与互连。

（1）视频传输部分的功能是将视频信息传递到存储、处理、显示等环节的设备、介质和方法。一般包括视频信号的较远距离传送、信号的放大、分配和分发（在包交换网络中的术语）。

（2）互连就是在设备间、系统间等通过物理接口和软件协议经由适当的传输介质连接，以相容的方式协调一致工作，保持传递的内容信息不损失或不影响最终判断结果，用于完成系统外设备或其他功能系统与视频系统信号互连、数据交换等，是上述视频传输部分的扩展。不同的互连方式构成了系统不同的构成模式。

（3）互连的协议接口和传输介质、设备构成了互连网络。互联网是互联网型视频系统的互连网络。

（4）系统互连，属于信息共享的范畴。若多个视频系统互连后，重新按照统一管理的方式进行资源管理、操作控制，则新构成的系统作为一个完整的新系统。在两个视频系统互连时，若被接入一方未被纳入统一管理，则输出信息的一方为视频信息的被采集方，输入信息的一方为视频信息采集方（属于二次传递）。

(5) 不可控的视频源的接入属于视频信息的二次传递采集，其连接处视作视频信息的采集部分；只有可控的视频源对应的传输部分才是本系统的传输部分。

(6) 视频系统可经约定的协议接口，与其他功能系统如入侵报警系统、消防系统、交通指挥系统等进行通信互连。

(7) 当与特定安全要求的网络如公安专网互连时，应通过符合相关规定的安全方法隔离和互连。

(8) 在安全条件许可的前提下，视频设备的互连可以存在有线、无线方式。无线方式又可以分为专用网方式和公众网方式。

3. 视频显示部分。视频显示部分是完成视频信息的视觉呈现的关键环节。显示的信息包括视频和（或）GIS 信息、操作信息等。这是视频系统人机交互的关键环节。

4. 视频处理部分。视频处理部分完成对视频采集部分交付的或来自其他环节的视频信息进行处理，可包括采集过程中的降噪、针对亮暗差距较大光照环境的宽动态处理、针对雾环境的透雾处理、因传输需要进行的编码或数据压缩、存储过程中的解包或打包和（或）文件化、为适应显示要求所做的解码和（或）切换和（或）色彩调整和（或）对比度增强等。

(1) 对视频信号的预增强处理通常作为摄像机的必要配置，如宽动态摄像机、透雾摄像机的功能，不作为视频处理的内容。

(2) 对视频的基于特征的智能分析和目标识别是视频处理的高级形式，属于视频应用的范畴。

(3) 视频编码是视频数字化存储和数字网络条件下视频传输的关键内容，视频的编码方案通常以标准形式发布，如 SVAC、H. 264 等。视频编码方案不同的设备或系统，以内部兼容或者专门的转码方式进行解码互认。

5. 视频存储部分。视频存储部分用于完成对视频处理后的视频信息进行短期或长期存储。存储内容除视频数据外，还包括其他如操作和运行日志、配置参数等。通常在此过程中会进一步提出数据完整性、可靠性处理、复制导出、备份等工作要求。视频存储部分所对应的记录装置，在系统中既可以单独存在，集中在机柜内，也可以与其他装置合并、分散分布。根据视频、音频存储装置存在的位置，可以分为前置存储、集中存储等方式。目前常见的集中存储设备有 DVR、NVR 和 IP-SAN。

6. 控制/管理部分。视频系统的控制部分用于视频采集、存储、传输和显示各环节协调运行的控制，如前端摄像机的 PTZ 控制和不同视频源的输出切换显示。控制部分是视频系统不可或缺的重要组成部分。视频系统的管理部分则更侧重于系统的控制权限、资源配置与调度、安全控制管理的工作，是控制部分的升级和强化的内容。控制/管理部分目前更多以管理平台软件的形态出现。

从用户和使用管理者的角度，视频系统中的控制/管理部分，进一步从逻辑上可分解为人机界面、系统管理和系统安全等内容。人机界面或称用户界面，用于对系统应用管理功能的操作。通常由操作台、显示屏、工作站等方式构成，一般部署在监控中心。随着移动互连技术的发展，也开始部署在移动设备上。系统管理包括对各类配置和运行的数据、操作和报警事件联动等活动和与其他系统连接接口管理。系统安全主要包括系统完整性和数据完整性。系统完整性则包括全系统部件的物理安全和对视频系统的物理或逻辑访问的授权控制。数据完整性涵盖了数据的逻辑访问和数据丢失或修改的预防措施。

（二）音频监控系统

音频信号的采集、传输、存储和展示（播放）等构成了音频监控系统，与视频信号系统有着相似的结构和用法。包含音频的采集、传输和存储、播放和相应控制管理的视频系统应增加对同时空地点的音频与视频信号的同步采集和回放的要求。

二、系统分类分级（见附表1.2.1）

附表1.2.1　视频系统应用分类分级表

系统类型	特点	一级	二级	三级
独立型	一个独立建筑物（构筑物）或建筑群内的视频系统，通常只有一个监控中心的视频系统，该中心可向其他系统等提供本区域内视频信息的能力	128台以下摄像机	128（含）~512台摄像机	512台以上（含）摄像机
专网联网型	平安城市类，行业内专用网络视频系统联网，一般具有多级监控中心，且地域空间跨度大。上级监控中心可以调取下级监控中心的图像资源，能够在特定策略下，完整管理下级系统的图像资源	单级联网（主要是设备的跨大地域空间的互连，如交通道路视频监控系统，本地多个监控中心对等互连）	二级（含）联网：在单级系统之上通过专用网络连接的二层级监控中心结构的视频系统	三级（含）以上联网：通过专用网络连接的、具有三层级及以上的监控中心的视频系统
互联网型	基于实时视频服务的各类互联网视频应用（非娱乐用的视频点播网站），一般没有专门的监控中心或者说监控中心可另外设置于任何视频监控的传输网络可及的地方	点对点（不具有网上中心控制性的视频管理设备，互联网仅具有视频传输的功能）	点对多点，支持网上管理和存储设备	多点对多点，具有集中管理的网上平台，可支持网上存储设备

（一）技术性分类

1. 根据互连设备输入输出的视频/音频信号的电气特性、编码规则，安全防范视频/音频监控系统可以分为模拟型、数字型和混合型系统。

2. 按照视频信号反映的二维空间的一幅空间帧的像素多少（特定宽高比），安全防范视频监控系统可分为标准清晰度（以下简称为标清）、高清晰度（以下简称为高清）、超高清晰度和混合视频系统。

3. 根据数字视频数据是否经过特定的方法进行数据的压缩分为非压缩数字视频和压缩数字视频。在视频存储环节上，存储的视频信息主要是压缩数字视频数据。

4. 数字视频系统因传输网络的差别又可分为IP型和非IP型。

5. 在实际应用中，往往在上述基础上存在多种视频信号和产品功能形态的混合形式。

6. 根据对同一场景的多维度空间展示能力，系统可以是普通型和立体视频系统或立体声模式的音频系统。

（二）应用性分类

1. 根据视频系统行业应用特点、视频传输网络特点和设备管理控制方式的不同，安全防范视频监控系统可以分为独立型、专网联网型和互联网型（见附表1.2.1）；

2. 根据系统建设的规模大小和关键性能指标优劣，我们将视频系统由高到低或由大到小分为三级，即三级（最高）、二级、一级（最低）（见附表1.2.1）。

（三）安全等级分级

1. 设备/系统的安全等级。

（1）根据安全防范视频监控系统的设备和数据抗破坏、抗泄密的难易程度，结合防护目标或防护区域的重要程度，可将安全等级分为四级，在系统内各部分的安全等级应协调一致（参见第二章第八节的表2.8.1）。

（2）低级别系统可单向接入高级别的系统，但相反不行，除非高级别系统或设备降级使用；高的安全等级设备应前后衔接，不应出现严重的安全短板。

（3）高安全级别的视频数据可经脱密等环节，降至低级别使用。

（4）随着安全要求的提高，安全等级可以进一步与时俱进地升高安全等级的定义，如安全等级5级。

（5）供电保障能力应与所供电的视频系统或设备的安全等级相适应。

（6）一般地，低风险攻击的应用可以采用不低于相应低安全等级的视频系统，高风险攻击的应用应以采用高安全等级的视频系统；不允许高风险的应用采用低安全等级的视频系统。

（7）视频系统中与安全等级相关的环节有：基本互连、存储、归档和备份、报警联动信息、系统日志、系统数据存储和备份、持续故障通知、图像处理设备单元监测、图像缓存持续时间（图像预录时间）、基本功能设备故障通知（时间）、互连监测、防篡改探测、授权码、时间同步、数据认证、输出/复制认证、数据标签、数据（操作）保护。

2. 访问级别。

（1）视频系统的每一安全等级，都应与视频系统或其中某部分相对应。访问系统对应的用户可以是操作员，也可以是另一个互联的设备或系统（见附表1.2.2）。

附表 1.2.2　访问级别定义

访问级别	访问定义	访问限制和影响效果
级别 1	任何人均可访问	在级别 1 要求的功能应是无限制的访问
级别 2	任何授权用户均可访问	级别 2 要求的功能访问应是通过钥匙、口令、编码或类似限制访问的方法或设备来严格控制的 在不改变系统配置的情况下，不影响系统运行的功能
级别 3	系统管理员的访问	级别 3 要求的功能访问应是通过钥匙、口令、编码或类似限制访问的方法或设备来严格控制的 影响系统配置的功能
级别 4	服务人员或制造商的访问	级别 4 要求的功能访问应是通过钥匙、口令、编码或类似限制访问的方法或设备来严格控制的 在这个级别的访问必须由访问级别 3 的用户批准后才能进行

（2）附表 1.2.3 给出了独立于安全等级的每一级应访问的功能。

附表 1.2.3　访问级别

功能	访问级别			
	1	2	3	4
系统配置	NP	NP	P	P
改变个人的授权编码	NP	P	P	P
分配或删除级别 2 用户或授权编码	NP	NP	P	P
复位到出厂值设置	NP	NP	P	P
系统升级	NP	NP	P	P
启动/停止视频系统或部件	NP	NP	P	P
说明：P 允许，NP 不允许				

3. 安全认证加密等级。在数字视频系统中，有标准提出了针对不同视频信源而采取的不同的安全认证加密方法。笔者认为，视频采集设备的安全认证加密等级应在前述安全等级 4 级的设备上实现。

根据安全保护的强弱，该标准将安全前端设备安全能力分为三个等级，依据安全等级逐步增强，分别是 A 级、B 级、C 级：

A 级具备实现基于数字证书的设备认证能力，达到身份真实的目标。

B 级具备实现基于数字证书的设备认证和对视频签名的能力，达到身份真实和视频来源于真实设备，能够校验视频内容是否遭到篡改的目标。

C 级具备实现基于数字证书的设备认证、视频数据的签名能力和视频数据的加密能力，达到身份真实和视频来源于真实设备，能够校验视频内容是否遭到篡改，能够对视频内容进行加密的目标。

三、摄像机

摄像机（Camera）是获取监视现场图像的前端设备，它的核心部件是图像传感器。传统模拟摄像机中在图像传感器之外，加上同步信号产生电路、视频信号处理电路及电源等，输出的信号是模拟视频信号。而数字摄像机是在图像传感器的基础上集成了视频处理电路、数字编码传输处理模块等，输出的是数字视频信号。网络摄像机是特殊的数字摄像机，是将原始的数字视频流进行压缩编码输出，其接口是以太网 IP 网络接口，所以又称 IPC。

网络摄像机除了具备一般传统摄像机所有的图像捕捉功能，还内置了数字化压缩控制器和基于 Web 的应用系统（包括 Web 服务器、FTP 服务器等），使得视频数据经压缩甚至加密后，通过网络（局域网、互联网或无线网络）送至远端用户或设备，而远端用户可在自己的终端设备上使用标准化或对应的网络浏览器或客户端软件对网络摄像机进行访问和图像显示，实时监控目标现场的情况，并可对图像资料实时存储，另外还可以通过网络来控制摄像机的云台和镜头，进行全方位监控。有的网络摄像机还具备其他功能，如语音对讲、报警输入、继电器输出、移动侦测、模拟视频输出和 SD 卡本地存储录像资料等。

（一）摄像机的基本原理

摄像机是一种把景物光像转变为电信号的装置，其结构大致可分为三部分：光学系统（主要指镜头）、光电转换系统（主要指摄像管或固体摄像器件）以及电路系统（主要指视频处理电路）。光学系统是指摄像机的光学成像部分，光电转换系统是摄像机的核心，被称作光电传感器——摄像管或固体摄像器件——便是摄像机的“心脏”，可见光和近红外的光电转换器件通常采用 CCD 或 CMOS 的面阵传感器。

光学系统的主要部件是光学镜头，它由透镜系统组合而成。这个透镜系统包含着许多片凸凹不同的透镜，其中凸透镜的中心比边缘厚，因而经透镜边缘部分的光线会比中央部分的光线发生更大的折射。当被摄对象经过光学系统透镜的折射时，在光电转换系统的摄像管或固体摄像器件的成像面上形成“像点”，光电转换系统中的光敏元件会把“像点”的光学图像转变成对应电荷的电信号。这些电信号的作用是微弱的，必须经过电路系统进一步放大，形成符合特定技术要求的信号，并从摄像机中输出。

（二）摄像机的常见指标

1. 传感器尺寸（通常用矩形对角线的尺寸），有 1/2"、1/3"、1/4" 和 1/5" 等多种规格，目前 1/3" 和 1/2.7" 型的产品在市场上较为常见。

2. 传感器像素，是 CCD（CMOS）的主要性能指标，它决定了显示图像的最高清晰程度，面阵传感器上每一个感光元素称为像素，像素越多，图像越清晰。

3. 最低可用照度，也称为灵敏度。它是面阵传感器对环境光线的敏感程度，或者说是面阵传感器正常采集成像时所需要的最暗光强度。照度的单位是勒克斯（Lux），数值越小，表示需要的光强度越少，摄像机也越灵敏。月光级（0.1Lux 左右）和星光极（0.01Lux 以下）等高增感度摄像机可在很暗的条件下工作，2Lux～3Lux 属一般照度。

4. 信噪比。所谓信噪比指的是信号电压对于噪声电压的比值，通常用 S/N 来表示。

当摄像机摄取较亮的场景时，监视器显示的画面通常比较明快，观察者不易看出画面中的干扰噪点；而当摄像机摄取较暗的场景时，监视器显示的画面就比较昏暗，观察者很容易看到画面中雪花状的干扰噪点。干扰噪点的强弱（也即干扰噪点对画面的影响程度）与摄像机信噪比指标的好坏有直接关系，即摄像机的信噪比越高，干扰噪点对画面的影响就越小。

实际计算摄像机信噪比的大小通常都是对均方信号电压与均方噪声电压的比值取以 10 为底的对数再乘以系数 20。典型值为 46dB。若为 50dB，则图像有少量噪声，但图像质量良好；若为 60dB，则图像质量优良，不出现噪声。一般摄像机给出的信噪比值均是在 AGC（自动增益控制）关闭时的值，因为当 AGC 接通时，会对小信号进行提升，使得噪声电平也相应地提高。

5. 空间分辨力。在模拟标清摄像机时代，由于制式的原因，垂直分辨力不可变动，故空间分辨力仅采用了水平分辨率的表述，彩色摄像机的典型水平分辨率是在 320 到 540 电视线之间。传统的模拟摄像机，水平分辨率与 CCD 和镜头有关，还与摄像机电路通道的频带宽度直接相关，频带越宽，图像越清晰，线数值相对越大。随着数字摄像机的出现，空间分辨力的概念进一步扩大，其数值的影响不仅与传感器、镜头有关，还与压缩算法、传输带宽等直接相关。有一些标称表达为 1080P（1920×1080）、720P（1280×720），但这些并不是分辨力的准确表达，只是表示摄像机输出的图像点阵格式。

6. 时间分辨力和扫描制式。对于模拟标清摄像机，采用隔行扫描制式（用字母 i 表示），我国标准为 625 行，50 场（黑白为 CCIR），彩色制式为 PAL 制式。有的国家和地区为 525 行，60 场（黑白为 EIA），彩色制式为 NTSC 制式。对于后来的数字摄像机，一般采用逐行扫描制式（用字母 p 表示），且刷新率（帧率）差异较大，有的可与空间分辨力配合进行刷新率调节，刷新率可低于 15fps，高的可达 200fps，一般数字摄像机支持 25fps 或 30fps。

7. 视频输出。模拟摄像机的输出多为 1Vp-p、75Ω，均采用 BNC 接头。数字视频输出的信号则遵守接口规范，如 SDI、HD-SDI、HDMI 以太网口等要求。

8. 摄像机电源接口。有的产品采用 AC220V、AC24V、DC12V 或这些的混合，低电压的输入通常采用电源变换器。

（三）摄像机的常见设置

摄像机的常见设置，通常与摄像机的成像控制直接相关，早期采用硬开关方式，目前大多采用软开关方式，即通过设置界面（通常为 B/S① 方式登录摄像机）进行参数设置。这些常见设置功能包括 AGC ON/OFF（自动增益控制开/关）、AWB ON/OFF（自动白平衡开/关）、ALC/ELC（自动亮度控制/电子亮度控制）、BLC ON/OFF（背光补偿开/关）、LL/INT（视频同步选择电源同步/内部同步）、VIDEO/DC（镜头控制信号

① B/S：Brower/Server（浏览器/服务器），与之对应的是 C/S：Client/Server（客户端/服务器）方式。

选择视频方式/直接控制方式）、SOFT/SHARP（细节电平选择开/关）、FLICKERLESS（无闪动方式）等设置，其中有些设置会随着数字视频输出的多样性以及多帧率显示设备的兼容能力而逐步取消或调整。

另外在 IPC 中，还增加了图像压缩算法，智能分析算法，IP 地址，互联协议、I/O 控制的定义等的设置选项。

（四）摄像机分类

摄像机的分类标准不同，种类也不同，并且随着技术的进步和市场的发展，还会有其他的分类方法。目前，常见的分类如下：

1. 按照成像制式，模拟标清彩色摄像机可分为 PAL 制、NTSC 制。

2. 按照成像器件，摄像机可分为 CCD 型、CMOS 型等。

3. 按照成像色彩，摄像机可分为黑白摄像机、彩色摄像机和彩转黑摄像机。

4. 按照摄像机分辨率划分，可分为标清、准高清和高清型。

标准清晰度是基于早期的固定隔行扫描制式和彩色制式下的各类摄像机，通常垂直方向的分辨力不可调整，基本属于 CCD 的天下。准高清和高清摄像机在安防市场上基本以 IPC 为主，传感器可以是 CCD 或 CMOS。随着技术的进步，相关传感器的各类指标还在不断提高。

5. 按照摄像机的灵敏度划分，可分为如下几种：

（1）普通型：正常工作所需照度为 1Lux～3Lux；

（2）月光型：正常工作所需照度为 0.1Lux 左右；

（3）星光型：正常工作所需照度在 0.01Lux 以下；

（4）红外照明型：原则上可以为零照度，采用红外光源成像。

（5）热红外型：正常工作时直接采集现场的热红外辐射信号。

6. 按照摄像机的光电转换传感器尺寸划分，可分为如下几种：

（1）1"：传感器尺寸为宽 12.7mm×高 9.6mm，对角线 16mm；

（2）2/3"：传感器尺寸为宽 8.8mm×高 6.6mm，对角线 11mm；

（3）1/2"：传感器尺寸为宽 6.4mm×高 4.8mm，对角线 8mm；

（4）1/3"：传感器尺寸为宽 4.8mm×高 3.6mm，对角线 6mm；

（5）1/4"：传感器尺寸为宽 3.2mm×高 2.4mm，对角线 4mm。

以上为 4：3 的传感器数据。1/2.7" 的 16：9 的传感器为宽 5.16mm×高 2.91mm，对角线 5.93mm。高灵敏度多用大尺寸的传感器，以提高单个像素收集光辐射的能力。早期的传感器采用射线管结构，称传感器为靶面，因为那是电子束轰击的靶面。目前，所有的安防用摄像机传感器基本都是这种集成电路工艺结构的传感器芯片。

7. 按照结构划分，可分为如下几种：

（1）传统标准型：枪式、筒型；

（2）板机型：鱼眼、针孔式；

（3）伪装型：半球型、灯饰型、烟感型；

（4）一体型：一体机、球型、红外型。

随着应用范围的扩大和功能性能的提升，摄像机的结构朝着小型化、一体化和安装便捷化的趋势发展。

8. 依据摄像机视频信号的输出特征，而区别为模拟式和数字式，数字式又可以区别为SDI/HD-SDI非压缩类的数字视频和采用各类图像压缩算法输出视频流的以太网口。

以太网接口的摄像机一般被称作网络摄像机，现在成为了市场上的主流。

（五）常见摄像机产品种类

1. 低照度摄像机。低照度摄像机是指在较低光照度的条件下仍然可以摄取清晰图像的监控摄像机。在配套镜头的支持下，安防用的彩色摄像机从0.0004Lux～1Lux，黑白摄像机从0.0003～0.1Lux均有（若搭配红外线，则均可达到0Lux）。这个数值还会随着技术的进步进一步降低。

2. 彩转黑摄像机。彩色转黑白摄像机有人简称为彩转黑摄像机，也有人叫日夜转换摄像机，是指在白天和晚上都能良好使用的摄像机。

由于彩色摄像机的传感器对光线的响应与人眼不尽相同，特别是在背景可见光比较强时会受到非可见光的影响而产生偏色，所以要通过滤光片来滤除它们。在背景可见光比较暗的应用中通常可见光不足，为利用传感器对近红外线的良好响应特性而去除滤光片，以增强暗光条件下的监视效果，当然也就没有色彩。通过特定的装置，在白天（亮背景光）和黑夜（暗背景光）都能通过同一台摄像机来提供优质的图像。近红外光和可见光光学镜头上的折射率不同导致焦距不同，成像面不一致，需要光学设计的一些特殊处理，需要选择适合的镜头。

3. 星光级摄像机。在微光情况下，通常是指星光环境下无任何辅助光源，可以显示清晰的彩色图像，区别于普通摄像机只能显示黑白图像。星光级摄像机特征：不需要红外灯也不需要白光灯、晚上可以实现不拖尾清晰的彩色监控。

4. 红外摄像机。红外摄像机主要用于在无可见光或者微光的黑暗环境下，采用红外发射装置（红外灯）主动将红外光投射到物体上，红外光经物体反射后进入镜头成像。我们所看到的是由红外光反射所成的画面，这时便可拍摄到黑暗环境下肉眼看不到的画面。这里所说的红外是近红外。近红外波长为0.75μm～3.0μm；中红外波长为3.0μm～20μm；远红外波长为20μm～1000μm（热红外辐射属于这个波段）。红外光属于非可见光，肉眼无法看见它的存在，可用于要求具有隐蔽性的夜视监控中，代替普通照明灯夜视监控。红外灯有不同的功率及715nm、850nm两种波长，波长的不同决定了红外灯照距和效果。

5. 热像仪（热红外摄像机）。红外热像仪是利用红外探测器和光学成像物镜接收被测目标的热红外辐射能量分布图形反映到红外探测器的光敏元件上，从而获得红外热像图，这种热像图与物体表面的热分布场相对应。通俗地讲，红外热像仪就是将物体发出的不可见红外能量转变为可见的热图像。热图像上面的不同颜色代表被测物体的不同温度。

同一目标的热图像和可见光图像不同，它不是人眼所能看到的可见光图像，而是目标表面的温度分布图像。

自然界所有温度在绝对零度（-273°C）以上的物体都会发出红外线，红外线（或称热辐射）是自然界中存在最为广泛的辐射。大气、烟云等可吸收可见光和近红外线，但是对 3μm～5μm 和 8μm～14μm 的红外线却是透明的，这两个波段被称为红外线的“大气窗口”。利用这两个窗口，在完全无光的夜晚，或是在烟云密布的恶劣环境，能够清晰地观察到前方的情况。正是由于这个特点，红外热成像技术可用在安全防范的夜间监视和森林防火监控系统中。红外热成像仪可分为制冷型和非制冷型两大类，制冷型的热灵敏度高、结构复杂，一般用于军事用途，而非制冷型灵敏度虽低于制冷型，但其性能已可以满足多数军事用途和几乎所有的民用领域。由于不需要配备制冷装置，非制冷红外热成像仪性价比较制冷型的高。

6. 高清摄像机。高清摄像机，现在市场上主要被 IPC 占据，一般采用 H. 264 等视频压缩格式，支持多码流选择。一般支持音频传感器的接入，其音频采用 G. 711、G723. 1/6. 3kbps、OGGVIS 等压缩算法，有的支持双向数字音频的传输。

7. 高清球型一体化遥控摄像机。高清球型一体化遥控摄像机，通常简称为网络高清球机。它是一种常见的高度光、机、电一体化的摄像机机型，内置有可快速定位转动的高速云台和带快速响应定位的变焦、聚焦镜头的摄像机机芯，还包括用于控制信号和视频信号的处理发送和接收单元、供电单元和局部环境控制单元等。其光学和视频指标与其他类型的摄像机一致，其机械活动性能与云台的指标相一致。

四、镜头

（一）镜头分类

监控摄像机镜头，通常都按下列方式进行分类。

1. 以镜头安装分类。所有的监控摄像机镜头均是螺纹口的，摄像机的镜头安装有两种工业标准，即 C 型安装座和 CS 型安装座。两者螺纹部分相同，但从镜头到传感器感光表面的距离不同。C 型安装座：从镜头安装基准面到焦点的距离是 17. 526mm。CS 型安装座：特种 C 型安装，此时应将摄像机前部的垫圈取下再安装镜头。其镜头安装基准面到焦点的距离是 12. 5mm。如果要将一个 C 型安装座镜头安装到一个 CS 安装座摄像机上，则需要使用镜头转换器。

2. 以摄像机镜头规格分类。监控摄像机镜头规格应视摄像机的传感器尺寸而定，两者相对应。如摄像机的传感器尺寸为 1/2 英寸时，镜头应选 1/2 英寸等。如果镜头光学成像尺寸与摄像机传感器尺寸不一致，观察视野角度将不符合设计要求，或者发生画面在焦点以外等问题。

3. 以镜头光圈分类。镜头有手动光圈（Manual Iris）和自动光圈（Auto Iris）之分，配合摄像机使用，手动光圈镜头适合于亮度不变的应用场合，自动光圈镜头因亮度变更时其光圈亦作自动调整，故适用亮度变化的场合。

自动光圈镜头有两类：一类是将一个视频信号及电源从摄像机输送到透镜来控制镜头上的光圈，称为视频输入型，另一类则是利用摄像机上的受控直流电压来直接控制光圈，称为 DC 输入型。自动光圈镜头上的 ALC（自动镜头控制）调整用于设定测光系统，可以整个画面的平均亮度，也可以画面中最亮部分（峰值）来设定基准信号强度，供给自动光圈调整使用。一般而言，ALC 已在出厂时经过设定，可不作调整，但是对于拍摄景物中包含一个亮度极高的目标时，明亮目标物之图像可能会造成“白电平削波”现象，而使得全部屏幕变成白色，此时可以调节 ALC 来变换画面。

另外，自动光圈镜头装有光圈环，转动光圈环时，通过镜头的光通量会发生变化，光通量即光圈，一般用 F 表示，其取值为镜头焦距与镜头通光口径之比，即 F=f（焦距）/D（镜头实际有效口径）。F 值越小，则光圈越大。采用自动光圈镜头，在诸如太阳光直射等非常亮的情况下，用自动光圈镜头可有较宽的动态范围。

在整个视野有良好的聚焦时，用自动光圈镜头会比固定光圈镜头有更大的景深。在亮光上因光信号导致的模糊最小时，应使用自动光圈镜头。

4. 以镜头的视场大小分类。

（1）监控摄像机的标准镜头：视角 30 度左右，在 1/2" CCD 摄像机中，标准镜头焦距定为 12mm，在 1/3" CCD 摄像机中，标准镜头焦距定为 8mm。

（2）广角镜头：视角 90 度以上，焦距可小于几毫米，可提供较宽广的视景。

（3）远摄镜头：视角 20 度以内，焦距可达几米甚至几十米，此镜头可在远距离情况下将拍摄的物体影像放大，但使观察范围变小。

（4）变倍镜头（Zoom Lens）：也称为伸缩镜头，有手动变倍镜头和电动变倍镜头两类。

（5）可变焦点镜头（Vari-Focus Lens）：介于标准镜头与广角镜头之间，焦距连续可变，即可将远距离物体放大，同时又可提供一个宽广的视景，使监视范围增加。变焦镜头可通过设置自动聚焦于最小焦距和最大焦距两个位置，但是从最小焦距到最大焦距之间的聚焦，则需通过手动聚焦来实现。

（6）针孔镜头：镜头直径几毫米，可隐蔽安装。

5. 从镜头焦距上分。

（1）短焦距镜头：因入射角较宽，可提供一个较宽广的视野。

（2）中焦距镜头：标准镜头，焦距的长度视传感器尺寸而定。

（3）长焦距镜头：因入射角较狭窄，故仅能提供狭窄视景，适用于长距离监视。

（4）变焦距镜头：通常为电动式，可作广角、标准或远望等镜头使用。

6. 以应用分类。以应用分类，镜头可分为标清镜头、红外镜头、宽光谱镜头、高清镜头、两可变镜头（电动控制的变焦和聚焦，自动光圈）、三可变镜头（电动控制的变焦、聚焦、光圈）。

（二）光学成像原理

镜头是摄像机光学成像的关键。市场上常见的各种摄像机的镜头都是加膜镜头。加膜就是在镜头表面涂上一层薄膜，用于消减镜片与镜片之间所产生的色散现象，还能减少逆光拍摄时所产生的眩光，保护光线顺利通过镜头，提高镜头透光的能力，使所摄的画面更清晰。

镜头参数、摄像机成像器件参数和视场的对应关系（见附图 1.2.2），有如下几个近似公式：

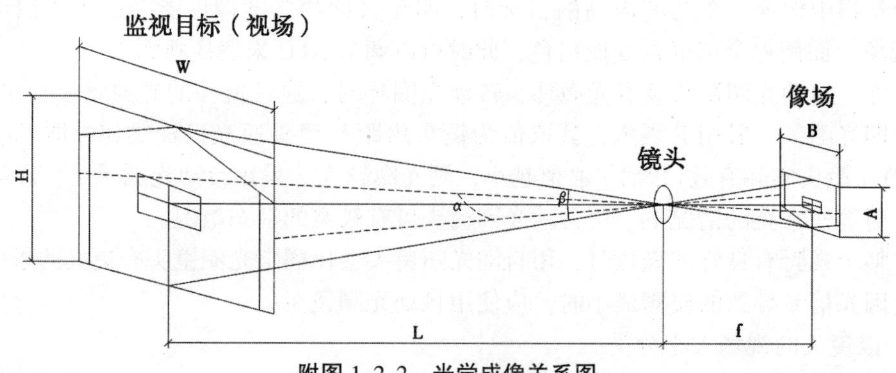

附图 1.2.2　光学成像关系图

$$f=\frac{A\times L}{H}=\frac{B\times L}{W}$$

式中：f——焦距（mm）（约等于像距）。

A/B——像场高/宽（mm）。

L——物距（镜头光学中心点到监视目标的距离）（mm）。

H/W——视场高/宽（mm）。

其中，A 像场高/宽可用靶面纵向/横向尺寸代替，表示满屏幕显示时的图像高度或者水平宽度；A 与 H 对应，即纵向尺寸和横向尺寸不能交叉对应，“高”对应“高”。变焦镜头的焦距范围应根据实际监视范围综合确定。

在物理原理上，上式中的 f 应为像距，但摄像机镜头通常都是使用在物距远大于像距和镜头焦距的情况下，物距通常为米级，而焦距通常为毫米级，根据下述的焦距公式可以得出，像距通常非常接近于镜头的焦距，在近似的计算中，可将像距直接替换为镜头焦距。

$$\frac{1}{f}=\frac{1}{u}+\frac{1}{v}$$

上式中，f 为镜头焦距，u 为观察的物体的物距，v 为物体所成像的像距。

从附图 1.2.2 中可以看出：

$$tg\ \frac{\alpha}{2}=\frac{B}{2f}\Rightarrow\alpha=2arctg\ \frac{B}{2f}$$

$$tg\ \frac{\beta}{2}=\frac{A}{2f}\Rightarrow\beta=2arctg\ \frac{A}{2f}$$

α——摄像机和镜头组合的水平视场角；

β——摄像机和镜头组合的垂直视场角。

当 B 和 A 为成像面的最大尺寸时，α 和 β 就是摄像机和镜头组合的最大水平和垂直视场角。

这里给出目前几种常见的 CCD 成像面（仅示出 4∶3 的传感器）的尺寸（见附图 1.2.3）。

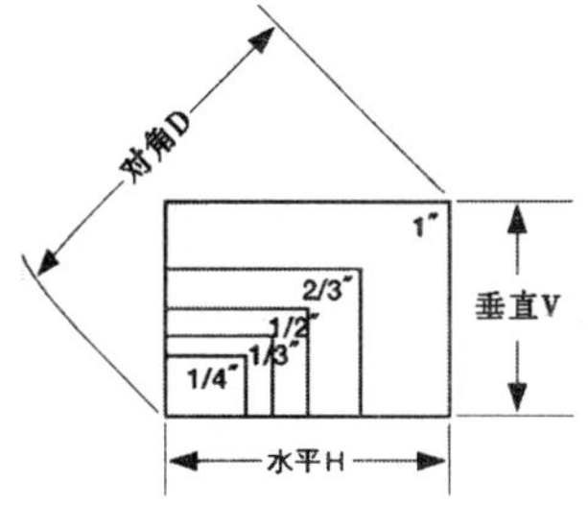

每一个摄像机CCD的大小不同，通常使用的CCD摄像机的规格为4:3 (H:V)。

型号辨认记号	CCD 尺寸	图像尺寸 (mm)		
		水平：H	垂直：V	对角：D
C	1型	12.8	9.6	16.0
H	2/3型	8.8	6.6	11.0
D, S	1/2型	6.4	4.8	8.0
Y, T	1/3型	4.8	3.6	6.0
Q	1/4型	3.6	2.7	4.5
35mm照相机镜头（参考）	35mm胶卷	36.0	24.0	43.3

附图 1.2.3　CCD 成像面尺寸

依据镜头的焦距和成像面的尺寸，通常将镜头区别为广角镜头、标准镜头等，水平最大视场角度为大于90°、60°~70°、20°~30°、小于10°几个大的区间。读者有兴趣可以根据上述公式和数据计算一下镜头的视场角度。

对于标清电视体系来讲，通常按照目标成像后在屏幕上所占的比例来评估目标识别的有效性，实际上，在数值上等于目标像高/宽与成像器件的最大垂直或者水平的感光面的尺寸的比例，由此可以结合镜头焦距等参数，确定对观察目标的有效观察距离。对于高清摄像机来讲，人们更多对关注目标在画面中所占用的像素总数和空间分布感兴趣，通常用目标成像点阵的像素的纵横数量乘积表示。

（三）光学成像的其他问题

在实际应用中，除了光学分辨率，还存在较大视场角时，远离光轴的成像部分出现几何失真畸变、色散、聚焦不准等问题。这个问题如果处置不当，就会影响后续的视频分析判断，严重的还会导致后续自动视频分析的失败。

镜头成像的非平面化效果，传感器感光平面的主光轴与镜头的重合性不一致，以及近红外焦平面、可见光焦平面与传感器感光平面的重合度不一致，都会导致摄像机的实际分辨率效果下降，这在高分辨率应用时较为突出。

这些问题解决得好往往成为较高级摄像机的性能指标。

五、云台

云台是安装、固定摄像机的支撑设备，分为固定（手动）和电动云台两种。固定（手动）云台也称固定支架。电动云台是通过控制系统在远程可以控制其转动以及移动的方向，电动云台适用于对大范围进行扫描监视，可以扩大摄像机的监视范围。电动云台运动姿态通常由两台电动机来实现，可以进行垂直轴和水平轴的转动，电动机接收来自控制器的信号精确地运行定位。在控制信号的作用下，云台上的摄像机既可自动扫描监视区域，也可在监控中心值班人员的操纵下跟踪监视对象。

在实际工程应用中，还有一种云台和摄像机集成为一体的设备，被称作一体化摄像机，多以球型结构的一体机出现，故常称为一体化球机。在这种结构中，电动云台的转动速度和精度均有极高的数值，对所带负载也做了更好的优化，如减小转动惯量、降低负载重量等，电动云台的转动位置和转动速度可以与镜头的变倍等协调运作。

(一) 云台的分类 (见附图 1.2.4)

1. 按使用环境分为室内型和室外型，室外型云台密封性能好，防水、防尘，负载大。

2. 按安装方式分为侧装和吊装，就是把云台安装在天花板上或是安装在墙壁上。

3. 按外形分为普通型和球型，球型云台是把云台安置在一个半球形、球形防护罩中，除了防止灰尘干扰图像，还隐蔽、美观、快速。

4. 按照可以运动的功能分为水平云台和全方位（全向）云台。

5. 按照工作电压分为交流定速云台和直流高变速云台。

6. 按照承载重量分为轻载云台、中载云台和重载云台。

7. 按照负载安装方式分为顶装云台和侧装云台。

8. 根据使用环境分为通用型和特殊型。通用型是指使用在无可燃、无腐蚀性气体或粉尘的大气环境中，又可分为室内型和室外型。最典型的特殊型应用是防爆云台。

在挑选云台时既要考虑安装环境、安装方式、工作电压、负载大小，也要考虑性价比和外形是否美观等因素。

附图 1.2.4　云台的分类

(二) 云台的性能指标

1. 转动速度。云台的转动速度分为水平转速和垂直转速。由于载重的原因，一般来说，云台的垂直转速要低于水平转速。

交流云台使用的是交流电机，转动速度固定，一般水平转动速度为 4°/s~6°/s，垂直转动速度为 3°/s~6°/s。有的产品可以达到水平 15°/s、垂直 9°/s，但同一系列云台的高速型载重量会相应地降低。

直流型云台大都采用的是直流步进电机，具有转速高、可变速的优点，十分适合需要快速捕捉目标的场合。其水平最高转速可达 40°/s~50°/s，垂直可达 10°/s~24°/s。另外直流型云台都具有变速功能。常见的变速控制方式有两种，一种是全变速控制，就是通过检测操作员对键盘操纵杆控制的位移量决定对云台的输入电压，全变速控制是在云台变速范围内实现平缓的变速过渡。另一种是分挡递进式控制，就是在云台变速范围内设置若干挡，各挡对应不同的电压（转动速度），操作前必须先选择所需转动的速度挡，再对云台进行各方向的转动操作。

一体化摄像机的云台具有转动惯量小、角加速度大、控制精度高等优点。水平转动角速度可达到 360°/s。

2. 转动角度。云台的转动角度尤其是垂直转动角度与负载（防护罩/摄像机/镜头总成）安装方式有很大的关系。云台的水平转动角度一般都能达到 355°。当前的云台都改进了限位装置使其可以达到360°甚至365°（有5°的覆盖角度），以消除监控死角。用户使用时可以根据现场的实际情况进行限位设置和安装形式。例如，安装在墙壁上的壁装式，即使云台具有360°的转动角度，实际上也只需要监视云台正面的180°，即使转动到后面方向的180°也只能看到安装面（墙壁），没有实际监控意义。因此壁装式只需要监视水平180°的范围，角装式只需监视270°的范围。这样能避免云台过多地转动到无须监控的位置，也提高了云台的使用效率。顶装式云台的垂直转动角度一般为30°~-90°，侧装的垂直转动角度可以达到±180°，不过正常使用时垂直转动角度在20°（仰角）~-90°（俯角）即可。

3. 载重量。云台的最大负载是指垂直方向承受的最大转矩的负载能力。云台的载重量是选用云台的关键，如果云台载重量小于实际负载的重量，不仅会使操作功能下降，而且云台的电机、齿轮也会因长时间超负荷运转而损坏。云台的实际载重量从3kg到50kg不等，同一系列的云台产品，侧装时的承载能力要大于顶装，高速型的承载能力要小于普通型。

4. 环境指标。室内使用的云台的要求不高，云台使用环境的各项指标主要针对室外使用的云台。其中包括使用环境温度限制、湿度限制、防尘防水的IP防护等级。抗风能力是特定重型云台在强风力环境下的重要指标，它不仅取决于云台自身的性能，还与其支架的刚性条件直接相关。

5. 回差。回差也称为齿轮间隙（Gear Backlash），是考察云台转动精度的重要指标。对于大倍数变焦镜头的控制协调来讲，极小的回差有助于很好地跟踪特定目标。

6. 可靠性。云台的可靠性一般以平均故障（间隔）时间（MTBF）、平均修理时间（MTTR）、平均无故障时间（MTTF）及微动开关的极限次数等指标衡量。

六、视频矩阵切换控制主机

视频矩阵的作用主要是利用有限的监视显示设备看到更多的摄像机图像，同时可以远程控制摄像机、镜头、云台和灯光等前端设备，以便清楚地看到需要监视的情况。

视频矩阵是指通过矩阵模拟开关切换的方法将m路视频信号从输入通道切换输送到n路输出通道中的任一通道上，并且输出通道间彼此独立，并任意输出至相应的显示设备上，一般情况下，m≥n。一个m×n矩阵：表示它可以同时支持m路图像输入和n路图像输出，即任意的一个输入和任意的一个输出。有一些视频矩阵也带有音频切换功能，能将视频和音频信号进行同步切换，这种矩阵也叫作视音频矩阵。这是一种利用空间交叉切换原理实现的矩阵控制主机，采用单片机或更高档的CPU芯片来控制模拟开关实现。其实模拟矩阵的准确含义，是模拟开关矩阵，它不仅能切换模拟视频和音频信号，也可以进行数字视频的切换，但早期的模拟矩阵只是外围电路没有支持数字视频。

利用包交换原理进行的不同数字视频的切换显示的主机，从逻辑上看，等效于可连接m路IP视频流输入，n路视频显示输出的矩阵切换主机。它被称作数字矩阵，也有人叫作虚拟矩阵。数字矩阵实现了网络视频条件下IP包交换的图像数据的传输和切换。

（一）模拟矩阵

在模拟标准清晰度视频系统中，模拟矩阵是其核心的控制设备，其输入包括摄像机、视频分配器、解码器、硬盘录像机、计算机等多类型信号源设备，显示终端一般包括监视器、电视墙、拼接屏等。

一个矩阵系统通常还应该包括以下组成单元：控制主机（输入模块、输出模块、主控模块）、控制键盘、音频控制箱、字符信号叠加、解码器接口、报警接口箱等。字符叠加支持简体中文，以方便中国大陆地区的使用，矩阵系统还可支持级联，来实现更高的容量。为了适应不同用户对矩阵系统容量的要求，矩阵系统支持模块化和即插即用，可以通过增加或减少视频输入、输出卡来实现不同容量的组合。

（二）数字矩阵

数字矩阵是针对前端设备全部是网络数字视频流输入，到监控中心输出上电视墙专门制作的一款产品，用于完成切换、存储、转发数字视频信号、远程控制、解码输出显示视频等功能。主流的数字矩阵核心产品就是视频解码器，配套的网络交换机和控制终端等通常不作为数字矩阵的组成部分。包交换型矩阵目前已经比较普及，特别是远程互联的视频系统建设。

数字矩阵较之模拟矩阵，因视频信号的差异而存在时延较大等问题，这对于实时跟踪控制系统来说需要特别关注。当然随着技术进步，系统时延和图像质量都有了很大的改观，许多体验接近模拟矩阵，有的体验甚至超过了模拟矩阵，如高清视频系统的应用。

七、DVR

DVR 是 Digital Video Recorder 的英文缩写，即数字视频录像机。相对于传统的模拟视频录像机，不是采用磁带而是采用硬盘录像，故常常被称为硬盘录像机。DVR 的基本功能是将模拟的视频/音频信号或非压缩的数字视频/音频信号转换为符合相关标准的压缩的数字视频/音频数据，并将其存储在硬盘（HDD）上，并提供与录制、播放和管理这些数据相对应的功能。DVR 通常集视频/音频处理、记录、本地回放显示、画面分割、云台镜头控制、报警控制、网络传输等多种功能于一身。

按系统结构可以分为两大类：基于 PC 架构的 PC 式 DVR 和脱离 PC 架构的嵌入式 DVR。

早期 PC 式 DVR 曾大行其道，这种架构的 DVR 以传统的 PC 机为基本硬件，以 Windows、Linux 为基本操作系统软件，配备图像采集或图像采集压缩卡和图像处理管理软件，成为一套完整的系统。PC 式 DVR 的产品性能提升比较容易，同时软件修正、升级也比较方便。这种插卡式的系统在系统装配、维修、运输中很容易出现不可靠的问题。

嵌入式 DVR 就是基于嵌入式处理器和嵌入式实时操作系统的嵌入式系统，它采用专用芯片对图像进行压缩及解压回放，嵌入式操作系统主要是完成整机的控制和管理。在设计制造时对软、硬件的稳定性进行了针对性的规划优化，产品品质的稳定性和可靠性更高。

DVR 通常具有以太网接口。通过该接口，可实现对模拟视频的压缩转换传输的功能，也可方便地实现远程对 DVR 存储视频的检索回放等功能。但通常不具备对网络视频直接接收存储的能力。

DVR采用的压缩算法曾经有MPEG-2、MPEG-4、H.264、M-JPEG等，一般DVR总是倾向于采用更高压缩比和更好图像质量的算法；从压缩卡上分有软压缩和硬压缩两种，但软件压缩受CPU的影响较大，做到全实时显示和录像较困难，故逐渐被硬压缩淘汰；从摄像机输入路数上，DVR分为1路、2路、4路、6路、8路、9路、12路、16路、24路、32路、48路、64路等。

DVR的功能包括监视功能、录像功能、回放功能、报警功能、控制功能、网络功能、密码授权功能和工作时间表功能等，其核心功能还可以表述为：

1. 视频存储（录像功能）：所有硬盘录像机都可以接入硬盘，用户可以根据自己的录像保存时间选择不同大小的硬盘接入。

2. 视频查看（监视与回放功能）：硬盘录像机具有视频输出的功能，可以与电视、监视器、电脑显示器等显示设备配合使用。也有的厂家把显示屏与硬盘录像机做成一体。其中视频查看分为视频实时查看和视频回放。

3. 视频管理：所有厂家的DVR出厂都配有集中管理软件，可以用该软件管理多个硬盘录像机的视频图像与视频统一存储等功能。

4. 远程访问：硬盘录像机通过网络设置，可以实现远程访问和手机访问。让监控在有网络的情况下，实现随时随地查看。

八、NVR

NVR是Network Video Recorder的缩写，即网络录像机。NVR需与IPC或视频编码器配套使用，才能实现对通过网络传送过来的数字视频的记录。NVR最主要的功能是通过网络接收IPC（网络摄像机）、DVS（视频编码器）等设备传输的数字视频码流，并进行存储、管理。简单来说，通过NVR，可以同时存储、观看、浏览、回放、管理多个网络摄像机的实时或已存储的视频数据。

对于NVR的配置，一些厂家也内置了许多的视频音频编码功能，与DVR的功能相一致，成为一种既可存储模拟视频，也能存储非压缩数字视频，更可从网络直接对压缩的视频流、音频流进行存储，这其实是一种混合型的录像机，有的厂家称为HVR。

NVR产品更为注重网络应用，更加注重视频在网络中的传输效率。相比之下，DVR产品在网络环境下，往往传输效率不高。编码后的视频数据在网络中往往以流媒体（Streaming Media）方式得到更广泛的应用。该技术通过对视频流的码率、帧率的控制，使视频在不同的网络带宽环境下达到比较好的传输效率。而流媒体本身的数据特征可以产生更多的应用模式，甚至能轻易地嵌入到其他业务系统中成为业务系统的一部分。因此通过流媒体和数据库技术的结合，可以使视频数据在其他业务系统中更为容易调用而产生更多的应用模式。

NVR的产品形态可以分为嵌入式NVR和PC Based NVR（PC式NVR）。嵌入式NVR的功能通过固件进行固化，表现为一个专用的硬件产品。PC式的NVR功能灵活强大，这样的NVR更多地被认为是一套软件（和视频采集卡+PC的传统配置并无本质差别）。由于早期软硬件能力的局限性，嵌入式NVR更多是IP摄像机的配套产品，产品的研发还有进一步改进升级的空间。PC Based NVR 可以理解为一套视频监控软件，安装在 X86 架构的 PC 或服务器、工控机上。PC 式 NVR 目前是市场上的主流产品，由两个方向发展而来。一个方向是插卡式 DVR 厂家在开发的 DVR 软件的基础上加入对 IP 摄像机的支持，形成的混合型 DVR 或纯数字 NVR；另一个方向是视频监控平台厂家的监控软件，过去主要是兼容视频编解码器，现在加入对 IP 摄像机的支持，成为了 NVR 的另外一支力量。

九、监视器

监视器是视频监控系统的重要组成部分，是视频监控系统的关键显示设备。监视器通常指的是能够直接显示视频画面的显示设备，通常具有标清模拟视频的接口，与计算机主机配套的显示设备通常叫作显示器，通常具有 VGA 接口，目前，监视器和显示器的显示方式越来越通用，且接口类型也很丰富，如标清模式视频接口、VGA 接口、HDMI 接口、DVI 接口等，显示性能越来越接近，且平板化和数字化的趋势明显。

各类显示设备经历了至大至小的变化，显示原理也经历了许多新的突破和革新，在人机交互显示过程中起到了不可替代的关键作用。监视器（显示器）的发展经历了从黑白（单色）到彩色、从闪烁（低帧率）到不闪烁（高帧率）、从 CRT（阴极射线管）到 LCD（液晶）、从单一屏幕到多屏组合等的发展过程。监视器作为一种重要的应用产品，各种类型的监视器层出不穷，得到了广泛应用。

（一）分类

按显示屏幕的尺寸分：8、10、12、15、17、19、20、22、24、26、32、37、40、42、46、47、52、57、65 、70、82、108 吋监视器等。

按色彩分：彩色、黑白监视器。

按扫描方式分：隔行扫描和逐行扫描。

按类型分：液晶监视器、背投、CRT 监视器、等离子监视器等。

按屏幕分：纯平、普屏、球面等。

按材质分：CRT、LED、DLP、LCD、OLED 等。

按照屏幕的宽高比分：4 : 3、16 : 9 等。

按组合屏幕的数量分：N 列×M 行，其中 N、M 均为大于 1 的整数。

（二）CRT 与 LCD 监视器的区别

使用阴极射线显像管（CRT）的彩色监视器和使用液晶显示屏（LCD）的彩色监视器在图像重现原理上是有区别的，前者曾是市场的主流，采用磁偏转驱动实现行、场扫描的方式（也称模拟驱动方式），而后者采用点阵驱动的方式（也称数字驱动方式）。因而前者往往使用电视线来定义其清晰度，而后者则通过像素数来定义其分辨率。CRT 监视器的清晰度主要由监视器的通道带宽和显像管的点距以及会聚误差决定，而后者则由所使用 LCD 屏的像素数决定。随着技术发展和市场应用的情况，CRT 因为体积大、重量重、耗电高正逐步退出历史舞台。

（三）液晶监视器

液晶监视器 LCD（Liquid Crystal Display）为平面超薄的显示设备，它由一定数量的彩色或黑白像素结构组成，放置于光源或者反射面前方。

对于液晶监视器来说，其面板的大小就是可视面积的大小。液晶监视器有3.5吋、5.6吋、7吋、8吋等车载监控显示规格，10.4吋、12吋、15吋、17吋、19吋为4∶3显示比例，20吋、21.5吋、22吋、26吋、32吋、37吋、40吋、42吋、47吋、52吋、55吋、65吋、70吋、82吋等为16∶9显示比例。

显示响应时间决定了监视器每秒所能显示的画面最高帧数，响应时间越小，支持的帧率越高，快速变化的画面所显示的效果越完美。

显示亮度：显示屏幕的亮度，是液晶监视器在白色画面之下可达到的最大明亮程度，单位是堪德拉每平方米（cd/m^2）或称nits。液晶监视器的亮度主要是由其背光源的亮度来决定的，对背光源的亮度控制，也就是对液晶监视器的亮度控制。

显示对比度：液晶屏上同一点最亮时与最暗时的亮度的比值就是液晶监视器的对比度（Contrast），高的对比度意味着相对较高的亮度和呈现颜色的亮丽程度。液晶监视器的对比度要求达到500∶1、1000∶1或更高。

色彩还原能力（色域）：色域是对一种颜色进行编码的方法，也指一个技术系统能够产生的颜色的总和。普通LCD的色域值在72%左右，可采用广色域液晶屏，其色域可达92%。因此显示的色彩更加丰富，可提高液晶监视器的色彩深度。

可视角度：液晶监视器的可视角度（View Angle）也叫作视场角范围，包括水平可视角度和垂直可视角度两个指标，水平可视角度显示表示以显示屏的垂直轴线为准，在垂直于轴线左方或右方一定角度的位置上仍然能够正常地看见显示图像，这个角度范围就是液晶监视器的水平可视角度；同理，如果以水平轴线为准，上下的可视角度就称为垂直可视角度。

显示分辨率也叫作显示像素大小，是指液晶显示器（见附图1.2.5）能够直接显示的像素点阵数量，它不同于监视器接口的可支持的格式像素概念。

附图1.2.5 液晶显示器

液晶显示器的面板除了响应时间、可视角度、色彩还原能力、显示像素多少，坏点、亮点的多少也是评判监视器优劣的重要标准。坏点分为亮点、暗点及色点，都是指液晶面板上不可修复的物理像素结构点。液晶屏根据坏点及色纯度、可视角度等参数的区别划分为若干等级。AA级：无任何坏点的LCD屏；A级：3个坏点以下，其中亮点不超过1个，且亮点不在屏幕中央区内；B级：3个坏点以下，其中亮点不超过2个，且亮点不在屏幕中央区内；C级：坏点超过3个。

十、大屏拼接显示系统（见附图1.2.6、附图1.2.7）

近些年，随着多部门应急决策、集中管理、信息共享等的出现，大屏显示系统广泛应用于安全防范系统监控中心的图像显示、远程指挥等。目前，比较常见的大屏幕拼接系统，通常根据显示单元的工作方式分为两个主要类型，即LCD显示单元拼接和DLP背投显示单元拼接。其中前者属于平板显示单元拼接系统，后者属于投影单元拼接系统。随着技术的进步，其他类型的大型拼接屏也涌现出来，如远距离观看方式下的LED无缝拼接屏，每个彩色显示LED像素间距可小至1.6mm等。

附图1.2.6　大屏拼接显示屏（一）

（一）LCD液晶拼接

所谓LCD液晶大屏拼接，是采用LCD显示单元拼接方式，通过拼接控制软件系统，实现大屏幕显示效果的一种拼接屏体。

LCD拼接具有厚度薄、重量轻、能耗低、寿命长、无辐射等优点，而且画面细腻、分辨率高，各项关键性能指标的优秀表现，已使它成为发展主流。LCD拼接显示单元的缺点是其拼缝较大、屏幕边缘的脆弱性明显。

（二）DLP拼接

DLP是"Digital Lighting Progress"的缩写。意思为数字光处理。具体说来，DLP投影技术是应用数字微镜晶片（DMD）来做主要关键元件以实现数字光学处理过程。其原理是将光源借由一个积分器（Integrator），将光均匀化，通过一个有色彩三原色的色环（ColorWheel），将光分成R、G、B三色，再将色彩由透镜成像在DMD上。以同步信号的方法，把数字旋转为镜片的电信号，将连续光转为灰阶，配合R、G、B三种颜色将色彩表现出来，最后经过镜头投影成像。

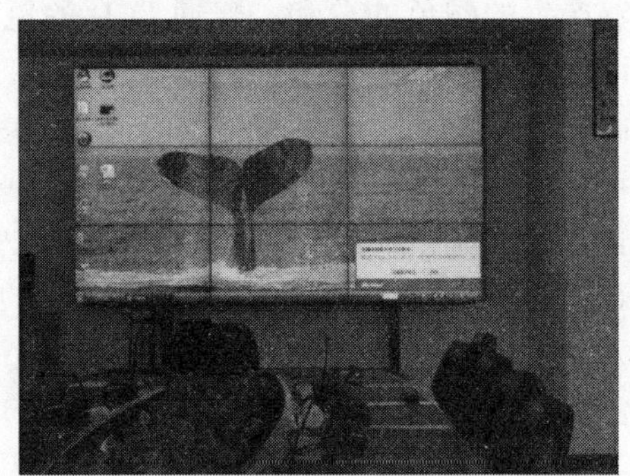

附图1.2.7　大屏拼接显示屏（二）

DLP拼接以DLP投影机为主并配以图像处理器组成的高亮度、高分辨率色彩逼真的电视墙，能够显示各种计算机、网络信号以及视频信号，画面能任意漫游、开窗、放大缩小和叠加。此外，相较于其他拼接技术，DLP拼接的突出优势是"零缝隙"，其物理缝隙画面整体显示效果良好。而且DLP拼接对环境的要求较低，从而使得运行成本降低。大屏幕投影墙拼接系统通常由四个部分构成，即投影单元、多屏处理器、信号切换与分配和大屏幕管理。其中，多屏处理器的主要功能是将一个完整的图像信号划分成N块后分配给N个视频显示单元（如背投单元），用多个普通视频单元组成一个超大屏幕动态图像显示屏，也可实现多个物理输出组合成一个分辨率叠加后的超高分辨率显示输出，使屏幕墙构成一个超高分辨率、超高亮度、超大显示尺寸的逻辑显示屏、完成多个信号源（网络信号、RGB信号和视频信号）在屏幕墙上的开窗、移动、缩放等各种方式的显示功能。

第三节　出入口控制系统和设备介绍

一、系统构成

(一) 基本构成

由于人们对出入口的出入目标类型、重要程度以及控制方式、方法等应用需求千差万别，对产品功能、结构、性能、价格的要求有很大的不同，但各型出入口控制系统具有相同的模型，主要由识读部分、传输部分、管理/控制部分和执行部分以及相应的系统软件组成，如附图 1. 3. 1 所示。

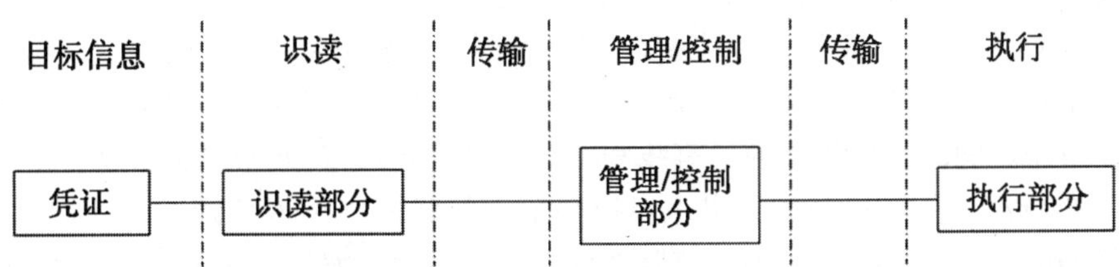

附图 1. 3. 1　出入口控制系统组成示意图

(二) 系统构建模式

根据系统规模、现场情况、安全管理要求等，系统有多种构建模式。

1. 出入口控制系统按其硬件构成模式划分：

(1) 一体型。出入口控制系统的各个组成部分通过内部连接、组合或集成在一起，实现出入口控制的所有功能。

(2) 分体型。出入口控制系统的各个组成部分在结构上有分开的部分，也有通过不同方式组合的部分。分开部分与组合部分之间通过电子、机电等手段连成为一个系统，实现出入口控制的所有功能，如附图 1. 3. 2、附图 1. 3. 3 所示。

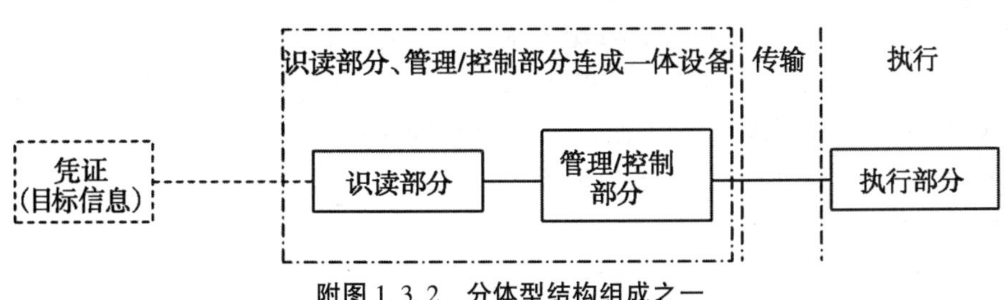

附图 1. 3. 2　分体型结构组成之一

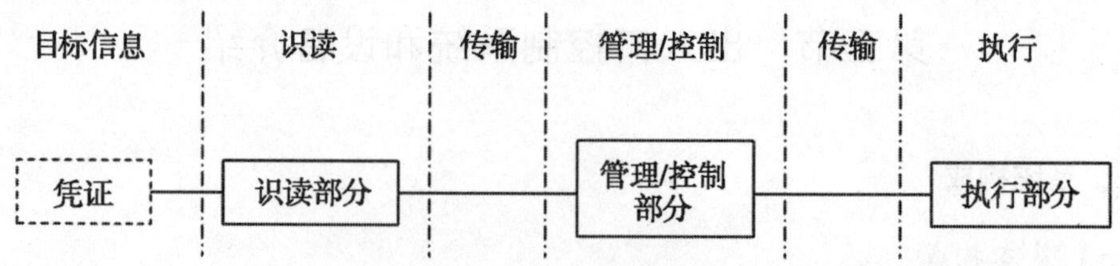

附图 1.3.3 分体型结构组成之二

2. 出入口控制系统按其管理/控制方式划分：

（1）独立控制型。出入口控制系统，其管理与控制部分的全部显示、编程、管理、控制等功能均在一个设备（出入口控制器）内完成。

（2）联网控制型。出入口控制系统，其管理与控制部分的全部显示、编程、管理、控制功能不在一个设备（出入口控制器）内完成。其中，显示、编程功能由另外的设备完成。设备之间的数据传输通过有线和/或无线数据通道及网络设备实现。

（3）数据载体传输控制型。出入口控制系统与联网型出入口控制系统的区别仅在于数据传输的方式不同，其管理与控制部分的全部显示、编程、管理、控制等功能不是在一个设备（出入口控制器）内完成。其中，显示、编程工作由另外的设备完成。设备之间的数据传输通过对可移动的、可读写的数据载体的输入、导出操作完成。

3. 出入口现场设备连接方式划分。

（1）单出入口控制设备（单门控制器）是指仅能对单个出入口实施控制的单个出入口控制器所构成的控制设备。

（2）多出入口控制设备（多门控制器）是指能同时对两个以上出入口实施控制的单个出入口控制器所构成的控制设备。

4. 出口控制系统按联网模式划分。

（1）总线制。出入口控制系统的现场控制设备通过联网数据总线与出入口管理中心的显示、编程设备相连，每条总线在出入口管理中心只有一个网络接口。

（2）环线制。出入口控制系统的现场控制设备通过联网数据总线与出入口管理中心的显示、编程设备相连，每条总线在出入口管理中心有两个网络接口，当总线有一处发生断线故障时，系统仍能正常工作，并可探测到故障的地点。

（3）单级网。出入口控制系统的现场控制设备与出入口管理中心的显示、编程设备的连接采用单一联网结构。

（4）多级网。出入口控制系统的现场控制设备与出入口管理中心的显示、编程设备的连接采用两级以上串联的联网结构，且相邻两级网络采用不同的网络协议。

二、凭证分类及其识读装置

凭证是出入口控制系统中的一个重要概念，此前，人们称凭证为“钥匙”。凭证是出入口控制系统对目标进行识别的重要依据，或者说，凭证是受控目标在出入口控制系统中的身份证。相关的标准是这样定义的：凭证（credential），是指能够识别的、赋予目标或目标特有的，用于操作出入口控制系统、取得出入权的自定义编码信息或模式特征信息和/或其载体。凭证所表征的信息可以具有表示目标身份、通行的权限、对系统的操作权限等单项或多项功能。通常包括PIN、载体凭证（如IC卡、信息钮、RFID标签）、模式特征信息等。一个目标可以有多个凭证，不同目标具有不同的凭证。

凭证可以是目前常见的人工卡或证件，也可以是电子类的IC卡（又可分为接触式和非接触式），还可以为人的生物特征或密码类。在出入口控制系统中，凭证的使用可根据系统的管理策略、安全等级等因素综合考虑选用。

不同的凭证需要不同的识读装置，条码卡需要用OCR的识读装置，IC卡采用读卡器，密码通常采用密码键盘，而生物特征识别的面部（人脸）识别则需要更加复杂的摄像机和分析装置等。每种识读装置的安装都需要结合凭证要求的使用条件而配合安装于受控区的防护面上，一般的读卡装置处于离地1.2m左右的高度。

在一个系统中选用什么类型的凭证，以及采用何种类型的识读装置，需要根据凭证的使用频次（通行流量）、安全等级和防护要求综合确定。

下面介绍几种常见的凭证及其配套识读设备。

（一）条码卡

条码是将线条与空白按照一定的编码规则组合起来的符号，用于代表一定的字母、数字等资料。将黑白相间组成的一维或二维条码印刷在PVC或纸制卡基上就构成条码卡，就像商品上贴的条码一样。其优点是成本低廉，缺点是易被复印机等设备轻易复制，条码图像易褪色、污损，故一般不用在安全要求高的场所。条码卡一般采用专用的扫描装置进行扫描识读，目前常用手机类一体摄像机进行拍照识读。

附图1.3.4是一种一维条码。世界上有225种以上的一维条码，每种一维条码都有一套自己的编码规格，规定每个字母（可能是文字或数字或文数字）是由几个线条（Bar）及几个空白（Space）组成，以及字母的排列。一般较流行的一维条码有39码、EAN码、UPC码、128码等。

附图1.3.4　一维条码

二维码（Quick Response Code），又称二维条码（见附图1.3.5），是用特定的几何图形按一定规律在平面（二维方向）上分布的黑白相间的图形，是所有信息数据的一把钥匙，如附图1.3.5右图所示。在现代商业活动中，可实现的应用十分

附图1.3.5　二维码

广泛，如产品防伪/溯源、广告推送、网站链接、数据下载、商品交易、定位/导航、电子商务应用、车辆管理、信息传递等。优点是：高密度编码、信息容量大、编码范围广、容错能力强，具有纠错功能，译码可靠性高，可引入加密措施，成本低、易制作、持久耐用。致命的缺点是：易成为手机病毒、钓鱼网站传播的新渠道。

（二）磁卡

将磁条粘贴在卡基上就构成了磁条卡，磁卡可分为 PET 卡、PVC 卡和纸卡三种。它是利用磁性载体记录英文与数字信息，用来标识身份或其他用途的卡片，如附图 1.3.6 所示。磁卡使用方便、造价便宜，可用于制作信用卡、银行卡、地铁卡、公交卡、门票卡、电话卡、电子游戏卡、车票、机票以及各种交通收费卡等。其优点是成本低廉，缺点是可用设备轻易复制且易消磁和污损，磁条读卡机磁头也很容易磨损，对使用环境的要求较高，常与密码键盘联合使用以提高安全性。未来几年，磁卡将逐步退出市场。识读磁卡的操作是在读卡机上滑动，谓之"刷卡"，此说法也成为目前广泛称呼的识读装置识读卡时的"刷卡"。

附图 1.3.6　磁条卡

（三）威根卡（Wiegand Card）

威根卡也叫铁码卡，是曾在国外流行的一种卡片，卡片中间用特殊的方法将极细的金属线排列编码，其读卡机和操作方式与磁条卡基本相同，但原理不同，具有防磁、防水等能力，环境适应性较强。虽然卡片本身遭破坏后金属线排列即遭破坏，不好仿制，但利用读卡机将卡信息读出，也容易复制一张相同的卡片。在国内很少使用，但它的输出数据的格式常被其他读卡器采用，这就是所谓的威根接口，如附图 1.3.7 所示。

附图 1.3.7　威根卡

（四）接触式 IC 卡

IC 卡是集成电路卡（Integrated Circuit Card）的简称，是镶嵌集成电路芯片的塑料卡片，其外形和尺寸都遵循国际标准（ISO/IEC 7816、GB/T16649）。芯片一般采用不易挥发的存储器（ROM、EEPROM）、保护逻辑电路甚至带微处理器 CPU。接触式 IC 卡分为三种类型：存储卡或记忆卡（Memory

Card），带有CPU的智能卡（Smart Card），带有显示器及键盘、CPU的超级智能卡。优点是存储容量大、安全保密性强、携带方便。接触式IC卡广泛应用在各种领域，如加油卡、驾驶员积分卡等，在出入口系统中，主要是用存储卡和逻辑加密卡。常用在宾馆的客房锁等处。但接触式操作，容易使卡片和读卡器磨损，必须对设备经常维护。特别是带有CPU的智能卡，由于其安全保密性高，近年来取代磁条卡被广泛应用于银行储蓄卡、信用卡上等，如附图1.3.8所示。此类卡的读写采用直接的读写口连接识读。

附图1.3.8　接触式IC卡

（五）感应卡

感应卡，全称为感应式IC卡。根据感应卡的工作供电方式不同，可以分为无源感应卡和有源感应卡。

无源感应卡是在接触式IC卡的基础上采用射频识别技术（Radio Frequency Identification，RFID）而来的，也称无源射频卡，如附图1.3.9所示。卡片与读卡器之间的数据采用射频方式传递，卡片的能量来自读卡器的射频辐射场，当卡片靠近读卡器，其感应积累的能量足以使其内部电路工作时，就向读卡器无线传送数据。

附图1.3.9　无源射频卡

无源感应卡主要有感应式ID卡和可读写的感应式IC卡两种形式。感应式ID卡在工作时只向读卡器发送卡片本身的ID号码；可读写的感应式IC卡能在“读卡”过程中交互读写信息与验证，安全性更高。由于无源感应卡的能量获取来自读卡器的射频辐射场，能量较小，所以它的读卡距离较近。常见的读卡距离为4cm~80cm。无源感应卡在识读过程中不需接触读卡器，对粉尘、潮湿等环境的适应远高于上述其他卡片系统，使用起来非常方便（如不用从手包中取出就能使用），它一经出现，就迅速应用在出入口控制系统中，成为目前出入口控制系统识读产品的主流。目前常见的两类无源感应卡的国际标准是ISO 14443和ISO 15693。

有源感应卡与无源感应卡的技术特点基本相同，不过其工作电源来自卡内的电池，如附图1.3.10所示。能量的增强，使得读卡距离大为增加，通常的读卡距离为3.5m~15m。常用于对机动车的识别，不过卡片寿命受电池的制约，不能更换电池的卡片，其寿命一般在2~5年。

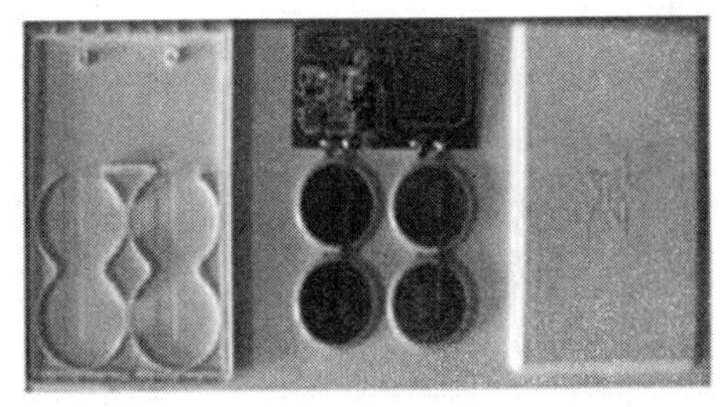

附图1.3.10　有源感应卡

感应式读卡器常用的频率范围有100kHz～200 kHz的低频、13.56MHz的中频和915MHz及2.45GHz的高频。目前应用在人员出入口和车库最多的是13.56MHz的中频识读设备，高频产品多用于高速公路等远距离不停车收费道口等地方。即使是同一频率，不同的产品制造商在设计应用方面也有差别。下面以13.56MHz产品为例说明，这也是ISO 14443和ISO 15693标准所支持的。重点介绍卡片在数据传输上的原理，如附图1.3.11所示：

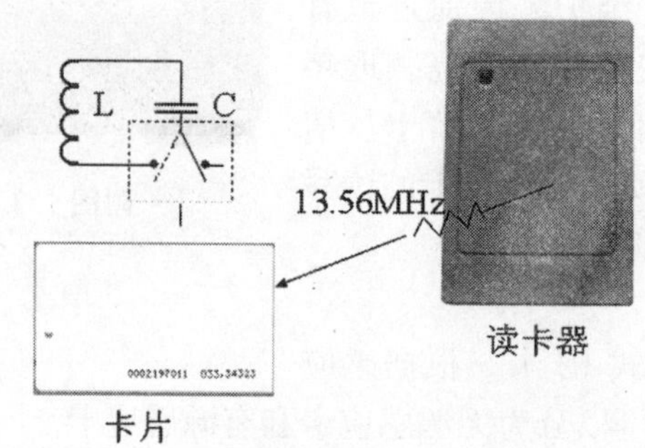

附图1.3.11　13.56MHz感应读卡器工作示意图

读卡器工作时，向周围发送13.56MHz的射频电波，形成一个空间电磁场，当该场发生细微扰动时，读卡器本身可检测出这种变化。一个谐振频率在13.56MHz的卡片接近读卡器，在吸收能量的同时也在改变着该电磁场。当卡片开始发送信息的时候并不需要发射射频信号，而只需根据其信息编码的时序，经调制后控制谐振回路通断变化即改变对电磁场能量的吸收，从而引起电磁场的变化。读卡器检测这种变化，经解调后得到卡片发来的信息。由于卡片不发射射频信号，读卡器接收灵敏度有限，这种读卡器的读卡距离较近。另外，由于工作频率较高，信号的载频也较高，单位时间内传送的数据量较低频卡大很多，有利于实现多种双向认证、读写、加密、防冲撞（可依次读取同时进入感应区域的多张卡）等操作。在出入口控制以外的领域如食堂售饭系统、公交地铁系统、银行系统等方面，13.56MHz的卡片已被广泛采用。

（六）密码

人们记忆的口令和密码，可以用于佐证自身的身份。用于密码识别的方式，一般采用密码键盘，以对应人员现场输入的方式进行。密码键盘还可以分为普通密码键盘和乱序密码键盘。

（七）生物特征

生物特征识别不依附于其他介质，直接实现对出入目标的个性化探测，一些代表性的生理特征有指纹、掌形、脸形、虹膜、视网膜、声音等。下面介绍几种常见的生物特征及其识别设备。

1. 指纹。指纹是每个人特有的，几乎终生都不会有变化，是人体独一无二的特征，和其他生物识别技术比较起来比较容易实现，指纹识别是目前使用最多的生物特征识别技术，包括指纹图像获取、提取特征和原存储的特征信息比对三部分。指纹识别设备易于小型化，使用方便，识别速度较快，但操作时需人体接触识读设备，需人体配合的程度较高。存在以下缺点：某些人或群体的指纹特征少，难以成像，每一次使用指纹时都会在指纹采集头上留下用户的指纹印痕，而这些指纹痕迹存在被用来复制指纹的可能性，如附图1.3.12所示。

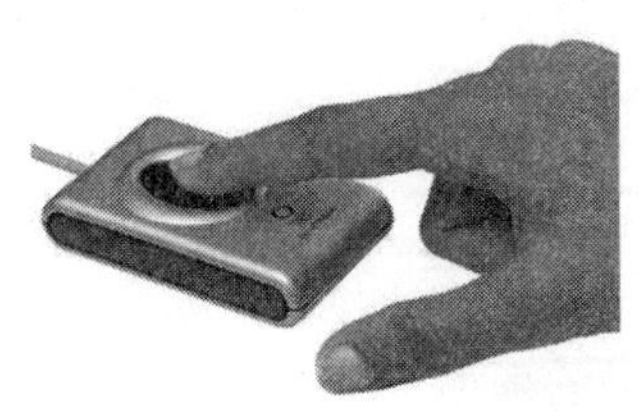

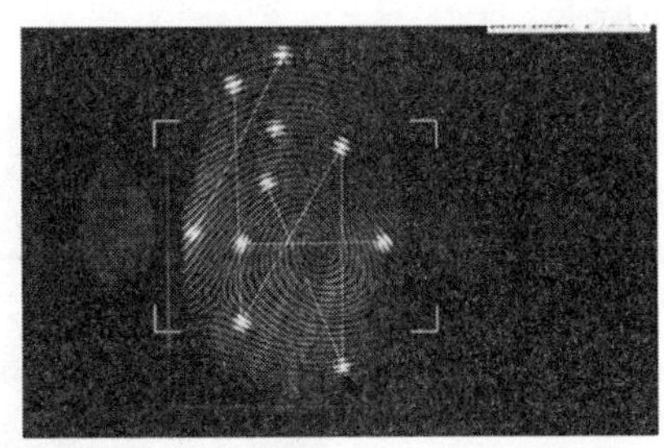

附图1.3.12　指纹识别

在生物特征识别设备中，指纹识别设备应用最多，但特征抽取方法不尽相同，如特征点法，是以线形来抽取指纹、抽出指纹上山状曲线的分歧点或指纹中切断的部分（端点）等特征来识别的。特征点是一个三维向量，包含位置和方向等信息。此外还有指纹自动分类、定位、形态和细节特征提取与指纹自动匹配算法。在特征点法的辨识中，手指按压或流汗、指纹线的愈合和伤痕对辨识的影响不大。另外还有相位设定法。相位是指指纹角度的相对位置，以傅立叶方式变换指纹信息，用于辨识指纹相位的相关强度，原理上不受指纹的位置与图像明暗的影响，因为相位设定处理方式单纯，适合于制作大规模集成电路，实现产品小型化并降低成本。

2. 掌形。掌形识别是通过测试手掌的形状、手指的长度、手掌的宽度及厚度、各指两个关节的宽度与高度等，将数据综合为特征值存储在用户模板中。目前的掌形识别设备识别速度较高、误识率较低。和指纹识别一样，操作时需人体接触识读设备，需人体配合的程度较高。目前掌形识别系统产品的精确度、稳定度还存在一定的问题，且应用成本较高，普及率不是很高，如附图1.3.13所示。

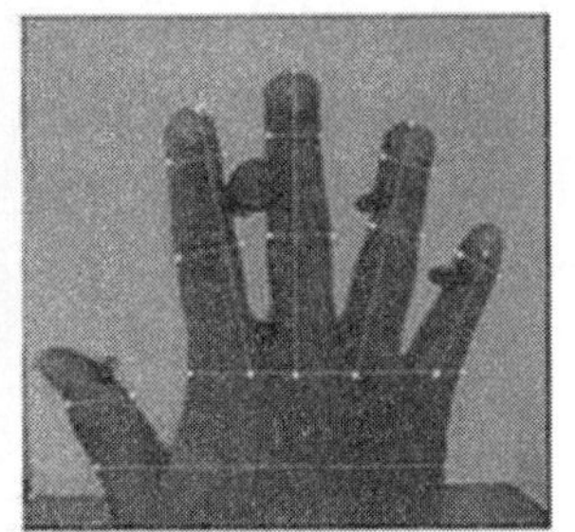

附图1.3.13　掌形识别

3. 虹膜。虹膜特征是每个人特有的，一个人的虹膜在发育成熟后一般终生不变，它存在于眼的表面（角膜下部），是瞳孔周围的有色环行薄膜，眼球的颜色由虹膜决定，不受眼球内部疾病的影响。虹膜识别技术是利用虹膜的终生不变性和人的个体差异性的特点来识别身份的，读取装置主要是通过摄像机，只要眼睛正视摄像机就可以完成信息读取。它的特点是不需要接触识读设备，但需人体配合才能识别，误识率很低。优点是便于用户使用、不需物理接触、可靠性高。缺点是很难将图像获取设备的尺寸小型化、镜头可能会产生图像畸变而使可靠性降低、设备造价高、大范围推广难，如附图1.3.14所示。

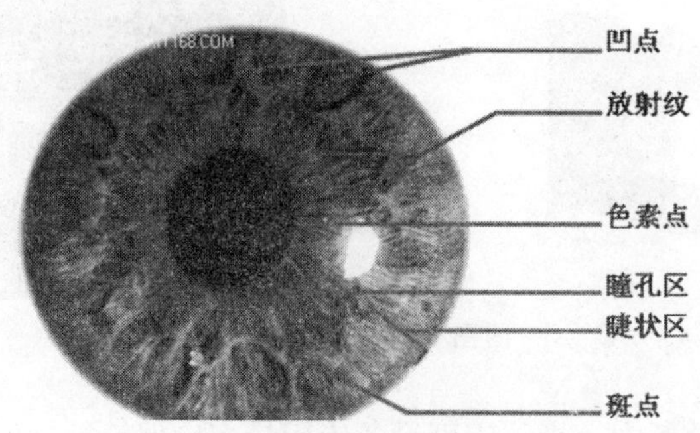

附图1.3.14 虹膜

4. 面部（人脸）。面部识别是人类自身最常用的识别他人的方法，通过现代信息技术，将摄像机捕捉到的人脸图像进行分析、抽取特征。面部识别技术通过对面部特征和它们之间的关系（眼睛、鼻子和嘴的位置以及它们之间的相对位置）来进行识别，用于捕捉面部图像的两项技术为标准视频和热成像技术：标准视频技术通过视频摄像头摄取面部的图像，热成像技术通过分析由面部毛细血管的血液产生的热辐射来产生面部图像，与视频摄像头不同，热成像技术并不需要较好的光源，即使在黑暗的情况下也可以使用。它采用主动方法，使要求目标配合的程度降到最低，其优点是非接触的信息采集，相对于指纹、掌形等接触式采集系统，更易被使用者接受，更安全、卫生。缺点是：使用者面部的位置与周围的光环境都可能会影响系统的精确性，而且面部识别也是最容易被欺骗的。另外，对于因人体面部的如头发、饰物、变老以及其他的变化可能需要通过人工智能技术来得到补偿；对于采集图像的设备会比其他技术昂贵得多，如附图1.3.15所示。

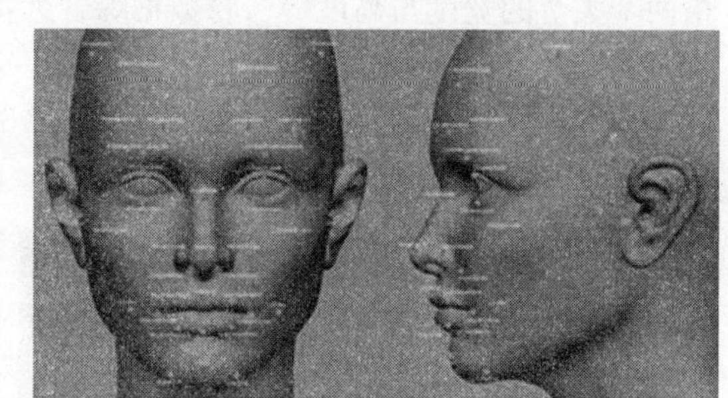

附图1.3.15 人体面部

三、出入口管理/控制部分

出入口管理/控制部分是出入口控制系统的核心，下面将从硬件、接口、软件等方面分别进行介绍。

（一）管理/控制部分的硬件结构

联网型出入口控制系统普遍采用中心管理电脑对系统进行授权与设置，前端现场控制器实时执行管理控制功能。传统上，简单功能的现场控制器主要采用8位单片处理器进行管理，复杂一些的采用16位单片机甚至32位RISC指令的高速CPU。为保证控制器断电时信息不丢失，普遍采用静态存储器 SRAM 存储授权和事件信息，并由 3V 锂电池提供应急数据保持，也有个别小系统采用 EEPROM 存储。硬件看门狗电路是它们的标准配置，保证工作异常时不死机。一般内置有时钟计时电路。所有外围接口都设计有保护电路，以适应复杂的安装和使用环境。供电系统有时设计为两个，其中一个提供给控制器主板工作使用，另一个提供给电控锁等大电流电感部件使用，使电磁冲击干扰降到最低。在大型系统中，一般还有一种设备叫网络控制器，负责连接、管理下层的多台现场控制器，以减少管理电脑对设备的轮巡时间。

（二）信息及控制接口

与识读部分的接口，其接口形式主要为 RS232 或 RS485，以及威根（wiegand）接口，目前威根（wiegand）接口被大多数感应式读卡器和现场控制器采用，如附图 1.3.16 所示。现场控制器与出入口管理服务端的数据接口，其接口形式以 RS485 或 RS422 为主，也有采用以太网接口的现场控制器。大多数现场控制器与执行部分的接口采用继电器干接点的方式，方便驱动大电流执行部件的控制操作。

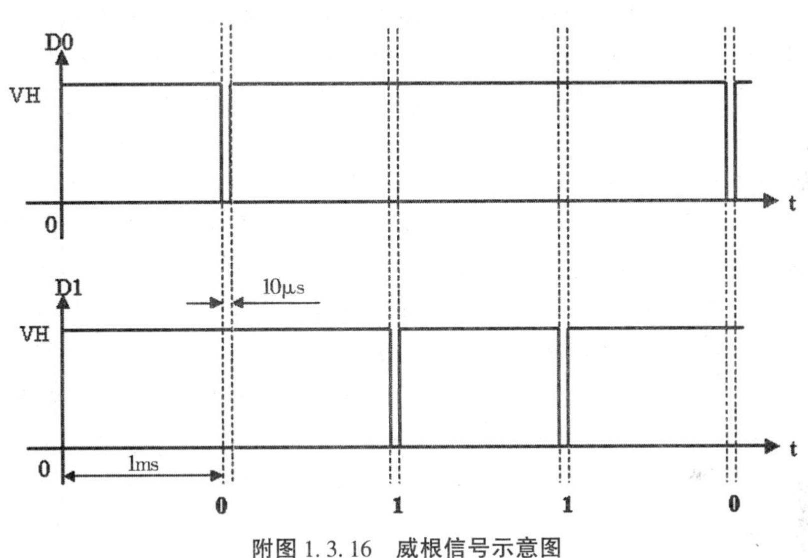

附图 1.3.16　威根信号示意图

Wiegand 26bit 格式说明：

bit2~bit25 为 24bit 有效位，bit1 对应 bit2~bit13 的偶校验位；bit26 对应 bit14~bit125 的奇校验位。

Wiegand 8bit 键盘编码格式说明：

0 ：111100001：111000012：110100103：110000114：10110100

5 ：101001016：100101107：100001118：011110009：01101001

*：01011010#：01001011

（三）软件

在联网型出入口控制系统中，运行在中心电脑上的管理软件提供人/机界面，负责授权、管理及实施远程控制，其客户端有 C/S 结构部署的，也有 B/S 结构部署的。大型系统还设置双机备份模式，以提高可靠性。有些软件不但能实现电子地图、出入口控制、停车场、考勤、在线巡更、报警等功能，还能与 DVR 等视频设备实现联动，支持远程、多组团、跨时区等。

（四）出入口控制器

出入口控制器是重要的管理控制装置，在分体系统中，出入口门禁控制器通常安装在前端的受控区内，与现场的识读设备和执行设备相连。控制器内可存储该出入口可通行的目标及其权限信息、控制模式信息及现场事件信息。

四、出入口控制执行部分

出入口控制执行部分，主要分为闭锁部件、阻挡部件、出入准许指示部件三类产品。闭锁部件主要指各种电控、电动锁具；阻挡部件主要指各种电动门、升降式地挡（阻止车辆通行的装置）等设备；通行/禁止指示灯等属于典型的出入准许指示部件。在停车场已广泛使用的电动栏杆机，其阻挡能力有限，且有诸多防砸车等对机动车的保护设计，但不能起到阻止犯罪嫌疑人驾车闯关的作用，也属于出入准许指示部件。

最常见的电控锁具是磁力锁、阳极锁以及阴极锁。

磁力锁依靠电磁力直接吸附的力量将电磁锁体和配套软铁吸合在一起，构造简单，无滑动或转动磨损件，常用规格有 250kg、280kg 的产品。该锁为加电闭锁、断电开启模式，闭锁时的电流在 500mA~800mA。

阳极锁，又叫电插锁，依靠电磁力将锁舌推出，使其插入配套锁片中达到闭锁的目的。该锁具附有锁片检测装置，当闭锁信号给出时，若未检测到锁片到位（门没有关闭到位）信号，锁舌不会伸出，直至锁片到位才伸出锁舌，完成闭锁工作。该锁为加电闭锁、断电开启模式，闭锁时的电流在 300mA~1.2A。

阴极锁电磁力并不直接作用在闭锁单元上，而是通过磁力推杆锁止闭锁单元。闭锁单元平时靠弹簧回位，开锁时磁力推杆打开闭锁单元，闭锁单元在阴极锁配套的锁舌推动下推开，达到开锁的目的，若推杆未打开闭锁单元门锁不能被打开。该锁较多地采用加电开启、断电闭锁模式，也有加电闭锁、断电开启的产品，工作时的电流在 100mA~200mA。

第四节　防爆/暴安全检查系统和设备介绍

一、背景和基本概念

为了防止恐怖事件的发生，各国政府都采取了高标准的安全措施和使用了更先进的安全检查设备。在机场，对旅客手提行李、托运行李实行 100%的检查，零担货物、航空集装箱、大型集装箱在装载之前也都要进行防爆安全检查。对旅客用生物手段（面部、虹膜、指纹等识别）进行身份确认，对可疑旅客进行携带威胁品和违禁品的人体扫描检查，阻止炸药、爆炸装置、易燃易爆的液体、武器、刀具被带上飞机。车站、港口、重要部门、公共活动场所对来往人员以及携带物也进行检查，防止威胁物带上火车、轮船以及重要的场所。

对威胁物或可疑物的检查主要是利用各类能够对物品内部产生透射和散射效应的电磁波和射线，如较短波长的微波、X 射线、γ 射线、中子等发现物品是否存在这些威胁物或可疑物。在射线源的作用下，通过传感器收集透射过物品（物体或样品）内部的，或被物品内部散射过的这些射线的强度分布，或物品内部受到激发而产生的新的电磁射线等的强度分布，分析物品内部的物质成分及其空间分布等，进而与标准的限值做出比对，发出正常或报警信息。

常见排查的威胁物和违禁品包括各类爆炸物、毒品、管制金属物品等。由于上述探测具有很强的针对性和局限性，目前尚不具备适用于各类物品探测的统一的探测手段和方法，故安全检查设备的种类相对复杂。一个实用的安全检查系统往往需要各种复杂的配套设备，包括射线防护、成像分析与识别、物品输送机构等。

防爆安全检查设备按使用技术的不同可分为 X 射线检查设备、中子探测设备、四极矩谐振分析探测设备、质谱分析设备、毫米波探测设备、金属探测设备等。对瓶装易燃、易爆液体的非接触检查的设备正处于开发和试验阶段，这些设备使用了 CT 技术、理想双能量技术、微波技术、磁谐振技术、拉曼光谱技术等。

目前用于第一级行李检查的设备主要是能量型的 X 射线检查设备，大都使用 140keV 能量的 X 射线和能量探测器，不仅探测行李中隐藏的金属武器，更主要的是探测隐藏的炸药、毒品以及违禁品。第一级判定为可疑的行李被送到第二级或第三级再进行判识，后级设备采用更先进的多视角、衍射或断层扫描 X 射线设备。而货物和航空集装箱的检查设备则使用了较高的能量，范围为 140 keV～250 keV。大型集装箱的检查使用了能量更高的 450keV 的 X 射线源、X 射线加速器、放射性同位素源钴 60 以及其他类型的 γ 射线源，有些设备使用了中子探测技术，其目的就是使设备有更高的穿透力和分辨力，得到高质量的被检客体的图像。

X 射线散射设备、四极矩谐振分析（QRA）设备、四极矩谐振分析和 X 射线技术组合的设备可以有效地探测出隐藏在行李物品中的塑性以及很难用常规成像技术探测出来的片状炸药，气体离子迁移质谱仪等也广泛用于对微量炸药和毒品的探测。这些技术已经被证明是探测少量塑性炸药、薄片炸药以及军用爆炸物的有效技术。这种技术也可以用于鉴别麻醉毒品，如海洛因和可卡因等。

X 射线 CT 设备是通过美国 TSA（FAA）认证测试的炸药自动探测设备，探测率可高达 98%，被广泛用于后级的行李检查设备，对被前级判定为可疑的行李做出准确的判识。用于安全检查的 CT 设备不同于传统医学上使用的 CT 设备，用于安全检查设备的通道要大，检查速度要快。不仅能探测出炸药，还能识别出炸药的种类以及给出重量。设备不仅能显示整个被检物的 X 射线图像，还能显示断层以及三维图像。

X 射线检查设备按使用的 X 射线能量谱可分为单能和双能的 X 射线检查设备；双能 X 射线检查设备又分为传统的双能量 X 射线探测设备和 AT（先进）技术的 X 射线探测设备；按使用射线源的投影方式可分为单视角、双视角和多视角 X 射线设备；按射线源射束的出射方向可分为侧照、底照和顶照式的 X 射线设备；按成像原理可分为点扫描、线扫描、CT 检以及便携式 X 射线设备，X 射线 CT 设备分为单能和双能 CT；按 X 射线的利用原理可分为双能透射式、背散射式、衍射式设备；按设备的用途可分为手提（小件物品）行李检查设备、托运行李检查设备、货物以及集装箱检查设备、人体扫描检查设备；集装箱检查设备按工作方式的不同，可分为固定式和移动式的检查设备，按使用的放射源不同又分为X射线（450keV）、X射线加速器和同位素放射源的集装箱检查设备。

按探测客体的不同，这些检查设备可分为金属探测设备、大量炸药探测设备、微量炸药探测设备以及液体炸药探测设备等。大量炸药探测设备是指机场对旅客检查的X射线设备，而微量炸药探测设备是指质谱及离子漂移探测设备等。金属探测设备包括常用的通过式的金属探测门和手持金属探测器。

二、X射线安全检查设备

（一）概述

X射线安全检查设备是利用了X射线和被检物（客体）相互作用时发生的光电吸收、康普顿散射、瑞利散射和电子对效应得到被检物的特征信息。

早期使用的安检设备一般是透射式的单能X射线设备，只能得到被检物按密度及原子序数衰减的黑/白图像，物质的密度及原子序数越大，对X射线的衰减就越大，穿过被检物到达探测器的X射线光子数就越少，图像就暗。反之，密度及原子序数小的物质对射线的衰减就小，图像就越亮。这种设备对探测隐藏的金属武器特别有效，如刀、枪等。

随着塑料手枪以及陶瓷刀具和炸药逐步成为恐怖分子进行破坏的工具，人们研发出双能X射线检查设备，成为探测此类威胁物的有力工具。双能设备利用了2个或多个X射线能谱和物质相互作用，从不同的高、低能谱信号中得到有关被检物原子序数的信息，从而得到被检物的物质组成信息，有效地区分有机物和无机物，并给出不同的颜色。

传统的X射线检查设备采用透射方法，得到被检物质的穿透图像，在实际应用中，由于多种物质的重叠，准确地探测混在不同类物质中的炸药，特别是从有机物中识别出炸药是一件非常困难的事情，探测薄片形、无规则的炸药对于传统的双能系统也是不可能的，射线穿过薄片形的物质所得到的信息作为整个图像的背景信息而不易识别出来。为此，人们又发明了利用散射的X射线设备。利用康普顿散射的X射线设备可用来探测片状炸药以及低原子序数的物质，特别是探测器碳、氢、氧成分丰富的物质。利用X射线相干散射原理的X射线衍射设备，可以准确地探测物质的组成，只是检查速度慢以及探测器对温度有要求，目前只是作为第二级安全检查使用。

X射线CT设备不仅能得到被检物的透视图像，还可以得到被检物断层图像以及三维图像。单能X射线CT设备通过X射线被检物体密度信息来识别物质，双能X射线CT通过测量被检物的有效原子序数和密度两个信息去识别物质，这样就提高了设备的探测率，降低了误报率。

X射线探测设备以计算机为平台，采用了计算机图像处理、存储和显示技术的诸多优点，为用户提供了高质量图像和多种服务功能。如超级图像增强、多种组合控制、危险品图像自动插入、数据报告的浏览和打印输出、图像存储和图像转储、图像回拉、网络接口、操作员培训、系统自诊断等功能。设备使用了折弯型高效半导体探测器，可以对被检物进行无死角检查。设备不仅提供反映被检物吸收特性的 X 射线透视图像，还可以提供有关被检物质化学组成的信息，并对不同物质赋予不同的颜色。对于行李中某些过厚穿不透或者密度较大的物品或区域自动给出提示。设备也能识别出某些特定危险物，如炸药、毒品等，并赋予不同的颜色。设备装备了输送带系统，被检物可以快速地通过 X 射线检测区域，大大提高了检查效率。设备采用线扫描或点扫描工作原理，单次检查和泄漏射线的剂量较低，一般可不再加特殊防护设备。

高能 X 射线以及加速器系统主要用于集装箱等大型货物的检查。

（二）X 射线双能量探测设备

AT 技术的双能量 X 射线检查设备通常使用 2 个 X 射线源和 2 套独立的探测器。通常低能 X 射线源的工作电压为 75keV，高能 X 射线源的工作电压为 150 keV，这种设备探测物质的有效原子序数精度高，炸药探测率要高于传统的双能量设备，这种设备也被称为炸药自动探测设备。公安部一所生产的 FISCAN EDS 10080 设备于 2002 年通过了 TSA/FAA 有关 AT 技术设备的检测。设备的外形图和工作示意图如附图 1.4.1 所示。

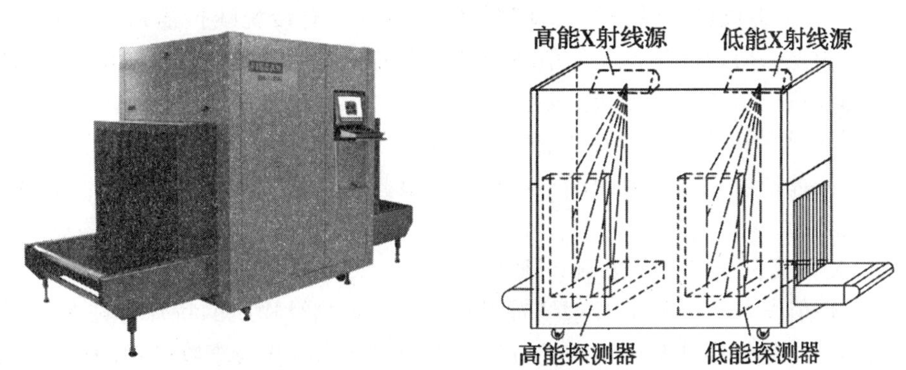

附图 1.4.1　FISCAN EDS-双源、双探 X 射线安全检查设备/炸药自动探测设备

（三）多视角 X 射线探测设备

多视角顾名思义就是 X 射线束从多个方位和角度穿过被检物，得到不同投影角度的 X 射线图像。操作员通过观察多个不同投影角度的被检物图像，分辨出行李内部重叠的物体，准确地从复杂背景物体中识别出炸药以及其他危险物和违禁物。常用的多视角设备有 2（双）视角、3 视角和 5 视角设备等。

（四）X 射线康普顿散射设备

X 射线康普顿散射设备是利用了射线和物质相互作用发生的非相干散射效应，设备采集被检物散射的 X 射线，生成被检物的散射 X 射线图像。

X 射线康普顿散射设备通常采用飞点扫描原理，飞点扫描 X 射线检查系统主要是由探测器部件（透射探测器和散射探测器）、斩波轮系统、X 射线产生系统、图像数据的传输与控制系统以及计算机系统组成。背散射设备以及飞点扫描原理示意图如附图 1.4.2 所示。

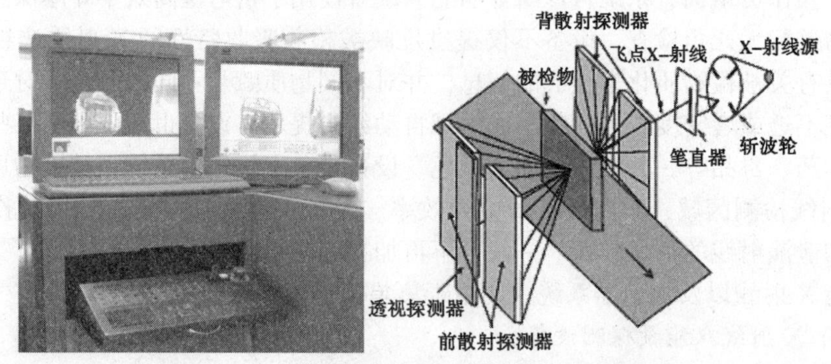

附图 1.4.2　背散射设备及飞点扫描原理示意图

1. X 射线透射图像反映了被检物的总衰减效应，较好地显示了高密度和高原子序数的物质，如枪支和匕首等。散射信号直接反映了物质的组成，这种技术容易发现毒品和炸药。

2. 点扫描 X 射线检查设备的检查剂量特别低，只有传统线扫描系统检查剂量的十分之一甚至更低，所以此种设备的射线防护较容易。即使大型集装箱检查用飞点扫描设备，也不需要构筑很厚的水泥防护墙。

利用 X 射线的康普顿散射可以探测传统设备难以探测的薄片型炸药或违禁品。比较被检物的双能透射和背散射图像不难看出，康普顿散射可以有效地探测片状炸药等低原子序数的物质。

（五）X 射线衍射（相干散射）设备

X 射线衍射设备不是测量 X 射线辐射吸收，而是测量物质的特殊弹性 X 射线散射，这种广泛用于结晶学领域鉴别物质的方法，适合识别隐藏在行李物品中的炸药、塑性炸药等危险品。被测试物体的晶格结构产生了辐射射束的特征 X 射线衍射谱，这些就是物质的特殊图谱。X 射线衍射设备使用特殊探测器采集被检物品的特征 X 射线衍射谱。

X 射线相干散射设备可通过使用比标准 X 射线衍射仪的典型能量高得多的能谱区域的相干 X 射线散射中出现的特有的布拉格（Bragg）特性来识别物质。设备一旦确认某种可疑物质是炸药，就会分析这些频谱，并发出报警信号。

但这种 X 射线衍射设备也存在一些问题，如检查速度慢，只能作为安全检查的第二级或第三级设备。如果行李中存有高原子序数的物质，此对应区域的射线衰减大，探测到的光子数太少会影响相干散射峰值的形成。为避免出现被检物的漏检区域，被检物或探测器需要往复移动。如果多种物质重叠，在单元体积内就会出现多个能谱峰值，特征量的探测出现会引起误探测。

（六）X 射线 CT 探测设备

X 射线断层扫描仪一般称为“CT”，全称叫电子计算机 X 射线断层摄影，CT 是英文词组 Computerized Tomography 的字母缩写。CT 扫描仪的发明是在电子计算机的应用普及和 X 射线被发现的基础上取得的。

目前在医疗和安全检查用的 CT 分为 2 类，即多层螺旋 CT（MSCT）和电子束 CT

(EBCT或EBT，或叫超高速CT)。这属于第5代和第6代CT技术。多层螺旋CT是当今的主流产品，电子束CT是最新的CT技术，由于电子束CT的电子束扫描钨靶的速度远远高于多层螺旋CT机中扫描架的机械扫描运动，所以电子束CT的扫描速度明显高于普通CT，使成像时间大大缩短。

(七) 便携式X射线探测设备

1. 概述。便携式X射线探测设备体积小、重量轻、操作灵活方便，可用于公共安全领域，邮包、信件、小件行李中隐藏金属武器、爆炸物、毒品等违禁品的探测。设备的技术更新也经历了如普通X射线一样的发展历程。

便携式X射线探测设备按成像原理分为面成像、线扫描和点扫描设备；按射线的利用方式分为双能和单能设备；按图像的传输方式分为无线传输和有线传输设备；按图像的采集方式可分为直接观察式和脉冲存储显示设备。按使用传感器的不同可分为闪烁体-CCD相机组合式和平板直接成像设备。

2. 典型的便携式X射线探测设备。

(1) 公安部一所生产的脉冲面阵PXTV-II便携式X射线探测设备。设备是以计算机为平台的系统，控制单元控制射线发射以及图像信号的拾取、存储、处理以及显示等。由于系统采用脉冲方式，摄像机通过短暂的信号积累，捕捉被检物的X射线透射图像信息，通过采集卡存入计算机。设备可穿透16mm的铝板和分辨0.2mm的铜线。设备及原理方框图如附图1.4.3所示。

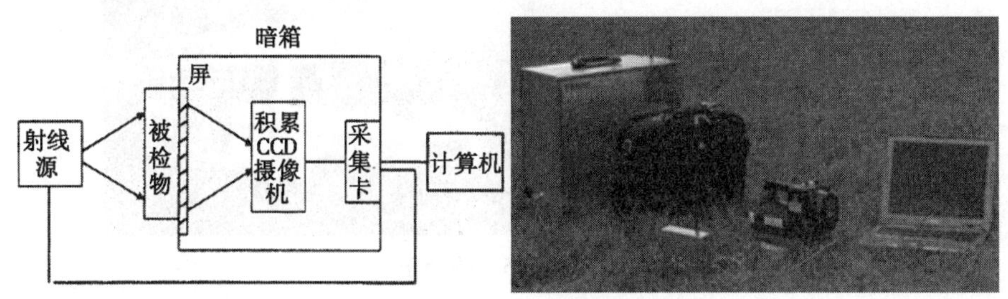

附图1.4.3 设备及原理方框图

(2) 某型平板式双能便携式X射线探测设备（见附图1.4.4)。这种平板式的便携式X射线探测设备采用非晶硅阵列作为探测器，直接将X射线强度信号转换成电信号。设备可分辨有机物和无机物，穿透力可达40mm钢板，但价格昂贵。

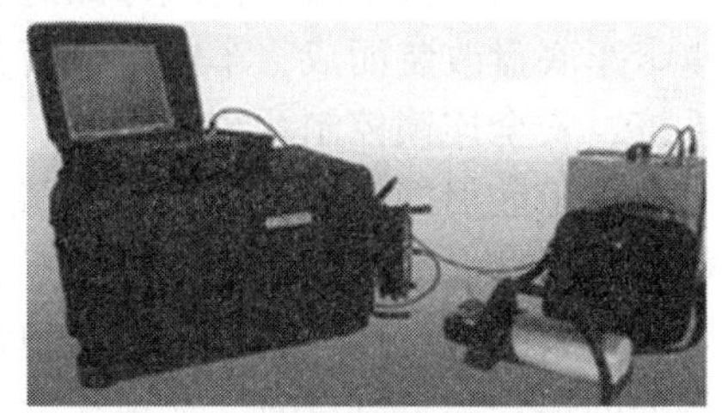

附图1.4.4 平板式双能便携式X射线探测设备

(八) 小型X射线移动探测设备

小型移动探测设备可以移动到任何需要进行安全检查的场所，操作方便，机动性好。检查车可由2~3人操作，一人是司机，一人是操作员。

1. 小型能量型透射式X射线检查车。小型能量型透射式X射线检查车或叫作车载X射线检查设备，是由载车和通道式车载能量型 X 射线检查设备组成的。载车通常由中小型卡车底盘或面包车改装而成，X 射线检查设备一般为顶照或侧照式，这种设备输送带系统的高度较低，方便被检物的放置。设备横向安装到载车的箱体内，检查通道的长度就是载车的宽度。载车的箱体两侧有专门改装、可以开启的门，折叠式输送带可以伸出箱体外，方便被检物的放置。

当实施检查时，打开载车箱体上的门，出入口处的可折叠输送带被放下，检查设备的安全连锁装置保证了只有输送带稳定的放置后，设备才可以加电。设备加电后，启动输送带，被检物由入口进入检测通道，X 射线扫描被检物，然后被传送到出口处，完成一次扫描。设备的显示器上显示了被检物的 X 射线图像，操作人员判读和分析图像，有些设备会给出危险物自动报警信号，安全被检物被放行，可疑被检物可开包检查。

检查车有两种工作模式：直通式和往返式。在工作场地宽敞的情况下，采用直通式检查，这种方式检查效率高。在工作场地狭窄的情况下，出口处的侧门不用打开，只打开入口处的门，被检物检查完后再从入口处取出。控制台上的显示器显示被检物的图像，系统功能同标准的双能量 X 射线检查设备的功能。

这种移动设备工作时，车辆停在检查场所。借助于输送带，被检物通过箱体内的 X 射线检测区域，完成扫描检查。此种设备主要用于机场专机或零担货物的检查，重要部门或公共聚会活动场所的安全检查。检查车如附图 1.4.5 所示。

附图 1.4.5　检查车

2. 背散射式 X 射线检查车。背散射式 X 射线检查车可以对各种车辆、货物实施隐蔽检查，检查隐藏的毒品、武器、爆炸物、违禁物品等，也适用于隐藏的走私人口的检查以及对人体携带爆炸物或毒品进行隐蔽检查。背散射式 X 射线检查车是由轻型的载重卡车底盘改装而成，车内包含背散射式飞点扫描 X 射线检查设备、供电设备、空调系统、安全连锁控制系统等。

由于散射探测器和 X 射线源安装在被检物体的同一侧，使得进行隐蔽检查成为可能。对于较大型的物体，X 射线不能有效穿透时，使用背散射技术比使用传统的透射技术有更大的优越性，尤其是探测隐藏于靠近被检物表面一定深度范围内，如夹层、伪装等处的违禁品特别有效。又由于检查车采用了飞点扫描设备原理，检查剂量特别低，可实施没有任何特殊防护的安全检查。

小型背散射检查车对被检车辆实施检查有 4 种方式，工作方式的选择和设置可通过系统主界面实施：

(1) 移动检查方式：移动检查方式是指被检车辆静止不动，由驾驶员驾驶检查车驶过被检物，从而得到被检物的背散射图像，图像以卷轴或刷屏方式实时显示在驾驶室后排安装的显示器上。图像存储和判读由车上的检查员（操作员）完成。

（2）固定检查方式：固定检查方式是指检查车不移动，被检车辆或人移动通过检查车的扫描区域。被检物和检查车的距离直接影响信号的强度。检查车上的安全检查设备可以由发电机供电，也可用市电供电。

（3）遥控检查方式：遥控检查方式是指检查车设置为固定方式，检查员在 500 米以内的距离接收、处理和存储检查成像。

（4）相对移动检查方式：相对移动检查是指检查车在以正常速度行驶过程中对正在行驶的车辆实施扫描检查。检查车以一定的速度超过被检车辆，从而完成对可疑车辆的扫描检查。背散射 X 射线检查车的检查示意图以及背散射图像如附图 1.4.6 所示。

附图 1.4.6　检查示意图及背散射图像

三、金属探测器

（一）概述

目前，金属探测器已成为一种重要的安全检查设备，用于检测出人身携带的枪支、匕首等金属武器。由于金属探测器能检出具有一定量金属成分的物品，包括磁性和非磁性材料，还用于工业生产中防止贵重金属丢失，在探察地下管道和勘探矿床资源方面也获得应用。

用于人身检查的金属探测器分为手持式和通道式两大类。通道式有多种形式，有立柱式、平板式、门框式等形式，我们叫这种通道式的金属探测器为安全门。当人通过安全门时，随身携带的金属物品就会被检查出来。手持金属探测器用于对人身进行更详细的局部检查，特别是那些经过安全门发出报警信号的旅客。金属探测器也用来探测地雷等地面金属物。

（二）通道式金属探测器（见附图 1.4.7）

通道式金属探测器技术的发展也经历了多代产品更新。从无源磁场计到有源探测器，自建交变磁场从“连续波法”，并在电子线路上采用了自动调节的闭环消差系统，到改为脉冲波的方式，涡流效应探测，从传统的模拟电路控制到单片机智能化的控制和人机交互界面的优化，探测识别能力、电磁兼容性、对周围环境的适应性以及系统的智能化都得到了很大提高。进一步，系统实现了在整个通道内的最佳探测均匀性和最佳抗干扰能力以及宽范围的可调灵敏度。遥控控制功能、自诊断功能、多种可视的显示和报警功能使得系统操作方便、维护容易。系统可单机安装，也可以组网工作，数据可存储、转储。

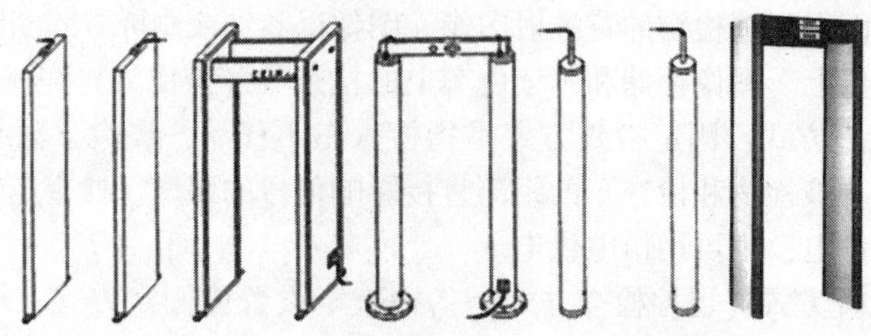

附图 1.4.7　不同类型的通道式金属探测器

（三）手持金属探测器

手持金属探测器使用对人体无害的微弱低频电磁场，对被测物中的胶卷及磁性物质（磁带、信用卡、磁盘等）无任何不良影响。

手持金属探测器的工作原理和金属探测门基本相同，都是仪器本身建立了一个平衡的电磁场，当有金属物品接近时，就破坏了磁场的平衡，电磁场参数发生变化，导致探测场发生变化而引起探测器本身频率、相位和幅度的变化，检测出这些相应的变化量发出报警信号。

手持金属探测器分为外差式、相位式和幅度变化式。外差式受外界因素的影响较大，稳定性和灵敏度都不理想，操作使用也比较麻烦。而后两者克服了外差式的不足，能适应各种环境条件，而且本身具有自平衡的功能，操作极为方便。

附图 1.4.8 给出了几种不同形状的手持金属探测器。

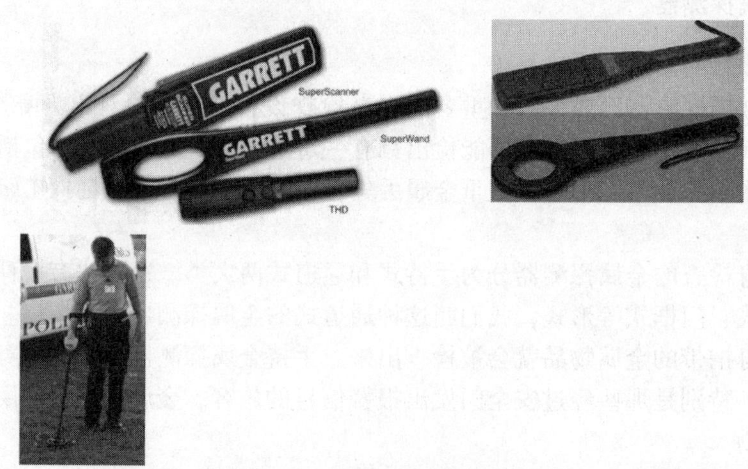

附图 1.4.8　几种手持金属探测器

四、四极子谐振探测设备

恐怖分子使用塑性、片状和军用级别的炸药对民用航线的安全构成了严重威胁。塑性炸药非常稳定，具有像黏土一样的可塑性，可以被非常容易地隐藏，即使是很小量也有致命的危害。薄片状炸药很难用常规的成像技术探测出来，且人工检查的方法无论从时间花费还是危险程度上都是不切实际的，迫切需要探索探测此类炸药的新技术。

四极子谐振分析（Quadrupole Resonance Analysis，QRA）是一种使用化学化合物固有磁性的磁谐振技术，是由晶体和无定型固体内原子核的固有电磁性质决定的。非球状电子分布的原子具有电四极矩，QRA 源于电四极矩与附近区域电场梯度的相互作用。QRA 类似于广泛使用的磁谐振（MR）和磁谐振成像（MRI）技术，但不需要把被检物浸入稳定、均匀的磁场，而是用无线电脉冲去探测目标物质的分子结构，这些被探测的混合物最终由它们独一无二的四极矩谐振频率来鉴别。

四极矩谐振分析是对含有炸药的化学物质具有独特的探测能力。它能很容易地把炸药中的氮成分与无害物质中的氮成分区分开；能探测托运行李或手提行李中的某些类型的炸药，而且无论炸药的形状怎样或处在什么位置，准确性都相当高；它也能与各种现行技术相结合来提高整个系统的性能，在检查托运行李或手提行李方面的各种航空安全应用中具有很大的潜力。

五、气体离子迁移探测设备

气体离子迁移探测设备是根据离子迁移光谱测定技术而设计和生产的一种高效分析仪器，可以用来准确地检测痕量化学残余物，对炸药和毒品具有优越的检测性能。

离子迁移谱测定技术，即 IMS（Ion Mobility Spectrometry）技术，属光谱学的一个分支，是通过研究离子的 Mobility（离子的迁移率或淌度）这一重要物理特征来实现分子高灵敏度检测的技术，即在确定的温度、气压、电场条件下，通过研究离子自身尺寸、质量、电荷量对 Mobility 的影响和在迁移谱上的表征，实现对极微量化学物质的微粒和蒸气的探测和认定。该探测技术具有灵敏度高、检测范围广、针对性强、可扩展性宽、快速便捷等特点。

设备可以对微量炸药以及毒品进行探测，探测灵敏度高、探测率高、误报率低（小于 1%）。可探测的炸药包括：4C（RDX）、季戎（PETN）、硝化甘油（NG）、梯恩梯（TNT）、硝铵（Ammonium Nitrate）、二硝基甲苯等（DNT）。可探测的毒品包括：可卡因（Cocaine）、海洛因（Heroin）、安非他命（Amphetamine）等。

目前由于各种炸药和毒品的渡越时间都集中在较短时间内，所以只能探测 30 种。如果某个人触摸过毒品或炸药，他手摸过的地方，又被别人摸了，这个别人就是疑犯。这也是很麻烦的，难以处理。

六、瓶装易燃、易爆液体探测设备

由于易燃、易爆液体很容易伪装在看起来与一般无害液体相同的瓶子内被偷偷地带上飞机、火车，它们正对民航以及公共安全构成严重威胁。开瓶检查不仅效率低，还会引发旅客的抵触情绪，因此迫切需要有一种简单、快速、准确和廉价的仪器来探测装在瓶子内的危险液体。

近年来，世界各地的公司都在探索开发探测瓶装液体的技术和设备，某公司研制的液体内容鉴别系统是一种安全的非入侵式的探测系统，主要使用磁谐振（MR）和非电离激发去分析封在非金属液体容器内的内容，然后分类成有害的和无害的。X 射线 CT 设备通过对液体瓶进行断层扫描，计算瓶内的液体密度，从而识别出液体的类型。理想双能量技术通过探测瓶内液体的原子序数去识别液体的类型。微波技术也用来分析封闭在瓶子中的液体，微波信号可以穿过任何非金属容器，用微波信号来测量被检液体的介电响应，根据介电响应来区分大多数良性液体和危险液体。

七、人体内外隐藏违禁品探测设备

由于恐怖分子和毒犯不仅利用物品、汽车等犯罪和走私，而且利用人体携带爆炸装置进行破坏和恐怖活动，进行毒品的走私，对世界和平以及国内形势构成了严重威胁。欧美国家已公开在机场使用人体检查设备对可疑旅客进行携带武器以及危险品的检查，我国已开始使用人体检查设备对可疑人员实施人体内外携带毒品和违禁品的检查。

目前机场使用的快速通过的人体探测设备主要有金属探测器、线扫描透射式或点扫描背散射 X 射线设备，毫米波以及离子漂移人体探测设备。由于 X 射线检查设备和毫米波成像设备能生成并显示出比较清晰的反映被检查人身体形状的图像，检查过程会或多或少会暴露个人隐私，一般采用图像处理技术遮盖隐私部位，或同性别的检查人员判读图像等办法应对。这类设备的检查速度虽然比安全门要慢，需要数秒钟，但成像直观，是检查人体携带危险品和违禁品的适用设备。

八、集装箱探测设备

集装箱检查设备主要是由射线子系统、探测器子系统、信号采集与处理子系统、计算机图像处理与信息管理子系统、机械拖动（固定检查设备的被检车辆的拖动系统和移动检查的载车）与控制子系统、辐射屏蔽、安全监测与连锁、供电系统等组成。

目前广泛使用的集装箱检查设备按使用的射线可分为 450kV 的 X 射线源、X 射线加速器源和放射源。按设备的工作方式可分为固定式、车载移动式、组合移动（轨道框架）式等。固定式探测设备有传统检查方式和快速通过式。固定式传统检查方式是指检查设备固定安装在检查场地内，工作时设备不动，被检车辆通过拖动装置平移通过监测区，或是被检车辆停放在检测区，由拖动装置拖动设备的源、探装置扫描被检物，得到被检的透射图像。快速通过式是检查时司机不下车，直接把集装箱卡车开过检测通道，通过一个极低剂量的射线源对集装箱进行扫描。移动式检查是指检查设备可以自由地从一个检查场地转移到另一个检查场地。由于快速通过式和移动式检查在开放的环境内实施，要求辐射源的剂量对环境的危害低至可以忽略。

集装箱检查设备使用的探测器有闪烁体加光电二极管、电离室式探测器或是闪烁体加光电倍增管等。探测器子系统将射线强度信号转换成可处理的电信号，计算机图像处理子系统完成对图像数据的处理、存储和显示，提供多种图像处理功能以及管理功能。

（一）X 射线集装箱探测设备

X 射线集装箱探测设备通常使用 450kV 的 X 射线源，有固定式和移动式两种。这种设备占地面积小、防护容易，但由于射线能量低，穿透能力较差（设备能穿透 100mm 厚的钢板）。

（二）X 射线加速器集装箱探测设备

X 射线加速器是由高速电子轰击重金属靶发生韧致辐射而产生高能 X 射线，射线能量级可达 MeV 量级。这种设备可穿透 300mm 厚的钢板。

由于加速器 X 射线的空间分布是不均匀的，其正前方向最强，随着角度变大而迅速减弱，通常加速器的照射视野张角被限定为≤15°，为使照射视野能包覆集装箱货车（4m 高），从加速器靶到阵列探测器的距离需要 7.5m 左右，如附图 1.4.9 所示。

附图 1.4.9　X 射线加速器集装箱探测设备示意图

（三）γ 射线集装箱探测设备

γ 射线集装箱探测设备分为固定式、移动式和组合式，通常采用人工放射性同位素钴-60 和铯 137 作为设备的射线源。附图 1.4.10 为探测设备工作示意图和移动式 γ 射线集装箱探测设备。

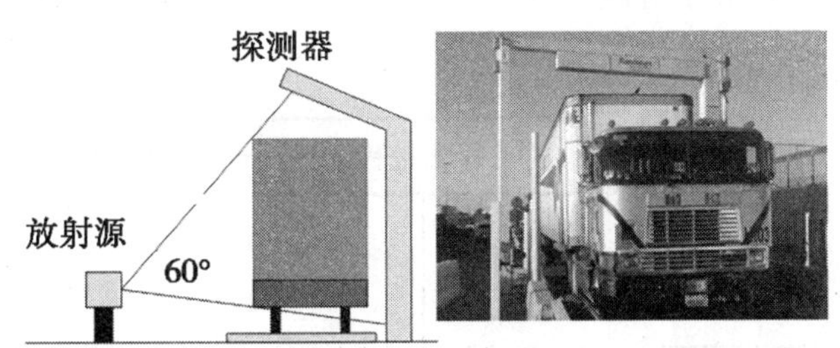

附图 1.4.10　设备工作示意图及探测设备

九、TeraHertz（亚毫米）波探测技术

TeraHert 波也称 T 波、太赫兹、远红外或亚毫米波，包含了频率为 0.1THz~10THz 的电磁波。该术语适用于从电磁辐射的毫米波波段的高频边缘（300 GHz）和低频率的远红外光谱带边缘（3000 GHz）之间的频率，对应波长的辐射在该频带范围从 0.03mm~3mm（或 30μm~3000μm）。近十几年来，随着超快激光技术的迅速发展和飞秒（10s~15s）光脉冲的出现，为太赫兹脉冲的产生提供了稳定、可靠的激发手段，使太赫兹辐射的产生和应用得到了蓬勃发展。

像无线电波一样，太赫兹波可以穿透衣服、纸张、塑料和其他包装材料，能够得到隐藏物品的太赫兹图像。当太赫兹波和物质相互作用时，还能够得到许多物质的特征太赫兹光谱，因此可以用来识别物质。试验证明太赫兹不仅可以探测隐藏的金属物品，还可以探测炸药、毒品、陶瓷武器等，使用太赫兹技术的安全检查设备正在开发和逐步成熟中。

第五节　停车库（场）安全管理系统和设备介绍

一、概述

停车库（场）安全管理系统是对进、出停车库（场）的车辆进行自动登录、监控和管理的电子系统或网络，也是出入口控制系统的一种应用模式。同时综合了视频监控、报警等其他安全防范技术。这里所说的车辆主要是指出/入停车场的机动车辆，包括大型车、中型车、小型车、摩托车、三轮车等。它是满足人们对车辆的出入等安全需要，以及满足人们对车辆停车引导、计费、驻车等管理需要双重要求的产物。以下从安全防范的角度展开描述，对非安全防范的管理功能也做了一般性描述，重点对目前市场上的常见产品形态做一介绍。

二、系统构成

停车库（场）安全管理系统主要由入口控制部分、出口控制部分、场（库）内监控部分、中心管理/控制部分组成。简单的系统不设置场（库）内监控部分，如附图1.5.1所示。

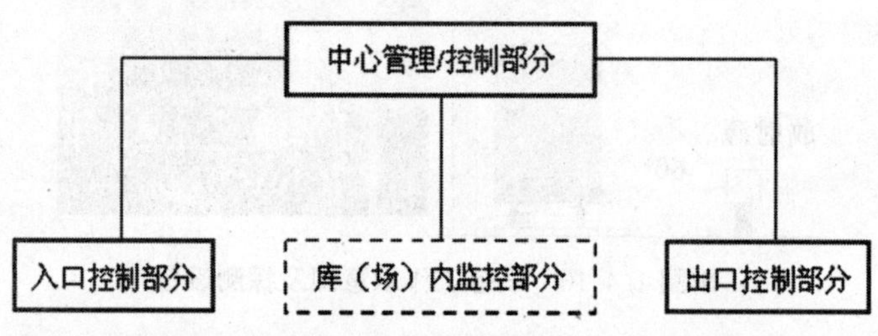

附图1.5.1　停车库（场）管理系统组成框图

（一）入口控制部分

入口控制部分主要由识读、控制、执行三部分组成。可根据安全与管理的需要扩充自动发卡设备、识读/引导指示装置、复核用图像获取设备、对讲设备等，如附图1.5.2所示。

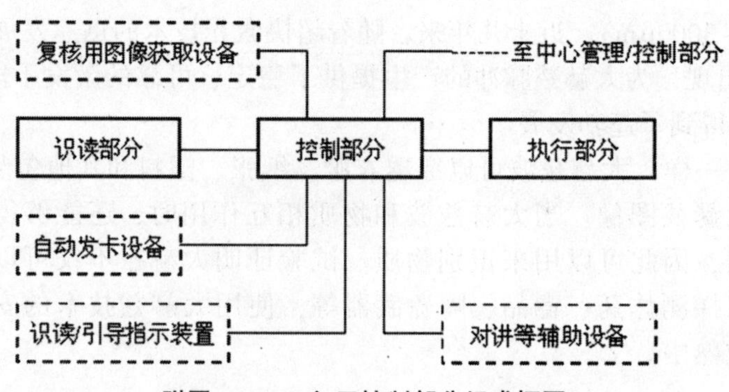

附图1.5.2　入口控制部分组成框图

（二）识读部分

可采用编码设备或特征识别方式，最常见的编码识别是感应卡识别；最常用的特征识别是对车辆牌照的识别。识别可采用单一识别方式，也可采用多种手段复合识别。在应用中复合识别可以是对单一目标（驾驶员或车—车牌）的识别，也可以是对双目标（驾驶员和车）的识别。

（三）控制部分

获取从识读部分发来的目标身份信息，经核实处理，向执行部分发出指令，对符合放行的车辆予以放行，拒绝非法侵入。有些系统还能驱动指示装置，显示进入车辆的信息及库（场）内的车位等信息。为方便临时车辆入场，有的系统还增设无人值守的自动出卡设备，与中心值班人员通话的对讲设备等。

复核用图像获取设备（如摄像机）主要用于对安全要求高的场所，常与库（场）内的监控系统联合设置。

（四）执行部分

根据安全和管理需要，执行设备可采用出入准许指示装置或阻挡设备。电动栏杆机是应用最为广泛的停车库（场）执行设备。其阻挡能力有限，且有诸多防砸车等对机动车的保护设计，不能起到阻止犯罪嫌疑人驾车闯关的作用，也属于出入准许指示部件。升降式地挡（阻止车辆通行的装置）等阻挡设备，主要用在对安全要求较高的场所。

在应用中，电动栏杆机常与车辆感应装置（如探测金属的环路检测器，也称地感控制器）一起使用，以满足防砸车、自动触发落杆等功能要求。

（五）出口控制部分

出口控制部分的设备组成与入口控制部分基本相同，也主要由识别、控制、执行三部分组成，如附图 1.5.3 所示。但其扩充设备有所不同，主要有自动收卡设备、识读/收费指示装置、复核用图像获取设备、图像显示设备等。具有图像复核和/或对临时车辆收费的系统，在出口处需有值班人员值守。

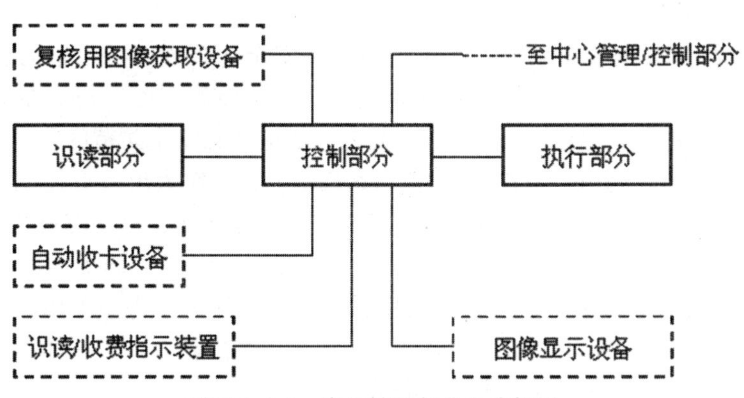

附图 1.5.3　出口控制部分组成框图

识读、执行部分功能与入口部分基本相同，只是对于临时车辆，需经值守人员收费、确认后才发出放行信号。在控制部分的扩展方面，指示装置除显示车辆的信息外，还显示临时车辆应收费的信息、车辆储值余额信息、固定车辆（或常租车辆）卡将到期等信息。自动收卡设备杜绝了值守人员的舞弊行为。在有图像复核（图像对比）的系统中，系统自动调出对应车辆的入场图像，显示在图像显示设备上，由值守人员复核。

（六）库（场）内监控部分

在安全与管理要求较高的场所，如大型专用停车库（场）应设置视频监控，对行车道与停车区域进行监控管理，其技术指标满足第4张安全防范视频监控系统的要求。

（七）中心管理/控制部分

中心管理/控制部分是停车库（场）安全管理系统的管理与控制中心。根据系统产品的具体形式不同，其功能的涵盖范围也不尽一致。有的系统，其中心部分承担的功能多，前端部分承担的功能少；另一些系统，其中心部分承担的功能少，前端部分承担的功能多。系统综合的功能如下：车辆的分类授权、出入控制、出入和工作日志记录、内部库（场）区域的视频监控管理、收费管理、操作员管理、系统配置维护和报警管理等。

三、系统构建模式

（一）常见停车库（场）安全管理系统构建模式

停车库（场）安全管理系统按出入口管理功能可分为：不计费模式、计费模式、图像对比模式；按联网模式可分为：不联网模式、联网模式；按出入口数量和层次可分为：单出入口模式、单区域多出入口模式、多区域或嵌套区域多出入口模式。

在安全要求与管理要求这两个方面，车位引导与计费不同。由于计费系统中存在值守人员对现金收取过程，应在系统的技术层面提出要求，保证其安全。而车位引导则更偏重于停车管理，在系统构建模式上不考虑其因素，其功能融合在系统中。

（二）停车库（场）安全管理系统功能分类

停车库（场）安全管理系统的需求，体现在安全与管理这两个层面。库（场）出入口控制、库（场）内监控功能满足的是安全需求，而停车库（场）的计费、引导等功能满足的是管理需求。作为安全防范从业者，更应注意安全防范的需求。

1. 停车库（场）的出入口控制功能。停车库（场）作为出入口控制系统的一种应用模式，在识读、控制、执行等的技术功能要求和指标方面，首先应符合出入口控制的相关规定，可参考本章第3节的相关部分。在通道功能设置方面要与其他停车场设施（通道形式、车位布置、标志标线）以及所针对的车辆种类（小型车辆、大型车辆等）、性质（固定车辆、临时车辆、储值车辆等）、流量（通行能力）等相协调、配套。使不同的出入口设备配置，满足不同的应用需求。

2. 库（场）内监控功能。库（场）内监控是对行车道与停车区域进行监控管理，其技术功能要求和指标首先应符合安全防范视频监控系统的规定，可参考第五章的相关部分。对于采用图像复核的系统，其前端设备功能和技术指标也应参考第五章的相关规定和要求，使其图像应有利于看清车型（厂牌）、颜色、号牌等。

3. 停车库（场）的计费、引导等管理功能。计费停车场能根据管理和使用要求设置费率，常见的对临时车辆计费的方法有昼夜模式和时段模式，昼夜模式可设置早晚时间间隔点，并对白天和夜间使用不同的费率；时段模式可按停留时间的长短设置分段费率。在同一车库（场）同一时间对不同车型（大车、小车等）也可按不同的费率收费。

车位引导功能可由最简单的入场时库（场）内剩余车位数及满位指示，到分区域车位数指示引导，直至每个车位的指示引导。常采用车辆检测装置，对车辆通过及在位情况进行检测，系统根据通过计数及在位结果计算出库（场）内或各区域甚至各车位的停泊情况，将结果发布到车位指示装置上，供驾驶员和管理人员使用。

四、常用设备

停车库（场）的现场设备有分离和集中等多种表现形式，如有的入口现场设备把识读、控制、车辆检测集中为一台设备，称为“入口机”，出口亦然。但每部分的功能基本一样，下面就常见的识读设备、车辆检测设备、执行设备、现场显示设备、管理控制、图像复核设备及管理软件分别加以介绍。

（一）识读设备

停车库（场）采用的识读设备的基本原理与出入口控制系统的相同。对于固定车辆和储值车辆常采用读卡距离在50cm～1m的无源卡识读设备；或采用3m～8m的远距离有源卡识读设备，实现不停车控制。使用远距离识读时要注意防止非授权车辆提前通过的问题。对于临时车辆常采用出卡机和收卡机等设备。它们把识读设备集成于其中。出卡机出卡的同时完成读卡操作，用于无人值守的入口，出卡机常具备对讲功能，当有应急情况时可与中心值班人员通话。收卡机执行收卡操作时先自动读卡，系统判断有效性和类别，再决定是否自动收卡，不符合收卡条件的卡片将自动退出。

目前，有些地区采用车牌自动识别方式进行停车场库的出入管理。

（二）车辆探测设备

车辆探测设备是停车库（场）常用设备，主要用于防栏杆机误砸车辆、触发自动落杆信号、车辆通过计数等，也可用在出卡机及收卡机旁，保证有车时才能操作设备。常用的车辆检测设备是探测金属的环路检测器，也称地感控制器。它是一种外接环状大线圈的金属探测设备，环路检测器工作时，线圈与内部电路构成LC回路振荡器，通常的工作频率在200kHz～400kHz。当车辆通过时，车辆上的金属靠近线圈，改变了L（电感）值，使振荡器频率发生变化，环路检测器的内部电路检测到这种变化，输出有无车辆的信息。

车辆检测除了可以采用上述埋地线圈检测，还可以采用红外检测、雷达检测技术、视频检测等多种方式，各有优缺点。

（三）执行设备

电动栏杆机是最常见的停车库（场）出入口执行设备，起到对机动车的放行与拒绝作用，常与车辆检测装置一起使用。对于有限高的地下车库，其栏杆采用折臂方式。

（四）现场显示设备

现场显示设备主要有放行拒绝指示用红绿信号灯、多功能入/出信息及车位引导显示用 LED 显示器、多功能信息及复核图像显示用 PC 的显示器。

（五）管理控制、图像复核设备

现场控制器是重要的管理控制装置，在系统中，现场控制器通常安装在入口和出口部分内，与现场的识读设备和执行设备相连。控制器内可存储该出入口可通行的目标权限信息、控制模式信息及现场事件信息。

图像复核设备具有图像对比功能的系统，其出口应设置图像复核显示设备，传统上通常由 PC 机、视频采集卡及管理软件组成，但目前也在逐渐地嵌入式集成化。

第六节　电子巡查系统介绍

一、电子巡查系统概述

电子巡查系统是用来对保安巡查人员的巡查路线、方式及过程进行管理和控制的电子系统。广泛使用于各类组织机构等一切需要对预定的位置进行定时、定点巡查的安全防范管理与行政管理的场所。电子巡查俗称电子巡更。

电子巡查系统主要有信息标识、数据采集、数据转换传输及管理软件等部分。

二、电子巡查系统的分类

依照巡查信息是否即时传输到管理终端，电子巡查系统分为离线式和在线式两大类。

（一）离线式电子巡查系统

离线式电子巡查系统通常由信息装置、采集装置、信息转换装置、管理终端等部分构成，其原理框图如附图 1.6.1 所示。

注1：大虚线框表示其中的设备可以是一体化设备，也可以是部分设备的组合。
注2：小虚线框中的打印机表示属于可选设备。

附图 1.6.1　离线式电子巡查系统原理图

离线式电子巡查系统仅能对巡查方式、路线、人员、时间进行事先约定、设置，也只能在事后采集结果并进行分析统计，不能对进行中的巡查过程实施监管。它的实质是仅对巡查人员是否执行正常巡查进行管理。

一般地，在实际应用中，巡查人员通常会配有无线对讲机，保持实时通话，这在一定程度上弥补了离线式不能及时获取现场巡查人员信息的不足。

（二）在线式电子巡查系统

在线式电子巡查系统的识读装置通过有线或无线的方式与管理终端通信，使采集到的巡查信息能即时传输到管理终端，通常由识别物、识读装置、管理终端等部分构成，其原理框图如附图 1.6.2 所示。

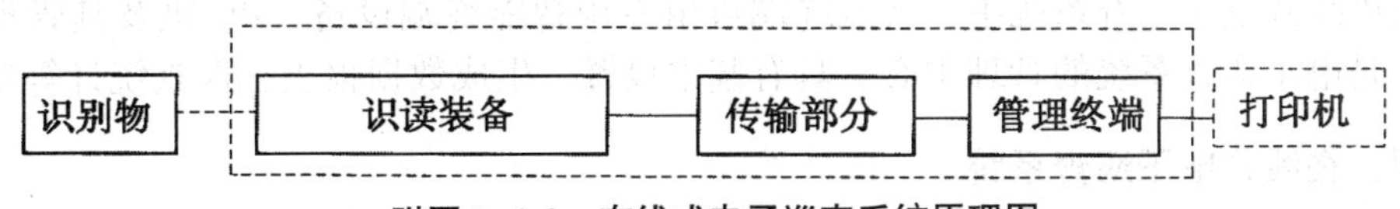

附图 1.6.2　在线式电子巡查系统原理图

在线式电子巡查系统不仅能对巡查方式、路线、人员、时间进行事先约定、设置，并在事后采集结果进行分析统计，还能对进行中的巡查过程实施监控管理，对在巡查过程中出现未按规定时间、轨迹巡查的行为发出报警信息。它在满足离线式电子巡查系统的所有功能外，采取主动的方式实时监管，其实质不是仅对巡查人员是否执行正常巡查进行管理，还能通过不正常的巡查行为（时间、轨迹不正常）及时发现情况，减少巡查人员的失误，在一定程度上也保护了巡查人员的安全（如巡查过程中被劫持、伤害，有突发事件发生等）。

在互联网时代，人们也发明了利用类似智能手机终端（带有 GPS 定位和通信机制），与设置于互联网上的巡查服务器或者经由互联网连接的专有巡查服务器，建立起一个实时在线的电子巡查系统。但这种方式的使用效果和安全管控能力尚需要实践的验证。

三、离线式电子巡查系统

离线式电子巡查系统产品结构简单、容易施工、使用方便，应用最为广泛。

（一）信息装置

由储存有 ID 信息的载体介质组成，最常见的是接触式信息钮，它体积小巧，方便安装，也有采用感应卡作为信息装置的。系统以信息装置的 ID 信息表征地址信息，由采集装置收集信息后再做处理。安装时应牢固，并方便采集装置采集信息。

（二）采集装置

采集装置内置识读电路和存储单元，用于采集、存储巡查信息的设备。巡查信息包含时间、地点及人员信息。为方便巡查人员日常握持使用，采集装置常设计成外形为棒状、枪柄状等体积大小适中，具有一定的防水、防尘能力，内置电池的设备，如附图 1.6.3 所示。

附图 1.6.3　采集装置

（三）信息转换装置

在离线式电子巡查系统中，信息转换装置用于采集装置与智能终端之间进行信号转换及通信。常见信息转换装置和智能终端之间采用 RS232 接口连接。

（四）智能终端

在离线式电子巡查系统中，智能终端可由专用智能终端设备、PC 机及其管理软件组成，是电子巡查系统的管理中心，具有基本设置、生成数据报表、巡查统计等功能。

四、在线式电子巡查系统

传统的在线式电子巡查系统较离线式复杂，成本较高，常与出入口控制系统联合设置。

（一）识别物

识别物就是在线式电子巡查系统中，供现场识读装置识别巡查人员等信息的载体，可分为编码识别物和特征识别物。感应式 ID 卡、信息钮都是常见的编码识别物，也有用指纹等生物特征信息作为识别物的。识别物的作用就是让系统知道是谁（巡查人员）在操作，以便与时间和地点等数据组成电子巡查信息。

（二）现场识读装置

在线式电子巡查系统中，现场识读装置就是安装于巡查现场的表征地址、时间信息并通过对识别物的识读，实现巡查信息采集、存储及与智能终端进行通信的设备。根据不同的识别物，有不同的识读前端相对应。在应用时，巡查人员到达巡查现场，经操作，使现场识读装置采集到表征巡查人员信息的识别物，再由现场识读装置中的处理部分将时间信息和位置信息一起生成一条巡查记录，并暂存于现场识读装置的存储单元中，以便通过传输部分实时传递给智能终端。

（三）智能终端

在线式电子巡查系统的智能终端，除能完成离线式电子巡查系统智能终端的基本设置、生成数据报表、巡查统计等功能外，还能监控巡更过程，对非正常的行为及时报警。常与出入口控制系统的管理中心联合设置。

（四）信号的传输

在线式电子巡查系统现场识读装置与智能终端的信号常用 RS485 传输，也有通过以太网、电话线传输的。与出入口控制系统联合设置的在线式电子巡查系统，一般不单独采用其他传输方式。

（五）与出入口控制系统的关系

在线式电子巡查系统常与出入口控制系统联合设置，联网控制型出入口控制系统大多拥有电子巡查管理模块。例如，某出入口控制系统将识别的感应卡片设置为出入卡和巡更卡，应用系统中所有的出入口识读点都可设置为巡查点。还可根据安全管理需要，在某些点仅设置巡查点而不设置出入口识读点，巡查现场的现场识读装置可以是出入口控制系统的识读控制器，也可以是电子巡查系统的专用设备。

五、应用模式

常见的电子巡查系统分为本地管理模式和远程管理模式。本地管理模式是指通过信号转换装置或现场识读装置将巡查信息输出到本地智能终端上或直接打印。远程管理模式是指运用网络或电话线将巡查记录传送到远端的PC机上，根据操作权限实现多点操作。

第七节　楼寓（访客）对讲系统介绍

一、系统概述

楼寓（访客）对讲系统也是出入口控制系统的一种简化应用模式。常用于居民住宅楼、别墅等地方，可分为可视和非可视系统，也可分为一对一、一对多和联网型系统。

楼寓（访客）对讲系统主要由中心管理机、（可视）门口机、（可视）室内机、中间传输控制设备、系统电源、传输介质等部分组成。

楼寓（访客）对讲系统常见联网模式按系统规模分为独立单元联网模式、多单元联网模式和分片区管理联网模式。按传输方式分为有线公共网络/专用网络联网模式和无线公共网络/专用网络联网模式。

二、系统功能

根据安全管理的需要，楼寓（访客）对讲系统的功能可分为基本功能和扩展功能。

（一）基本功能

1. 选呼功能：门口机和中心管理机应能正确选呼相应的室内机，并能听到应答提示音。

2. 呼叫功能：门口机应能正确呼叫中心管理机，并能听到应答提示音。室内机应能正确呼叫中心管理机，并能听到应答提示音。

3. 通话功能：经选呼或呼叫后，能实现双向通话。

4. 电控开锁功能：经操作，室内机和中心管理机能控制门口机实施开锁。

5. 可视功能：可视门口机呼叫可视室内机后，在可视室内机的显示器上能看到由可视门口机摄取的图像。可视门口机呼叫中心管理机后，在中心管理机的显示器上也能看到由可视门口机摄取的图像。

6. 夜间摄像机补光及操作功能：可视门口机能提供摄像补光、键盘照明，以便来访者夜间操作和用户识别来访者。

（二）扩展功能

1. 报警功能：具有报警功能的产品或系统，能将门磁、空间移动探测器等接入室内机，实现报警功能。报警信号可在室内机以及中心管理机上得到响应。有报警功能的系统有设置警戒和解除警戒的功能、对接入的报警探测器发出的报警信号提供瞬时报警、防拆防破坏报警功能。

2. 图像录放功能：系统可拍摄并存储访客的图像，在可视室内机和中心管理机的显示器上可查看拍摄存储的访客图像。

3. 留言功能：系统能对访客进行留言存储，在室内机上可提取访客的留言。

4. 信息发布功能：系统可提供中心管理机向可视室内机发送图文信息，在可视室内机上可查看相应的图文信息。

5. 门禁识别控制功能：在门口机上可通过对卡片特征信息、生物特征信息的识别，实现对人员出入的控制管理。

三、信号传输方式

楼寓（访客）对讲系统中有音频、视频、控制等多种信号，联网系统还有联网信号。目前，传输方式正从早期的采用基带传输向着现在的 IP 网络方式扩展。

四、主要技术指标

楼寓（访客）对讲系统应满足系统功能的要求，主要技术指标可分为两类：传输的带宽，以及通话（对讲语音）质量、视频质量等。

五、与其他系统的关系

楼寓（访客）对讲系统综合了话音复核、视频监控、入侵报警系统的技术成果，强调了对门口机所在通道口的出入管理，是智能化小区管理的重要手段。

附录 2　视频音频监控系统的信源编码与互联协议介绍

第一节　信源编解码

一、数字视频的压缩与解压缩原理

（一）数字视频信号的基本结构

数字视频可以理解为连续图像帧序列，因而可以理解为某段连续的电影图像胶片，每一帧就是一个静态的图像。而每一帧（幅）图像都是采用二维点阵方式来描述的。点阵中的点叫作像素，每个像素都可以用一组二进制的数值表示其灰度（亮度）、色度等。在此之上构成了图像中点线面的几何体结构等。通过多帧画面的连续播放，人们就可以看到动作连续的画面，这个原理是人的视觉暂留现象。在不同的专业应用领域，对现实世界中的光线波长与灰度等的对应是有区别的。安防领域主要关注可见光谱内的彩色图像表示，以及近红外、热红外和其他条件下成像的灰度或伪彩色图像表示。

根据对人的眼睛视觉颜色的实验，可用 Red（红）、Green（绿）、Blue（蓝）三原色的组合表示出自然界可见光绝大部分的颜色（见附图 2.1.1），这就是 RGB 模型的由来。具体地讲，RGB 模型是目前常用的彩色信息表达方式，它使用红、绿、蓝三原色的亮度来定量表示颜色。该模型也称为加色混色模型，是以 RGB 三色光互相叠加来实现混色的方法，因而适合于发光体的显示，也适于分光滤色方式取得原始光学彩色图像的信息编码，即摄像机的传感器输出和压缩编码输出。

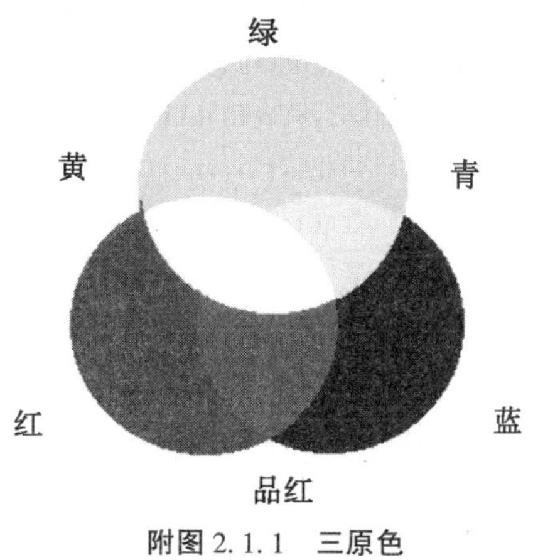

附图 2.1.1　三原色

RGB 颜色模型可以看作三维直角坐标颜色系统中的一个单位正方体。任何一种颜色在 RGB 颜色空间中都可以用三维空间中的一个点来表示。在 RGB 颜色空间上，当任何一个基色的亮度值为零时，即在原点处，就显示为黑色。当三种基色都达到最高亮度时，就表现为白色。在连接黑色与白色的对角线上，是亮度等量的三基色混合而成的灰色，该线称为灰色线。

在计算机领域最常见的颜色空间是 YCrCb，其中 Y 为亮度信号，Cr 为红色差信号，Cb 为蓝色差信号，与 RGB 颜色空间的变换公式如下：

$$\begin{pmatrix} Y \\ Cr \\ Cb \end{pmatrix} = \begin{pmatrix} 0.2990 & 0.5870 & 0.1140 \\ 0.5000 & -0.4187 & -0.0813 \\ -0.1687 & -0.3313 & 0.5000 \end{pmatrix} \begin{pmatrix} R \\ G \\ B \end{pmatrix} + \begin{pmatrix} 0 \\ 128 \\ 128 \end{pmatrix}$$

鉴于人的眼睛对亮度的空间分辨力高于颜色的空间分辨力的事实，故在颜色采样空间点上，人们发明了在 YCrCb 空间的不等间距的采样方案，又叫作图像子采样方案（见附图 2.1.2）。

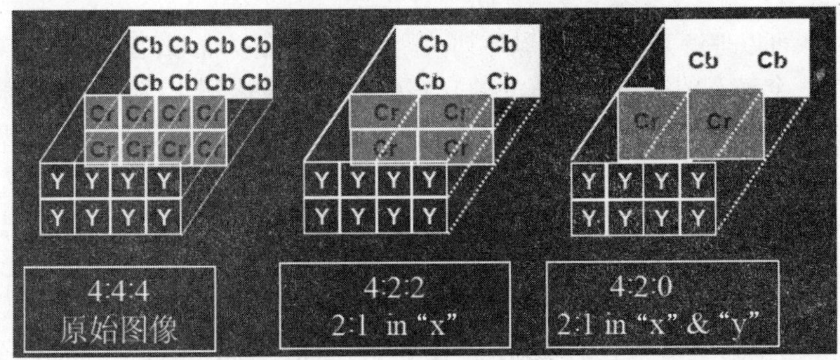

附图 2.1.2 图像子采样方案

（二）对静态图像的编码

JPEG 是第一个国际图像压缩标准，正式名称为 ISO/IEC IS10918-1：连续色调静态图像数字压缩和编码（Digital Compression and Coding of Continuous-tone Still Images）和 ITU-T 建议 T.81。JPEG 是联合图像专家组（Joint Photographic Experts Group）的缩写，这个图像压缩标准是国际电信联盟（International Telecommunication Union，ITU）、国际标准化组织（ISO）和国际电工委员会（International Electrotechnical Commisson，IEC）合作努力的成果。

这个标准目的在于支持用于大多数连续色调静态图像（即包括灰度图像和彩色图像）压缩的各种各样的应用，这些图像可以是任何一个色彩空间，用户可以调整压缩比，并能达到或者接近技术领域中领先的压缩性能，且具有良好的重建质量。这个标准的另一个目标是对普遍实际的应用提供易处理的计算复杂度。

用这种压缩格式的文件一般就称为 JPEG；此类文件的一般扩展名有：.jpeg、.jfif、.jpg 或 .jpe，其中在主流平台最常见的是 .jpg。JPEG 只描述一幅图像如何转换成一组数据流，而无论这些字节存储在何种介质上。由独立 JPEG 组创立的另一个高级标准，

JFIF（JPEG File Interchange Format，JPEG 文件交换格式）则描述 JPEG 数据流如何生成适于电脑存储或传送的图像。在一般应用中，我们从数码相机等来源获得的“JPEG 文件”，指的就是 JFIF 文件，有时是 Exif JPEG 文件。

JPEG/JFIF 是互联网上最常见的图像存储和传送格式。但此格式不适合用来绘制线条、文字或图标，因为它的压缩方式对这几种图片损坏严重。PNG 和 GIF 文件更适合以上几种图片。不过 GIF 每像素只支持 8bits 色深，不适合色彩丰富的照片，但 PNG 格式就能提供 JPEG 同等甚至更多的图像细节。

在安防应用中，JPEG 是图片存储编码的主要算法。

（三）对视频（活动图像）的编码

视频（活动图像）之所以能够压缩编码，就是基于表 2.1.1 所列的冗余特性来开展的。它是在人类视觉感知的基础上进行的。

表 2.1.1　视频（活动图像）的冗余内容

种类	内容	目前使用的主要方法
空间冗余	像素间的相关性	变换编码，预测编码
时间冗余	时间方向上的相关性	帧间预测，移动补偿
图像构造冗余	图像本身的构造	轮廓编码，区域分割
知识冗余	收发两端对人物的共有认识	基于知识的编码，如统计编码、熵编码
视觉冗余	人的视觉特性	非线性量化，位分配

为去除空间和时间方向的冗余、MPEG、H.26x 等标准规定了三类图像帧（见附图 2.1.3）：

帧内图像 I（Intra）：只去除空间相关性，可独立编码，与 JPEG 方法相似。

预测图像 P（Prediction）：计算两帧图像的差值，去除时间相关性，对差值图像进一步去除空间相关性，对运动目标进行运动估计和运动补偿。

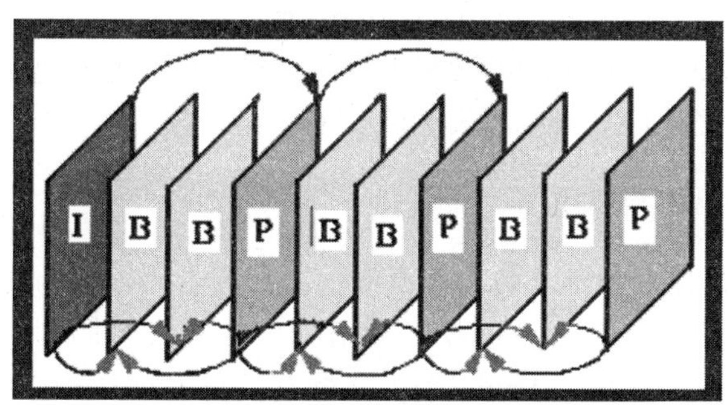

附图 2.1.3　IBR 帧的典型组织方式

双向预测图像 B（Bidirectional prediction）：与 P 帧的计算相似，只是还可与其后续的帧进行比较，按照最优解保留编码结果。

目前已经发布的图像编、解码国际标准有 mpeg1、mpeg2、mpeg4、H.264、H.265

等，在国内尚有 AVS、SVAC 等。一般地，标准发布时间越晚，其采用算法的复杂度会相应增加，所需的硬件资源也越多（随着技术进步和摩尔定律的实现，硬件的能力在迅速提升，成本在迅速下降），压缩比和图像质量都会比此前的标准在同等条件下有所提升，例如，据有关资料介绍，在同等图像质量的条件下，同样的原始视频图像流，H. 264 的压缩比是 MPEG-2 的 2 倍以上，是 MPEG-4 的 1. 5~2 倍，H. 265 比 H. 264 又提升 30%~50%。当然，不同的硬件配置，所采用的压缩工具多少，会直接影响实际的压缩效果。

MPEG-2 是 MPEG（Moving Picture Experts Group，运动图像专家组）组织制定的视频和音频有损压缩标准之一，它的正式名称为“基于数字存储媒体运动图像和语音的压缩标准”。MPEG-2 制定于 1994 年，设计目标是高级工业标准的图像质量以及更高的传输率，MPEG-2 编码标准希望囊括数字电视、图像通信各领域的编码标准。

H. 265/HEVC 的编码架构大致上和 H. 264/AVC 的架构相似，主要也包含帧内预测（Intra Prediction）、帧间预测（Inter Prediction）、转换（Transform）、量化（Quantization）、去区块滤波器（Deblocking Filter）、熵编码（Entropy Coding）等模块，但在 HEVC 编码架构中，整体被分为了三个基本单元，分别是：编码单元（Coding Unit，CU）、预测单元（Predict Unit，PU）和转换单元（Transform Unit，TU ）。

随着图像分解技术的深入研究，特别是数学理论等的突破，图像的压缩比还会进一步提高。随着算法和硬件技术的进步，视频图像压缩通过提高压缩效率、提高鲁棒性和错误恢复能力、减少实时的时延、减少信道获取时间和随机接入时延、降低复杂度等，不断改善码流、编码质量、延时和算法复杂度之间的关系，以追求最优化设置。

目前在安防领域最常用的是 H. 264、H. 265 以及与之压缩水平相当的国内标准如 AVS、SVAC 等。

（四）视频源的安全问题

人们也在努力发展视频数据源的可信安全技术，采用加密、认证等方式提升视频的可信度。这大多属于数字网络环境下的信息安全问题，视频流具有的大流量高动态的特点也对信息的实时加密、解密等提出了更高的挑战。

本篇在视频和音频传感器部分的现实世界与信息化的视频和音频流数据之间的对应关系上也提出了原始完整性等安全与真实性要求。

二、数字音频的压缩与解压缩

（一）声音离散化传输和记录的基本原理

自然界中的声音非常复杂，通常我们采用的是脉冲代码调制编码，即 PCM 编码。PCM 通过抽样（采样）、量化、编码三个步骤将连续变化的模拟信号转换为数字编码。

声音是一种能量波，有频率和振幅的特征。人耳能够感觉到的最高频率为 20kHz，因此要满足人耳的听觉要求，根据奈奎斯特采样定律，则信号采样率需要至少用 40kHz，CD 采样率为 44. 1kHz。我们常见的 CD 声音幅度量化采用 16bit。

（二）无损编码和有损编码

在计算机应用中，能够达到最高保真水平的音频编码就是 PCM 编码，它被广泛用于素材保存及音乐欣赏，CD、DVD以及我们常见的WAV文件中均有应用。PCM约定俗成为无损编码（在特定的频率响应范围内），把MP3列入有损音频编码范畴，是相对于PCM编码而言的。强调编码相对性的有损和无损，是为了告诉大家，要做到真正的无损是困难的，就像用数字去表达圆周率，不管精度多高，也只是接近，而不是真正等于圆周率的值。

（三）心理声学和心理声学模型

心理声学是研究声音和它引起的听觉之间关系的一门边缘学科。它既是声学的一个分支，也是心理物理学的一个分支。心理声学还可包括言语和音乐这样一些复合声和它们的知觉。这些可参见语言声学、音乐声学等，在这里我们仅限于较基础和简单的心理声学现象，即①刚刚能引起听觉的声音——听阈；②声音的强度、频率、频谱和时长这些参量所决定的声音的主观属性——响度、音调、音色和音长；③某些和复合声音有关的特殊的心理声学效应——余音、掩蔽、非线性、双耳效应。心理声学模型是对人听感的统计性质的数学表述模型，解释了人各种听感的生理原理。

心理声学模型可以在主观听感劣化不多的条件下，大大降低数字音频信号传输的带宽。它主要基于人的听觉器官的生理结构和感知模式，通过对数字音频信号的相应处理，去除不可闻的信号成分及引入不可闻的畸变，达到普通熵编码无法达到的压缩比率。

由于人耳听觉系统复杂，迄今为止人类对它的机理和听觉特性的某些问题还不能从生理解剖角度完全解释清楚。所以对人耳听觉特性的研究仅限于在心理声学和语言声学内进行。人耳对不同强度和不同频率声音的一定听觉范围称为声域。在人耳的声域范围内，声音听觉心理的主观感受主要有响度、音高、音色等特征和掩蔽效应、高频定位等特性。其中响度、音度、音色可以在主观上用来描述具有振幅、频率和相位三个物理量的任何复杂的声音，故又称为声音“三要素”；而在多种音源场合时，人耳的掩蔽效应等特性尤为重要，它是心理声学的基础。

（四）使用音频编码压缩技术的原因

一个PCM音频流的码率=采样率值×采样大小值×声道数 bps。一个采样率为44.1kHz，采样大小为16bit，双声道的PCM编码的WAV文件，它的数据速率则为44.1k×16×2 = 1411.2 kbps。我们常说128k的MP3，对应的WAV参数，就是这个1411.2 kbps，这个参数也被称为数据带宽。转化为字节单位，即176.4kB/s。这表示存储采样率为44.1kHz，采样大小为16bit，双声道的PCM编码的音频信号，需要176.4kB的空间，1分钟则约为10.34M，在早期，这样的体量是难以接受的。要降低磁盘占用，只有两种方法，即降低采样指标或者压缩。降低指标是不可取的，因此人们研发了各种压缩方案。由于用途和针对的目标市场不一样，各种音频压缩编码所达到的音质和压缩比都不一样。

基于心理声学模型的编码压缩技术通常会有较高的数据压缩比，但可能会损失其中的一些细节，在安防应用中，这些损失的细节有可能是报警事件（关注目标）的关键。故在安防的现场信息采集中，若不是用于语音对讲的目的，建议采用高保真方式的编码压缩方案。

（五）常用的音频编码标准

G. 711 是 ITU-T 的语音压缩标准，它代表了对数 PCM（logarithmic Pulse-Code Modulation）抽样标准，主要用于电话。它主要用脉冲编码调制对音频采样，采样率为 8kHz。它利用一个 64kbps 未压缩通道传输语音信号。其压缩率为 1∶2，即把 16 位数据压缩成 8 位。G. 711 是主流的波形声音编解码器。G. 711 标准下主要有两种压缩算法。一种是 μ 律，主要运用于北美和日本；另一种是 A 律，主要运用于欧洲和世界其他地区。其中，后者是特别设计用来方便计算机处理的。

G. 729 协议是由 ITU-T 在 1996 年 3 月通过的 8kbps 的语音编码协议。G. 729 协议使用的算法是共轭结构的算术码本激励线性预测（Conjugate-Structure Algebraic Code Excited Linear Prediction，CS-ACELP），基于 CELP 编码模型。由于 G. 729 编解码器具有很高的语音质量和很低的延时（frame 帧只有 10ms，点到点的时延为 25ms），以 8kbps 的波特率对语音进行编码，被广泛地应用在数据通信的各个领域，如 VoIP 和 H. 323 网上多媒体通信系统等。不同于完全自由使用的 G. 711、G. 729 是有偿使用。

MP3 的全称叫 MPEG Audio Player 3，是 MPEG1 的衍生编码方案，1993 年由德国 Fraunhofer IIS 研究院和汤姆生公司合作开发成功。它是利用心理声学模型的原理进行工作的，即利用人耳对高频声音信号不敏感的特性，将时域波形信号转换成频域信号，并划分成多个频段，对不同的频段使用不同的压缩率，对高频加大压缩比（甚至忽略信号）对低频信号使用小压缩比，保证信号不失真。这样一来就相当于抛弃人耳基本听不到的高频声音，只保留能听到的低频部分，从而将声音数据用 1∶10 甚至 1∶12 的压缩率压缩。

OGG 的全称应该是 OGG Vorbis，是类似于 MP3 的音频压缩格式。但 OGG 是完全免费、开放和没有专利限制的，且支持多声道。一方面，和 MP3 一样，OGG 也是有损压缩；另一方面，OGG 通过使用更加先进的方法去减少损失，使得同样位速率（Bit Rate）编码的 OGG 与 MP3 相比听起来更好一些。从理论上讲，OGG 没有固定的位速率，可以 16kbps~128kbps/通道的位速率进行编码。

AAC，全称 Advanced Audio Coding，是一种专为声音数据设计的文件压缩格式，有 MPEG2 和 MPEG4 版本之分，后者增加了 SBR（Spectral Band Replication，频段复制）技术和 PS（Parametric Stereo，参数立体声——单声道记录立体声的方法）技术。与 MP3 不同，它采用了全新的算法进行编码，编码更加高效，具有更高的“性价比”。利用 AAC 格式，可使人感觉声音质量没有明显降低（也是一种心理声学模型），更加小巧。AAC 的音频算法在压缩能力上远远超过了以前的一些压缩算法（如 MP3 等）。它还同时支持多达 48 个音轨、15 个低频音轨、更多种采样率和比特率、多种语言的兼容能力、更高的解码效率。号称“最大能容纳 48 通道的音轨，采样率达 96kHz，并且在 320kbps 的数据速率下能为 5. 1 声道音乐节目提供相当于 ITU-R 广播的品质”。AAC 可以说是极为全面的编码方式，一方面，多声道和高采样率的特点使得它非常适合未来的 DVD-Audio；另一方面，低码率下的高音质则使它也适合移动通信、网络电话、在线广播等领域。

第二节 其他高清视频系统

一、HDCCTV

HDCCTV 是高清闭路电视系统的英文缩写。在高清电视系统发展的过程中，一方面，人们逐渐习惯了数字化的趋势，如采用 SDI、HD-SDI 进行视频的数字化传输；另一方面，人们重温模拟传统视频的相对简洁的信号结构，再构建高清视频的模拟信号；再一方面，人们在同轴电缆、双绞线的信号传输技术上得到了长足的理论和实践突破，这三者构成了目前 HDCCTV 的不同技术和产品形态的背景基础。

一般来说，HDCCTV 在布线方案上可以沿用旧的模拟系统的成果，无须重新布线，设备管理也可以沿用旧的模拟系统的架构，从旧的系统升级，只需要更换硬件设备（摄像机，DVR 等），无须再有其他投入，也无须再经过系统变化所需要的新的知识培训。HDCCTV 可提供高清等级的实时图像：它在传输过程中没有压缩封包的操作，图像延迟特别小，适合要求实时监控的场合。目前市场上有三种规范及其产品。

二、HD-SDI

在最初的 HDCCTV 中，实现方案首先采用的是 HD-SDI① 的非压缩数字传输方案，它将与广播行业兼容的高清晰度（HDTV）视频信号经由传统的 CCTV 媒介（通常为同轴电缆）进行传输，并且不会出现人眼可觉察的压缩延迟。

三、HDCVI

HDCVI（High Definition Composite Video Interface），即高清复合视频接口，是一种基于单一同轴电缆的高清视频传输规范，是采用模拟调制技术传输逐行扫描的高清视频的技术，可以称作模拟高清视频技术。HDCVI 技术规范包括 1280H 与 1920H 两种高清视频格式（1280H 格式的有效分辨率为 1280×720；1920H 格式的有效分辨率为 1920×1080），采用非压缩视频数据模拟调制技术，使用同轴电缆点对点传输百万像素级的高清视频，实现无延时、低损耗、高可靠性的视频传输。另外，HDCVI 技术采用自适应技术，保证了在 SYV-75-3 及以上规格的同轴电缆至少传输 500 米高质量高清视频。HDCVI 技术还拥有同步音频信号传输技术和实时双向数据通信技术。

四、HD-TVI

TVI 即 Transport Video Interface，是一种基于同轴电缆的高清视频传输规范。TVI 采用新一代连接传输系统架构，新一代亮度色度分离、信号处理滤波电路，高清画质达到

---

① SDI（Serial Digital Interface）是“数字分量串行接口”。HD-SDI 就是高清数字分量串行接口。SDI 接口可简单分为 SD-SDI（270Mbps，SMPTE259M）、HD-SDI（1.485Gbps，SMPTE292M）、3G-SDI（2.97Gbps，SMPTE424M）。

720P、1080P，使用 DVR 可混合使用 720P 信号和 1080P 信号，可使用既有的同轴电缆，无须更改原有线路，并且能适应工程用双绞线，兼容性较强。TVI 使用同轴电缆 SYV-75-3（5C2V）双向传输百万像素级的高清视频信号，传输距离可达 500 米，实现无延时、无压缩、低损耗、高性能的视频传输。

第三节　互联互控协议

针对遥控摄像机中的镜头和云台控制的 PTZ 协议，是视频监控系统中最原始的设备控制协议，它主要采用了串行通信模式（RS485、Manchester 编码等）。指令简单，其连接的遥控摄像机的数量取决于主机的控制规模。此前曾经被国内外一些厂家的协议控制，后在中国曾经推出相应的行业标准，但随着 IPC 的出现，这个协议逐渐融合到了其他协议中。

随着 IP 网络在视频监控领域的应用扩大，基于 IP 网络的安防设备和系统的互联互控的要求越来越高。目前形成了较为典型的三个体系，一个是 ONVIF（Open Network Video Interface Forum，开放网络视频接口论坛），一个是 PSIA（Physical Security Interoperability Alliance，物理安防互操作性联盟）。它们的目标是为实体安防系统的硬件和软件平台创立一种标准化的接口。ONVIF 更关注于 IP 视频监控。这两个组织的基本目标是一致的，都致力于使基于 IP 网络的不同安防系统具有兼容性。再一个是我国的 GB28181-2016《公共安全视频监控联网系统信息传输、交换、控制技术要求》，是国内视频监控与报警系统基于 IP 网络的互联、互控协议。

一、SIP 协议中国扩展版 GB/T28181-2016

GB/T28181-2016《公共安全视频监控联网系统信息传输、交换、控制技术要求》规定了公共安全视频监控联网系统中信息传输、交换、控制的互联结构、通信协议结构，传输、交换、控制的基本要求和安全性要求，以及控制、传输流程和协议接口等技术要求，如附图 2.3.1 所示。

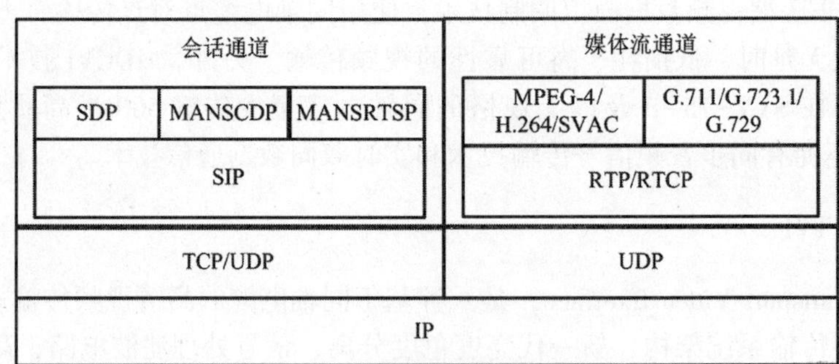

附图 2.3.1　标准要求示意图

该标准是基于 SIP① 协议之上的改进扩展应用协议，扩展创立了监控报警联网系统控制描述协议命令集（MANSCDP）。

二、ONVIF

ONVIF 是 Open Network Video Interface Forum（开放网络视频接口论坛）的缩写。这个论坛面向全球，出发点是制定一个完全开放的标准，其制定标准的主要目标在于推动不同品牌网络设备间的整合，协助制造商、软件开发人员以及独立软件厂商确保产品的互联互通性，从而推进 IP 网络视频在安防市场的应用。2008 年 11 月，论坛正式发布了 ONVIF 第一版规范——ONVIF 核心规范 1.0。随着安防市场的发展，ONVIF 的规范内容也在发展变化中。有兴趣的读者可以到其官方网站查阅最新资料。

ONVIF 标准为 IP 网络视频设备之间的信息交换定义通用协议，包括装置搜寻，实时视频、音频、元数据和控制信息等。

ONVIF 规范描述了 IP 网络视频的模型、接口、数据类型以及数据交互的模式，并复用了一些现有的标准，如 WS 系列标准等。ONVIF 规范中设备管理和控制部分所定义的接口均以 Web Services 的形式提供。ONVIF 规范涵盖了完全的 XML 和 WSDL 的定义。每一个支持 ONVIF 规范的终端设备均须提供与功能相应的 Web Service。服务端与客户端的数据交互采用 SOAP 协议。ONVIF 中的其他部分如视频/音频流则通过 RTP/RTSP 进行。

三、PSIA

PSIA 是 Physical Security Interoperability Alliance（物理安防互操作性联盟）的缩写。该联盟成立于 2008 年 8 月，致力于推动整个安防生态系统及以后 IP 功能的安全设备和系统的互操作性。该联盟的目标是为实体安防系统的硬件和软件平台创立一种标准化的接口。在其董事会的指导下，PSIA 促进开发开放的规范，涉及 IP 网络的物理安全技术，包括 IP 视频监控、存储、分析以及与入侵报警和访问控制等领域。PSIA 支持免许可证的标准和规范。现有多个工作组：核心工作组，IP 视频监控工作组，视频分析工作组，记录和内容管理工作组，区域控制工作组，系统互联工作组，符合性、物理逻辑互联工作组等。

每当操作系统或应用软件进行升级时，涉及安全系统的用户界面和脚本也会经常需要修改。PSIA 规范确保不受影响，从而消除维护用户定制界面和编码相关的传统成本。

PSIA 标准采用了 REST② 架构。与 SOAP 相比，REST 更易于使用、开发简单，只需依托现有 Web 基础设施（只要支持 HTTP/HTTPS 的客户端/服务器就支持 REST），学习成本低。但 REST 缺乏标准，只被看作是一种架构风格和方法。

① SIP 是由 IETF（互联网工程任务组）发布面向下一代媒体互联的会话初始协议，用于网络多媒体通信。

② REST 即表述性状态传递（Representational State Transfer），是 Roy Fielding 博士 2000 年在他的博士论文中提出来的一种软件架构风格。它是一种针对网络应用的设计和开发方式，可以降低开发的复杂性，提高系统的可伸缩性。

附录 3　视频结构化介绍

视频结构化是近些年来对附录 2 中所介绍的压缩编码方式存储传输的大量视频图片数据进行语义解析和描述，可提高应用效能的方法。在这个语境下，原来存储的视频图片和摄像机直接采集输出的视频被称作非结构化数据。“结构化”这个词组是从关系型数据库演绎来的表达，可以用二维表单形式表示的数据结构。语义描述通常为文本方式，便于进行传统式数据库的关联、检索等应用。在中国，由于安防行业的视频或抓拍图片主要用于观察和发现目标人员、车辆的身份特征和活动特征，于是围绕视频中的当时人员、车辆的生物/物体特征，以及与之相对应的摄像机的观察区域（时空），构成了当地对目标的所谓结构化描述的主要内容。这些特征可以是头部（人脸、发型、饰品）特征、衣着特征、动作特征，可以是车牌、车型、车外观和驾乘人员、行驶特征，还可以包括人群特征、活动轨迹特征、场景环境特征、地形地貌特征等。这些特征主要是从公安工作的角度提出的，这也是目前的主要应用场景。

这些结构化数据可以与原始的视频打包在一起存储和传输，也可以分离的方式分别存储和传输，只是这些结构化数据以特定方式与原始视频图片形成关联映射关系。也有人把这些结构化数据称作视频或图片结构标签。这些结构化数据的取得可以是人工标注的，也可以是目前比较闻名的人工智能、深度学习方法在人类研究模型的基础上识读出来的内容，通常属于机器视觉的范畴。

正常发挥视频结构化的作用，不仅需要视频图像本身语义的正确解读，还需要对视频采集设备、采集地点和现场配置等数据的有效支撑。这是视频结构化还原真实世界的必要条件，也是实现大数据级别应用的重要前提条件。

附录4 人工智能介绍

据互联网站《科普中国》介绍，人工智能（Artificial Intelligence，AI）是研究、开发用于模拟、延伸和扩展人的智能的理论、方法、技术及应用系统的一门新的技术科学。

人工智能是计算机科学的一个分支，它企图了解智能的实质，并生产出一种新的能以人类智能相似的方式做出反应的智能机器，该领域的研究包括机器人、语言识别、图像识别、自然语言处理和专家系统等。人工智能诞生以来，理论和技术日益成熟，应用领域也不断扩大，可以设想，未来人工智能带来的科技产品，将会是人类智慧的“容器”。人工智能可以对人的意识、思维的信息过程进行模拟。人工智能不是人的智能，但能像人那样思考，也可能超过人的智力。

人工智能是一门极富挑战性的科学，从事这项工作的人必须懂得计算机知识、心理学和哲学。人工智能是内容十分广泛的科学，它由不同的领域组成，如机器学习、计算机视觉等。总的说来，人工智能研究的一个主要目标是使机器能够胜任一些通常需要人类智能才能完成的复杂工作。但不同的时代、不同的人对这种“复杂工作”的理解是不同的。

人工智能的一个比较流行的定义，也是该领域较早的定义，是由约翰·麦卡锡（John Mccarthy）在1956年的达特茅斯会议（DARTMOUTH CONFERENCE）上提出的：人工智能就是要让机器的行为看起来就像是人所表现出的智能行为一样。但是这个定义似乎忽略了强人工智能的可能性。另一个定义指人工智能是人造机器所表现出来的智能性。总体来讲，对人工智能的定义大体可划分为四类，即机器“像人一样思考”“像人一样行动”“理性地思考”和“理性地行动”。这里“行动”应广义地理解为采取行动，或制定行动的决策，而不是肢体动作。

强人工智能（BOTTOM-UP AI）：

强人工智能观点认为有可能制造出真正能推理（REASONING）和解决问题（PROBLEM-SOLVING）的智能机器，并且这样的机器将被认为是有知觉的、有自我意识的。强人工智能可以有两类：

·类人的人工智能，即机器的思考和推理就像人的思维一样。

·非类人的人工智能，即机器产生了和人完全不一样的知觉和意识，使用了和人完全不一样的推理方式。

弱人工智能（TOP-DOWN AI）：

弱人工智能观点认为不可能制造出能真正地推理（REASONING）和解决问题（PROBLEM_ SOLVING）的智能机器，这些机器只不过看起来像是智能的，但是并不真正拥有智能，也不会有自主意识。

主流科研集中在弱人工智能上，并且一般认为这一研究领域已经取得了可观的成就。强人工智能的研究则处于停滞不前的状态。

人工智能的研究方向已经被分成几个子领域，研究人员希望一个人工智能系统应该具有某些特定能力，如解决问题、知识表示法、规划、学习、自然语言处理、运动和控制、知觉、社交、创造力等。

人工智能对自然科学、经济和社会的影响将是长期的、深远的，有良性的一面但也有恶的可能。

伴随着人工智能和智能机器人的发展，加之人工智能本身就是超前研究，需要用未来的眼光开展现代的科研，因此很可能会触及伦理底线。作为科学研究可能涉及的敏感问题，需要针对可能产生的冲突及早预防，而不是等到问题、矛盾到了不可解决的时候才去想办法化解。

附录 5　目前发布的风险等级和防护级别类标准介绍

按照国家或行业标准的规定，形成了目前仍然有效的行业风险等级和防护级别的划分依据，请读者索取原文参考，以下是摘自 SAC/TC100 网站提供的截至 2018 年 6 月 13 日的标准号和标准名称等内容：

1. GB/T 16571-2012《博物馆和文物保护单位安全防范系统要求》；
2. GB/T 16676-2010《银行安全防范报警监控联网系统技术要求》；
3. GB/T 21741-2008《住宅小区安全防范系统通用技术要求》；
4. GB/T 29315-2012《中小学、幼儿园安全技术防范系统要求》；
5. GB/T 31068-2014《普通高等学校安全技术防范系统要求》；
6. GB/T 31458-2015《医院安全技术防范系统要求》；
7. GB 50348-2018《安全防范工程技术标准》；
8. GA 27-2002《文物系统博物馆风险等级和安全防护级别的规定》；
9. GA 38-2015《银行营业场所安全防范要求》；
10. GA 586-2005《广播电影电视系统重点单位重要部位的风险等级和安全防护级别》；
11. GA 745-2017《银行自助设备、自助银行安全防范要求》；
12. GA 837-2009《民用爆炸物品储存库治安防范要求》；
13. GA 838-2009《小型民用爆炸物品储存库安全规范》；
14. GA/T 848-2009《爆破作业单位民用爆炸物品储存库安全评价导则》；
15. GA 858-2010《银行业务库安全防范的要求》；
16. GA 873-2010《冶金钢铁企业治安保卫重要部位风险等级和安全防护要求》；
17. GA 1002-2012《剧毒化学品、放射源存放场所治安防范要求》；
18. GA 1003-2012《银行自助服务亭技术要求》；
19. GA 1015-2012《枪支去功能处理与展览枪支安全防范要求》；
20. GA 1016-2012《枪支（弹药）库室风险等级划分与安全防范要求》；
21. GA 1089-2013《电力设施治安风险等级和安全防护要求》；
22. GA 1166-2014《石油天然气管道系统治安风险等级和安全防范要求》；
23. GA 1280-2015《自动柜员机安全性要求》；
24. GA/T 1467-2018《城市轨道交通安全防范要求》；
25. GA/T 1468-2018《寄递企业安全防范要求》。

参考文献

1. 公安部科技局、全国安全防范报警系统标准化技术委员会编著：《GB50394、50395、50396-2007 宣传贯彻教材》，军事科学出版社 2008 年版。

2. 杨国胜：《试辨析安全防范系统的几个重要概念》，载《中国安防》2008 年第 9 期。

3. 杨国胜：《“833”模型及其安防领域分析应用》，载《中国安全防范认证》2009 年第 2 期。

4. 公安科技信息化局、全国安全防范报警系统标准化技术委员会编著：《〈城市监控报警联网系统系列标准〉实施指南》，华文出版社 2009 年版。

5. 杨国胜编著：GB/T15408-2011《〈安全防范系统供电技术要求〉实施指南》，中国人民公安大学出版社 2012 年版。

6. 杨国胜：《关于安全防范信息的一点思考》，载《中国安全防范认证》2013 年第 6 期。

7. 杨国胜：《公共安全视频及视频音频原始完整性和实时性初探》，载《中国安防》2016 年第 9 期。

8. 杨国胜：《不忘初心，安防的本质是安全》，载《中国安防》2016 年第 10~11 期。

9. 公安部第一研究所、公安部科技信息化局主编：GB50348-2018《安全防范工程技术标准》，中国计划出版社 2018 年版。

10. 区健昌主编：《电子设备的电磁兼容性设计》，电子工业出版社 2003 年版。

11. 公安部第一研究所等编：GB/T32581-2016《入侵和紧急报警系统技术要求》，中国标准出版社 2016 年版。

12.《出入口控制系统技术要求》（送审稿）。

13. 施巨岭主编：《安全技术防范》，西北工业大学出版社 2018 年版。

14. 林福宗编著：《多媒体基础》（第 2 版），清华大学出版社 2002 年版。

15. 百度百科网。

16. 科普中国网。

后　记

我们需要一个健康成长的世界，但它首先应是一个安全的世界！科学、清晰、完善的安全防范理论是我们行业健康发展的灯塔、路标。这需要各位同人共同努力！

GB50348-2018《安全防范工程技术标准》终于在以施巨岭先生为首的编写组努力下，完成了编写审核等工作，并于不久前发布实施。期间，本书稿也接近完成，自2016年7月开始，历时2年时间思想观点的相互碰撞，更新思路不断，文稿不断修改补充完善。

本人在研究的过程中得到了许多同行专家的指导和启发，如朱峰先生（出入口控制系统和攻防对抗研究专家）、李天銮先生（入侵和紧急报警系统专家）、施巨岭先生（SAC/TC100秘书长）、周慧敏先生（实体防护系统专家）、汪捷先生（风险咨询专家）、田竞先生（资深安防专家）、刘希清先生（SAC/TC100前秘书长）、彭华先生（安防运维与行业服务专家）、王永升先生（安防工程专家）、杨磊先生（高级视频专家）、聂蓉女士（报警运营服务专家）、李仲男先生（资深安防专家）等，在这里衷心感谢他们的帮助。

最近的文稿修改还特别受益于本届中国国际安防博览会前夕，由北京安全防范行业协会和中国安全防范产品行业协会举办的“全面促进安防企业发展系列高端论坛”中清华大学的袁宏永老师和北京工业大学的丁辉老师等许多专家的精彩发言的启发，在此，表示深深的谢意。

附录1和附录2的主要内容修改选自安全保卫工作系列丛书，职业能力培训教材《安全技术防范》的部分内容。附录3是根据目前市场和技术发展的粗浅归纳。附录4、附录5的内容主要来自百度等网站的内容。

尽管如此，本人的研究尚浅，对安防理论框架和实务的认识梳理恐仍有偏颇、疏漏、不当之处，还是管窥之见，欢迎大家批评指正！

最后，还要感谢贾晓玲女士的帮助和中国人民公安大学出版社的大力支持！其间，白玉生老师的具体指导和审查阅读，李莹老师对文稿的润色校核，晓章老师对封面的精妙设计，这些辛勤工作给本书增色不少，一并衷心感谢！

杨国胜

2018. 12 于北京

勘 误 表

序号	位置	原内容	更正后内容
1	P30 的第 4 段	以上是对应了……都属于此类。	此段删除
2	P41 的第 4 段	第三节 当前的安防工作管理现状	第三节 当前的工作管理现状
3	P61 的第 8 段	（二）图像和声音	（二）图像和声音质量
4	P77 的第 10 段最后 1 行	……，且可以实现简单有逻辑地自动联动控制。	……，且可以实现简单逻辑的自动联动控制。
5	P80 的第 6 段最后 1 行	不能出现“卡顿”，不能更新甚至替换数据。	不能出现“卡顿”、不能更新甚至替换数据的现象。
6	P87 的第 11 段	……安防功能子系统或设备的性能需要。	……安防功能子系统或设备的功能、性能需要。
7	P96 的倒数第 4 段	……部位的防热灼伤。	……部位的灼伤。
8	P143 的倒数第 5 段第 1 行	……，有标准提出了……	……，GB35114－2017《公共安全视频监控联网信息安全技术要求》提出了……
9	P155 的第 2 段第 1 行	……，一般 DVR	……，DVR
10	P173 的第 6 段倒数第 2 行	……铝板和分辨 0.2mm 的铜线。	……铝板和分辨直径 0.2mm 的铜线。
11	P179 的第 2 段第 2 行	……照射视野张角被限定为≤15°，……	……照射视野张角被限定为±15°，……
12	P182 的第 3 段第 2 行	……，其技术指标满足第 4 张安全防范视频监控系统的要求。	……，其技术指标满足视频监控系统的要求。
13	P182 的倒数第 2 段第 2、3 行	……，首先应符合出入口控制的相关规定，可参考本章第 3 节的相关部分。	……，首先应符合出入口控制系统的相关规定。
14	P193 的倒数第 2 段第 6 行	……，1 分钟则约为 10.34M，……	……，1 分钟则约为 10.34MB，……
15	P198 倒数第 2 段倒数第 2 行	……，也可以是目前比较闻名的人工智能、深度学习方法在人类研究……	……，也可以是目前比较闻名的人工智能（如深度学习方法）在人类研究……
16	P198 的倒数第 1 段第 1、2 行	……，不仅需要视频图像本身语义的正确解读，还需要对视频采集设备、采集地点和现场配置等数据的有效支撑。	……，不仅需要视频图像本身语义的正确及时解读，还需要对视频采集设备、采集地点和视场配置等数据的有效支撑。